建设工程工程量清单计价编制与实例详解系列

建筑工程

郭 闯 主编

中国计划出版社

图书在版编目（ＣＩＰ）数据

建筑工程/郭闯主编. —北京：中国计划出版社，
2015.1
（建设工程工程量清单计价编制与实例详解系列）
ISBN 978-7-5182-0061-0

Ⅰ.①建…　Ⅱ.①郭…　Ⅲ.①建筑工程－工程造价
Ⅳ.①TU

中国版本图书馆 CIP 数据核字（2014）第 225575 号

建设工程工程量清单计价编制与实例详解系列
建筑工程
郭闯　主编

中国计划出版社出版
网址：www.jhpress.com
地址：北京市西城区木樨地北里甲 11 号国宏大厦 C 座 3 层
邮政编码：100038　电话：（010）63906433（发行部）
新华书店北京发行所发行
三河富华印刷包装有限公司印刷

787mm×1092mm　1/16　18.75 印张　459 千字
2015 年 1 月第 1 版　2015 年 1 月第 1 次印刷
印数 1—5000 册

ISBN 978-7-5182-0061-0
定价：45.00 元

编 写 人 员

主　编　郭　闯
参　编　（按姓氏笔画排序）
　　　　王　帅　王　营　左丹丹　刘　洋
　　　　刘美玲　孙　莹　孙德弟　曲秀明
　　　　张红金　崔玉辉　蒋传龙　褚丽丽

前　言

　　工程造价是我国建筑行业的重要组成部分。现造价和当地的经济发展水平有着直接的联系，可以体现一个地区的经济和社会发展。工程量清单计价是市场形成工程造价的主要形式，实行工程量清单计价，是规范建设市场秩序，适应社会主义市场经济发展的需要，是促进建设市场有序竞争和健康发展的需要；有利于规范业主在招标中的行为，有效避免招标单位在招标中盲目压价的行为，从而真正体现公开、公平、公正的原则，适应市场经济规律。

　　2013 年住房城乡建设部颁布了《建设工程工程量清单计价规范》GB 50500—2013 和《房屋建筑与装饰工程工程量计算规范》GB 50854—2013 等 9 本计量规范；并修订了《建筑工程建筑面积计算规范》GB/T 50353—2013。基于上述原因，我们组织一批多年从事工程造价编制工作的专家、学者编写了此书。

　　本书共三章，主要内容包括：工程量清单计价概述、建筑工程工程量计算及清单编制实例、建筑工程工程量清单计价编制实例。本书内容由浅入深，从理论到实例，方便查阅，可操作性强。可供建筑工程造价编制与管理人员使用，也可供高等院校相关专业师生学习时参考。

　　由于编者学识和经验有限，虽经编者尽心尽力，但仍难免存在疏漏或不妥之处，望广大读者批评指正。

编　者

2014 年 3 月

目　录

1 工程量清单计价概述

1.1 工程量清单编制

1.1.1 工程量清单的概念

工程量清单是表现拟建工程的分部分项工程项目、措施项目、其他项目名称和相应数量的明细清单，是按照招标要求和施工设计图纸要求规定将拟建招标工程的全部项目和内容，依据统一的工程量计算规则、统一的工程量清单项目编制规则要求，计算拟建招标工程的分部分项工程数量的表格。

工程量清单体现了招标人要求投标人完成的工程以及相应的工程数量，全面反映了投标报价要求，是投标人进行报价的根据，是招标文件不可分割的一部分。工程量清单的内容包括分部分项工程量清单、措施项目清单、其他项目清单。

工程量清单作为招标文件的组成部分，其中最基本的功能是作为信息的载体，以便投标人能对工程有全面充分的了解。从这个意义上讲，工程量清单的内容应全面、准确。

合理的清单项目设置和正确的工程数量是清单计价的前提和基础。对于招标人来讲，工程量清单是进行投资控制的前提和基础，工程量清单编制的质量直接关系和影响到工程建设的最后结果。

工程量清单是招标文件的组成部分，是由招标人发出的一套注有拟建工程各实物工程名称、性质、特征、单位、数量及开办项目、税费等相关表格构成的文件。在理解工程量清单的概念时，首先应注意到，工程量清单是一份由招标人提供的文件，编制人是招标人或其委托的工程造价咨询单位。其次，在性质上说，因为工程量清单是招标文件的组成部分，一经中标且签订合同，即成为合同的组成部分。所以，无论招标人还是投标人都应该慎重对待。最后，工程量清单的描述对象是拟建工程，其内容涉及清单项目的性质、数量等，并以表格为主要表现形式。

1.1.2 工程量清单的编制步骤

1) 根据施工图、招标文件、《建设工程工程量清单计价规范》GB 50500—2013、《房屋建筑与装饰工程工程量计算规范》GB 50854—2013，列出分部分项工程项目名称并计算分部分项清单工程量。

2) 将计算出的分部分项清单工程量汇总到分部分项工程量清单表中。

3) 根据招标文件、国家行政主管部门的文件和《建设工程工程量清单计价规范》GB 50500—2013、《房屋建筑与装饰工程工程量计算规范》GB 50854—2013列出措施项目清单。

4) 根据招标文件、国家行政主管部门的文件、《建设工程工程量清单计价规范》GB 50500—2013、《房屋建筑与装饰工程工程量计算规范》GB 50854—2013及拟建工程实际情况，列出其他项目清单、规费项目清单、税金项目清单。

1.1.3　工程量清单编制一般规定

1. 清单编制主体

招标工程量清单应由具有编制能力的招标人或受其委托，具有相应资质的工程造价咨询人或招标代理人编制。

2. 清单编制条件及责任

招标工程量清单必须作为招标文件的组成部分，其准确性和完整性由招标人负责。

3. 清单编制的作用

招标工程量清单是工程量清单计价的基础，应作为编制招标控制价、投标报价、计算工程量、工程索赔等的依据之一。

4. 清单的组成

招标工程量清单应以单位（项）工程为单位编制，应由分部分项工程量清单、措施项目清单、其他项目清单、规费和税金项目清单组成。

5. 清单编制依据

编制建筑工程工程量清单应依据：

1）《房屋建筑与装饰工程工程量计算规范》GB 50854—2013 和现行国家标准《建设工程工程量清单计价规范》GB 50500—2013。

2）国家或省级、行业建设主管部门颁发的计价依据和办法。

3）建设工程设计文件。

4）与建设工程项目有关的标准、规范、技术资料。

5）拟定的招标文件。

6）施工现场情况、工程特点及常规施工方案。

7）其他相关资料。

6. 编制要求

1）其他项目、规费和税金项目清单应按照现行国家标准《建设工程工程量清单计价规范》GB 50500—2013 的相关规定编制。

2）编制工程量清单出现《房屋建筑与装饰工程工程量计算规范》GB 50854—2013 附录中未包括的项目，编制人应做补充，并报省级或行业工程造价管理机构备案，省级或行业工程造价管理机构应汇总报住房和城乡建设部标准定额研究所。

补充项目的编码由《房屋建筑与装饰工程工程量计算规范》GB 50854—2013 的代码01 与 B 和三位阿拉伯数字组成，并应从 01B001 起顺序编制，同一招标工程的项目不得重码。

补充的工程量清单需附有补充项目的名称、项目特征、计量单位、工程量计算规则、工作内容。不能计量的措施项目，需附有补充项目的名称、工作内容及包含范围。

1.1.4　工程量清单的编制内容

1. 分部分项工程清单

（1）工程量清单编码

1）工程量清单应根据《房屋建筑与装饰工程工程量计算规范》GB 50854—2013 附录

规定的项目编码、项目名称、项目特征、计量单位和工程量计算规则进行编制。

2）工程量清单的项目编码，应采用前十二位阿拉伯数字表示，一至九位应按《房屋建筑与装饰工程工程量计算规范》GB 50854—2013 附录的规定设置，十至十二位应根据拟建工程的工程量清单项目名称设置，同一招标工程的项目编码不得有重码。

分部分项工程量清单项目编码以五级编码设置，各级编码设置如下：

①第一级分两位（一、二位），表示工程分类顺序码：01—房屋建筑与装饰工程；02—仿古建筑工程；03—通用安装工程；04—市政工程；05—园林绿化工程；06—矿山工程；07—构筑物工程；08—城市轨道交通工程；09—爆破工程。以后进入国标的专业工程代码依此类推。

②第二级分两位（三、四位），表示专业工程顺序码。

③第三级分两位（五、六位），表示分部工程顺序码。

④第四级分三位（七、八、九位），表示分项工程项目顺序码。

⑤第五级分三位（十、十一、十二位），表示工程量清单项目顺序码。建筑工程项目编码结构如图 1-1 所示。

图 1-1 建筑工程项目编码结构图

当同一标段（或合同段）的一份工程量清单中含有多个单位工程且工程量清单是以单位工程为编制对象时，在编制工程量清单时应特别注意对项目编码十至十二位的设置不得有重码的规定。例如，一个标段（或合同段）的工程量清单中含有 3 个单位工程，每一单位工程中都有项目特征相同的实心砖墙砌体项目，在工程量清单中又需反映 3 个不同单位工程的实心砖墙砌体工程量时，则第一个单位工程的实心砖墙砌体的项目编码应为010401003001，第二个单位工程的实心砖墙砌体的项目编码应为010401003002，第三个单位工程的实心砖墙砌体的项目编码应为010401003003，并分别列出各单位工程实心砖墙的工程量。

(2) 工程量清单项目名称与项目特征

1）工程量清单的项目名称应按《房屋建筑与装饰工程工程量计算规范》GB 50854—2013 的项目名称结合拟建工程的实际确定。

2）分部分项工程量清单项目特征应按《房屋建筑与装饰工程工程量计算规范》GB 50854—2013 规定的项目特征，结合拟建工程项目的实际予以描述。

工程量清单的项目特征是确定一个清单项目综合单价不可缺少的重要依据，在编制工程量清单时，必须对项目特征进行准确和全面的描述。但有些项目特征用文字往往又难以准确和全面地描述清楚。因此，为达到规范、简洁、准确、全面描述项目特征的要求，在描述工程量清单项目特征时应按以下原则进行：

①项目特征描述的内容应按附录中的规定，结合拟建工程的实际，能满足确定综合单

价的需要。

②若采用标准图集或施工图纸能够全部或部分满足项目特征描述的要求,项目特征描述可直接采用详见××图集或××图号的方式。对不能满足项目特征描述要求的部分,仍应用文字描述。

(3) 工程量计算规则与计量单位

1) 工程量清单中所列工程量应按《房屋建筑与装饰工程工程量计算规范》GB 50854—2013规定的工程量计算规则计算。

2) 分部分项工程量清单的计量单位应按《房屋建筑与装饰工程工程量计算规范》GB 50854—2013规定的计量单位确定。

(4) 其他相关要求

1) 现浇混凝土工程项目"工作内容"中包括模板工程的内容,同时又在"措施项目"中单列了现浇混凝土模板工程项目。对此,由招标人根据工程实际情况选用,若招标人在措施项目清单中未编列现浇混凝土模板项目清单,即表示现浇混凝土模板项目不单列,现浇混凝土工程项目的综合单价中应包括模板工程费用。

2) 对预制混凝土构件按现场制作编制项目,"工作内容"中包括模板工程,不再另列。若采用成品预制混凝土构件时,构件成品价(包括模板、钢筋、混凝土等所有费用)应计入综合单价中。

3) 金属结构构件按成品编制项目,构件成品价应计入综合单价中,若采用现场制作,包括制作的所有费用。

4) 门窗(橱窗除外)按成品编制项目,门窗成品价应计入综合单价中。若采用现场制作,包括制作的所有费用。

2. 措施项目清单

1) 措施项目清单必须根据相关工程现行国家计量规范的规定编制,应根据拟建工程的实际情况列项。

2) 措施项目中列出了项目编码、项目名称、项目特征、计量单位、工程量计算规则的项目。编制工程量清单时,应按照"分部分项工程"的规定执行。

3) 措施项目中仅列出项目编码、项目名称,未列出项目特征、计量单位和工程量计算规则的项目,编制工程量清单时,应按本书2.14节"措施项目"规定的项目编码、项目名称确定。

3. 其他项目清单

其他项目清单应按照暂列金额、暂估价、计日工、总承包服务费列项。

(1) 暂列金额

暂列金额是招标人暂定并包括在合同价款中的一笔款项。不管采用何种合同形式,其理想的标准是,一份合同的价格就是其最终的竣工结算价格,或者至少两者应尽可能接近。我国规定对政府投资工程实行概算管理,经项目审批部门批复的设计概算是工程投资控制的刚性指标,即使商业性开发项目也有成本的预先控制问题,否则,无法相对准确地预测投资的收益和科学合理地进行投资控制。但工程建设自身的特性决定了工程的设计需要根据工程进展不断地进行优化和调整,业主需求可能会随工程建设进展而出现变化,工程建设过程还会存在一些不能预见、不能确定的因素。消化这些因素必然会影响合同价格的调整，暂列金额正是因应这类不可避免的价格调整而设立，以便达到合理确定和有效控制工程造价的目标。

有一种错误的观念认为，暂列金额列入合同价格就属于承包人（中标人）所有了。事实上，即便是总价包干合同，也不是列入合同价格的任何金额都属于中标人的，是否属于中标人应得金额取决于具体的合同约定，暂列金额从定义开始就明确，只有按照合同约定程序实际发生后，才能成为中标人的应得金额，纳入合同结算价款中。扣除实际发生金额后的暂列金额余额仍属于招标人所有。设立暂列金额并不能保证合同结算价格不会再出现超过已签约合同价的情况，是否超出已签约合同价完全取决于对暂列金额预测的准确性，以及工程建设过程是否出现了其他事先未预测到的事件。

(2) 暂估价

暂估价是指招标阶段直至签订合同协议时，招标人在招标文件中提供的用于支付必然要发生但暂时不能确定价格的材料以及专业工程的金额。其中包括材料暂估价、工程设备暂估单价、专业工程暂估价。

为方便合同管理和计价，需要纳入工程量清单项目综合单价中的暂估价最好只是材料费，以方便投标人组价。对专业工程暂估价一般应是综合暂估价，包括除规费、税金以外的管理费、利润等。

(3) 计日工

计日工是为了解决现场发生的零星工作的计价而设立的。国际上常见的标准合同条款中，大多数都设立了计日工（Daywork）计价机制。计日工对完成零星工作所消耗的人工工时、材料数量、施工机械台班进行计量，并按照计日工表中填报的适用项目的单价进行计价支付。计日工适用的所谓零星工作一般是指合同约定之外或者因变更而产生的、工程量清单中没有相应项目的额外工作，尤其是那些时间不允许事先商定价格的额外工作。

(4) 总承包服务费

总承包服务费是为了解决招标人在法律、法规允许的条件下进行专业工程发包以及自行供应材料、工程设备，并需要总承包人对发包的专业工程提供协调和配合服务，对甲供材料、工程设备提供收、发和保管服务以及进行施工现场管理时发生并向总承包人支付的费用。招标人应预计该项费用，并按投标人的投标报价向投标人支付该项费用。

4. 规费项目清单

1）规费项目清单应按照下列内容列项：

①社会保障费：包括养老保险费、失业保险费、医疗保险费、工伤保险费、生育保险费。

②住房公积金。

③工程排污费。

2）出现第1）条未列的项目，应根据省级政府或省级有关部门的规定列项。

5. 税金项目清单

1）税金项目清单应包括下列内容：

①营业税。

②城市维护建设税。

③教育费附加。

④地方教育附加。

2）出现第1）条未列的项目，应根据税务部门的规定列项。

1.2   工程量清单计价编制

1.2.1   工程量清单计价的概念

工程量清单计价是指由投标人按照招标人提供的工程量清单，逐一填报单价，并计算出建设项目所需的全部费用，主要包括分部分项工程费、措施项目费、其他项目费、规费和税金等的过程。工程量清单计价应采用"综合单价"计价。综合单价是指完成规定计量单位分项工程所需的人工费、材料费、施工机械使用费、管理费、利润，并考虑了风险因素的一种单价。

1.2.2   工程量清单计价的编制步骤

1）根据分部分项工程量清单、《建设工程工程量清单计价规范》GB 50500—2013、《房屋建筑与装饰工程工程量计算规范》GB 50854—2013、施工图、消耗量定额等计算计价工程量。

2）根据计价工程量、消耗量定额、工料机市场价、管理费率、利润率和分部分项工程量清单计算综合单价。

3）根据综合单价及分部分项工程量清单计算分部分项工程量清单费。

4）根据措施项目清单、施工图等确定措施项目清单费。

5）根据其他项目清单，确定其他项目清单费。

6）根据规费项目清单和有关费率计算规费项目清单费。

7）根据分部分项工程清单费、措施项目清单费、其他项目清单费、规费项目清单费和税率计算税金。

8）将上述五项费用汇总，即为拟建工程工程量清单计价。

1.2.3   工程量清单计价一般规定

1. 计价方式

1）使用国有资金投资的建设工程发承包，必须采用工程量清单计价。

2）非国有资金投资的建设工程，宜采用工程量清单计价。

3）不采用工程量清单计价的建设工程，应执行《建设工程工程量清单计价规范》GB 50500—2013除工程量清单等专门性规定外的其他规定。

4）工程量清单应采用综合单价计价。

5）措施项目中的安全文明施工费必须按国家或省级、行业建设主管部门的规定计算，不得作为竞争性费用。

6）规费和税金必须按国家或省级、行业建设主管部门的规定计算，不得作为竞争性费用。

2. 发包人提供材料和工程设备

1）发包人提供的材料和工程设备（以下简称甲供材料）应在招标文件中按照规定填

写《发包人提供材料和工程设备一览表》，写明甲供材料的名称、规格、数量、单价、交货方式、交货地点等。

承包人投标时，甲供材料单价应计入相应项目的综合单价中，签约后，发包人应按合同约定扣除甲供材料款，不予支付。

2）承包人应根据合同工程进度计划的安排，向发包人提交甲供材料交货的日期计划。发包人应按计划提供。

3）发包人提供的甲供材料如规格、数量或质量不符合合同要求，或由于发包人原因发生交货日期延误、交货地点及交货方式变更等情况的，发包人应承担由此增加的费用和（或）工期延误，并应向承包人支付合理利润。

4）发承包双方对甲供材料的数量发生争议不能达成一致的，应按照相关工程的计价定额同类项目规定的材料消耗量计算。

5）若发包人要求承包人采购已在招标文件中确定为甲供材料的，材料价格应由发承包双方根据市场调查确定，并应另行签订补充协议。

3. 承包人提供材料和工程设备

1）除合同约定的发包人提供的甲供材料外，合同工程所需的材料和工程设备应由承包人提供，承包人提供的材料和工程设备均应由承包人负责采购、运输和保管。

2）承包人应按合同约定将采购材料和工程设备的供货人及品种、规格、数量和供货时间等提交发包人确认，并负责提供材料和工程设备的质量证明文件，满足合同约定的质量标准。

3）对承包人提供的材料和工程设备经检测不符合合同约定的质量标准，发包人应立即要求承包人更换，由此增加的费用和（或）工期延误应由承包人承担。对发包人要求检测承包人已具有合格证明的材料、工程设备，但经检测证明该项材料、工程设备符合合同约定的质量标准，发包人应承担由此增加的费用和（或）工期延误，并向承包人支付合理利润。

4. 计价风险

1）建设工程发承包，必须在招标文件、合同中明确计价中的风险内容及其范围。不得采用无限风险、所有风险或类似语句规定计价中的风险内容及范围。

2）由于下列因素出现，影响合同价款调整的，应由发包人承担：

①国家法律、法规、规章和政策发生变化。

②省级或行业建设主管部门发布的人工费调整，但承包人对人工费或人工单价的报价高于发布的除外。

③由政府定价或政府指导价管理的原材料等价格进行了调整。

3）由于市场物价波动影响合同价款的，应由发承包双方合理分摊，填写《承包人提供主要材料和工程设备一览表》作为合同附件；当合同中没有约定，发承包双方发生争议时，应按本书1.2.4节"5. 合同价款调整"中"（8）物价变化"的规定调整合同价款。

4）由于承包人使用机械设备、施工技术以及组织管理水平等自身原因造成施工费用增加的，应由承包人全部承担。

5）当不可抗力发生，影响合同价款时，应按本书1.2.4节"5. 合同价款调整"中"（10）不可抗力"的规定执行。

1.2.4 工程量清单计价的编制内容

1. 招标控制价

（1）一般规定

1）国有资金投资的建设工程招标，招标人必须编制招标控制价。

我国对国有资金投资项目的投资控制实行的是投资概算审批制度，国有资金投资的工程原则上不能超过批准的投资概算。

国有资金投资的工程实行工程量清单招标，为了客观、合理地评审投标报价和避免哄抬标价，避免造成国有资产流失，招标人必须编制招标控制价，规定最高投标限价。

2）招标控制价应由具有编制能力的招标人或受其委托具有相应资质的工程造价咨询人编制和复核。

3）工程造价咨询人接受招标人委托编制招标控制价，不得再就同一工程接受投标人委托编制投标报价。

4）招标控制价应按照下述"（2）编制与复核"中1）规定编制，不应上调或下浮。

5）当招标控制价超过批准的概算时，招标人应将其报原概算审批部门审核。

6）招标人应在发布招标文件时公布招标控制价，同时应将招标控制价及有关资料报送工程所在地或有该工程管辖权的行业管理部门工程造价管理机构备查。

招标控制价的作用决定了招标控制价不同于标底，无须保密。为体现招标的公平、公正性，防止招标人有意抬高或压低工程造价，招标人应在招标文件中如实公布招标控制价，同时，招标人应将招标控制价报工程所在地或有该工程管辖权的行业管理部门的工程造价管理机构备查。

（2）编制与复核

1）招标控制价应根据下列依据编制与复核：

①《建设工程工程量清单计价规范》GB 50500—2013。

②国家或省级、行业建设主管部门颁发的计价定额和计价办法。

③建设工程设计文件及相关资料。

④拟定的招标文件及招标工程量清单。

⑤与建设项目相关的标准、规范、技术资料。

⑥施工现场情况、工程特点及常规施工方案。

⑦工程造价管理机构发布的工程造价信息，当工程造价信息没有发布时，参照市场价。

⑧其他的相关资料。

2）综合单价中应包括招标文件中划分的应由投标人承担的风险范围及其费用。招标文件中没有明确的，如是工程造价咨询人编制，应提请招标人明确；如是招标人编制，应予明确。

3）分部分项工程和措施项目中的单价项目，应根据拟定的招标文件和招标工程量清单项目中的特征描述及有关要求确定综合单价计算。

4）措施项目中的总价项目应根据拟定的招标文件和常规施工方案按本书1.2.3节"工程量清单计价一般规定"中"1. 计价方式"的4）、5）的规定计价。

5）其他项目应按下列规定计价：

①暂列金额应按招标工程量清单中列出的金额填写。

②暂估价中的材料、工程设备单价应按招标工程量清单中列出的单价计入综合单价。

③暂估价中的专业工程金额应按招标工程量清单中列出的金额填写。

④计日工应按招标工程量清单中列出的项目根据工程特点和有关计价依据确定综合单价计算。

⑤总承包服务费应根据招标工程量清单列出的内容和要求估算。

6）规费和税金应按本书 1.2.3 节"工程量清单计价一般规定"中"1. 计价方式"的6）的规定计算。

（3）投诉与处理

1）投标人经复核认为招标人公布的招标控制价未按照《建设工程工程量清单计价规范》GB 50500—2013 的规定进行编制的，应在招标控制价公布后 5d 内向招投标监督机构和工程造价管理机构投诉。

2）投诉人投诉时，应当提交由单位盖章和法定代表人或其委托人签名或盖章的书面投诉书，投诉书应包括下列内容：

①投诉人与被投诉人的名称、地址及有效联系方式。

②投诉的招标工程名称、具体事项及理由。

③投诉依据及相关证明材料。

④相关的请求及主张。

3）投诉人不得进行虚假、恶意投诉，阻碍投标活动的正常进行。

4）工程造价管理机构在接到投诉书后应在 2 个工作日内进行审查，对有下列情况之一的，不予受理：

①投诉人不是所投诉招标工程招标文件的收受人。

②投诉书提交的时间不符合上述 1）规定的；投诉书不符合上述 2）规定的。

③投诉事项已进入行政复议或行政诉讼程序的。

5）工程造价管理机构应在不迟于结束审查的次日将是否受理投诉的决定书面通知投诉人、被投诉人以及负责该工程招投标监督的招投标管理机构。

6）工程造价管理机构受理投诉后，应立即对招标控制价进行复查，组织投诉人、被投诉人或其委托的招标控制价编制人等单位人员对投诉问题逐一核对。有关当事人应当予以配合，并应保证所提供资料的真实性。

7）工程造价管理机构应当在受理投诉的 10d 内完成复查，特殊情况下可适当延长，并作出书面结论通知投诉人、被投诉人及负责该工程招投标监督的招投标管理机构。

8）当招标控制价复查结论与原公布的招标控制价误差大于±3％时，应当责成招标人改正。

9）招标人根据招标控制价复查结论需要重新公布招标控制价的，其最终公布的时间至招标文件要求提交投标文件截止时间不足 15d 的，应相应延长投标文件的截止时间。

2. 投标报价

（1）一般规定

1）投标价应由投标人或受其委托具有相应资质的工程造价咨询人编制。

2）投标人应依据下述"（2）编制与复核"的规定自主确定投标报价。

3）投标报价不得低于工程成本。

4）投标人必须按招标工程量清单填报价格。项目编码、项目名称、项目特征、计量单位、工程量必须与招标工程量清单一致。

5）投标人的投标报价高于招标控制价的应予废标。

（2）编制与复核

1）投标报价应根据下列依据编制和复核：

①《建设工程工程量清单计价规范》GB 50500—2013。

②国家或省级、行业建设主管部门颁发的计价办法。

③企业定额，国家或省级、行业建设主管部门颁发的计价定额和计价办法。

④招标文件、招标工程量清单及其补充通知、答疑纪要。

⑤建设工程设计文件及相关资料。

⑥施工现场情况、工程特点及投标时拟定的施工组织设计或施工方案。

⑦建设项目相关的标准、规范等技术资料。

⑧市场价格信息或工程造价管理机构发布的工程造价信息。

⑨其他的相关资料。

2）综合单价中应包括招标文件中划分的应由投标人承担的风险范围及其费用，招标文件中没有明确的，应提请招标人明确。

3）分部分项工程和措施项目中的单价项目，应根据招标文件和招标工程量清单项目中的特征描述确定综合单价计算。

4）措施项目中的总价项目金额应根据招标文件和投标时拟定的施工组织设计或施工方案按本书1.2.3节"工程量清单计价一般规定"中"1. 计价方式"4）的规定自主确定。其中安全文明施工费应按照本书1.2.3节"工程量清单计价一般规定"中"1. 计价方式"5）的规定确定。

5）其他项目费应按下列规定报价：

①暂列金额应按招标工程量清单中列出的金额填写。

②材料、工程设备暂估价应按招标工程量清单中列出的单价计入综合单价。

③专业工程暂估价应按招标工程量清单中列出的金额填写。

④计日工应按招标工程量清单中列出的项目和数量，自主确定综合单价并计算计日工金额。

⑤总承包服务费应根据招标工程量清单中列出的内容和提出的要求自主确定。

6）规费和税金应按本书1.2.3节"工程量清单计价一般规定"中"1. 计价方式"6）的规定确定。

7）招标工程量清单与计价表中列明的所有需要填写单价和合价的项目，投标人均应填写且只允许有一个报价。未填写单价和合价的项目，可视为此项费用已包含在已标价工程量清单中其他项目的单价和合价之中。当竣工结算时，此项目不得重新组价予以调整。

8）投标总价应当与分部分项工程费、措施项目费、其他项目费和规费、税金的合计金额一致。

3. 合同价款约定

(1) 一般规定

1) 实行招标的工程合同价款应在中标通知书发出之日起 30d 内，由发承包双方依据招标文件和中标人的投标文件在书面合同中约定。

合同约定不得违背招标、投标文件中关于工期、造价、质量等方面的实质性内容。招标文件与中标人投标文件不一致的地方，应以投标文件为准。

2) 不实行招标的工程合同价款，应在发承包双方认可的工程价款基础上，由发承包双方在合同中约定。

3) 实行工程量清单计价的工程，应采用单价合同；建设规模较小，技术难度较低，工期较短，且施工图设计已审查批准的建设工程可采用总价合同；紧急抢险、救灾以及施工技术特别复杂的建设工程可采用成本加酬金合同。

(2) 约定内容

1) 发承包双方应在合同条款中对下列事项进行约定：

①预付工程款的数额、支付时间及抵扣方式。

②安全文明施工措施的支付计划、使用要求等。

③工程计量与支付工程进度款的方式、数额及时间。

④工程价款的调整因素、方法、程序、支付及时间。

⑤施工索赔与现场签证的程序、金额确认与支付时间。

⑥承担计价风险的内容、范围以及超出约定内容、范围的调整办法。

⑦工程竣工价款结算编制与核对、支付及时间。

⑧工程质量保证金的数额、预留方式及时间。

⑨违约责任以及发生合同价款争议的解决方法及时间。

⑩与履行合同、支付价款有关的其他事项等。

2) 合同中没有按照上述 1) 的要求约定或约定不明的，若发承包双方在合同履行中发生争议由双方协商确定；当协商不能达成一致时，应按《建设工程工程量清单计价规范》GB 50500—2013 的规定执行。

4. 工程计量

(1) 工程计量的依据

工程量计算除依据《房屋建筑与装饰工程工程量计算规范》GB 50854—2013 各项规定外，尚应依据以下文件：

1) 经审定通过的施工设计图纸及其说明。

2) 经审定通过的施工组织设计或施工方案。

3) 经审定通过的其他有关技术经济文件。

(2) 工程计量的执行

1) 一般规定：

①工程量必须按照相关工程现行国家计量规范规定的工程量计算规则计算。

②工程计量可选择按月或按工程形象进度分段计量，具体计量周期应在合同中约定。

③因承包人原因造成的超出合同工程范围施工或返工的工程量，发包人不予计量。

④成本加酬金合同应按下文 2)"单价合同的计量"的规定计量。

2）单价合同的计量：

①工程量必须以承包人完成合同工程应予计量的工程量确定。

②施工中进行工程计量，当发现招标工程量清单中出现缺项、工程量偏差，或因工程变更引起工程量增减时，应按承包人在履行合同义务中完成的工程量计算。

③承包人应当按照合同约定的计量周期和时间向发包人提交当期已完工程量报告。发包人应在收到报告后7d内核实，并将核实计量结果通知承包人。发包人未在约定时间内进行核实的，承包人提交的计量报告中所列的工程量应视为承包人实际完成的工程量。

④发包人认为需要进行现场计量核实时，应在计量前24h通知承包人，承包人应为计量提供便利条件并派人参加。当双方均同意核实结果时，双方应在上述记录上签字确认。承包人收到通知后不派人参加计量，视为认可发包人的计量核实结果。发包人不按照约定时间通知承包人，致使承包人未能派人参加计量，计量核实结果无效。

⑤当承包人认为发包人核实后的计量结果有误时，应在收到计量结果通知后的7d内向发包人提出书面意见，并应附上其认为正确的计量结果和详细的计算资料。发包人收到书面意见后，应在7d内对承包人的计量结果进行复核后通知承包人。承包人对复核计量结果仍有异议的，按照合同约定的争议解决办法处理。

⑥承包人完成已标价工程量清单中每个项目的工程量并经发包人核实无误后，发承包双方应对每个项目的历次计量报表进行汇总，以核实最终结算工程量，并应在汇总表上签字确认。

3）总价合同的计量：

①采用工程量清单方式招标形成的总价合同，其工程量应按照上述2）"单价合同的计量"的规定计算。

②采用经审定批准的施工图纸及其预算方式发包形成的总价合同，除按照工程变更规定的工程量增减外，总价合同各项目的工程量应为承包人用于结算的最终工程量。

③总价合同约定的项目计量应以合同工程经审定批准的施工图纸为依据，发承包双方应在合同中约定工程计量的形象目标或时间节点进行计量。

④承包人应在合同约定的每个计量周期内对已完成的工程进行计量，并向发包人提交达到工程形象目标完成的工程量和有关计量资料的报告。

⑤发包人应在收到报告后7d内对承包人提交的上述资料进行复核，以确定实际完成的工程量和工程形象目标。对其有异议的，应通知承包人进行共同复核。

（3）计量单位与有效数字

1）有两个或两个以上计量单位的，应结合拟建工程项目的实际情况，确定其中一个为计量单位。同一工程项目的计量单位应一致。

2）工程计量时每一项目汇总的有效位数应遵守下列规定：

①以"t"为单位，应保留小数点后三位数字，第四位小数四舍五入。

②以"m"、"m²"、"m³"、"kg"为单位，应保留小数点后两位数字，第三位小数四舍五入。

③以"个"、"件"、"根"、"组"、"系统"为单位，应取整数。

（4）计量项目要求

1）工程量清单项目仅列出了主要工作内容，除另有规定和说明外，应视为已经包括完成该项目所列或未列的全部工作内容。

2）房屋建筑工程涉及电气、给水排水、消防等安装工程的项目，按照现行国家标准《通用安装工程工程量计算规范》GB 50856—2013 的相应项目执行；涉及仿古建筑工程的项目，按现行国家标准《仿古建筑工程工程量计算规范》GB 50855—2013 的相应项目执行；涉及室外地（路）面、室外给水排水等工程的项目，按现行国家标准《市政工程工程量计算规范》GB 50857—2013 的相应项目执行；采用爆破法施工的石方工程按照现行国家标准《爆破工程工程量计算规范》GB 50862—2013 的相应项目执行。

5. 合同价款调整

(1) 一般规定

1）下列事项（但不限于）发生，发承包双方应当按照合同约定调整合同价款：法律法规变化；工程变更；项目特征不符；工程量清单缺项；工程量偏差；计日工；物价变化；暂估价；不可抗力；提前竣工（赶工补偿）；误期赔偿；索赔；现场签证；暂列金额；发承包双方约定的其他调整事项。

2）出现合同价款调增事项（不含工程量偏差、计日工、现场签证、索赔）后的 14d内，承包人应向发包人提交合同价款调增报告并附上相关资料；承包人在 14d 内未提交合同价款调增报告的，应视为承包人对该事项不存在调整价款请求。

3）出现合同价款调减事项（不含工程量偏差、索赔）后的 14d 内，发包人应向承包人提交合同价款调减报告并附相关资料；发包人在 14d 内未提交合同价款调减报告的，应视为发包人对该事项不存在调整价款请求。

4）发（承）包人应在收到承（发）包人合同价款调增（减）报告及相关资料之日起 14d 内对其核实，予以确认的应书面通知承（发）包人。当有疑问时，应向承（发）包人提出协商意见。发（承）包人在收到合同价款调增（减）报告之日起 14d 内未确认也未提出协商意见的，应视为承（发）包人提交的合同价款调增（减）报告已被发（承）包人认可。发（承）包人提出协商意见的，承（发）包人应在收到协商意见后的 14d 内对其核实，予以确认的应书面通知发（承）包人。承（发）包人在收到发（承）包人的协商意见后 14d 内既不确认也未提出不同意见的，应视为发（承）包人提出的意见已被承（发）包人认可。

5）发包人与承包人对合同价款调整的不同意见不能达成一致的，只要对发承包双方履约不产生实质影响，双方应继续履行合同义务，直到其按照合同约定的争议解决方式得到处理。

6）经发承包双方确认调整的合同价款，作为追加（减）合同价款，应与工程进度款或结算款同期支付。

(2) 法律法规变化

1）招标工程以投标截止日前 28d、非招标工程以合同签订前 28d 为基准日，其后因国家的法律、法规、规章和政策发生变化引起工程造价增减变化的，发承包双方应按照省级或行业建设主管部门或其授权的工程造价管理机构据此发布的规定调整合同价款。

2）因承包人原因导致工期延误的，按 1）规定的调整时间，在合同工程原定竣工时间之后，合同价款调增的不予调整，合同价款调减的予以调整。

（3）工程变更

1）因工程变更引起已标价工程量清单项目或其工程数量发生变化时，应按照下列规定调整：

①已标价工程量清单中有适用于变更工程项目的，应采用该项目的单价；但当工程变更导致该清单项目的工程数量发生变化，且工程量偏差超过 15％时，该项目单价应按照下述"（6）工程量偏差"的规定调整。

②已标价工程量清单中没有适用但有类似于变更工程项目的，可在合理范围内参照类似项目的单价。

③已标价工程量清单中没有适用也没有类似于变更工程项目的，应由承包人根据变更工程资料、计量规则和计价办法、工程造价管理机构发布的信息价格和承包人报价浮动率提出变更工程项目的单价，并应报发包人确认后调整。承包人报价浮动率可按下列公式计算：

招标工程：承包人报价浮动率 $L＝$（$1－$中标价/招标控制价）$×100％$ （1-1）

非招标工程：承包人报价浮动率 $L＝$（$1－$报价/施工图预算）$×100％$ （1-2）

④已标价工程量清单中没有适用也没有类似于变更工程项目，且工程造价管理机构发布的信息价格缺价的，应由承包人根据变更工程资料、计量规则、计价办法和通过市场调查等取得有合法依据的市场价格提出变更工程项目的单价，并应报发包人确认后调整。

2）工程变更引起施工方案改变并使措施项目发生变化时，承包人提出调整措施项目费的，应事先将拟实施的方案提交发包人确认，并应详细说明与原方案措施项目相比的变化情况。拟实施的方案经发承包双方确认后执行，并应按照下列规定调整措施项目费：

①安全文明施工费应按照实际发生变化的措施项目依据 1.2.3 节"工程量清单计价一般规定"中"1. 计价方式"中 5）的规定计算。

②采用单价计算的措施项目费，应按照实际发生变化的措施项目，按 1）的规定确定单价。

③按总价（或系数）计算的措施项目费，按照实际发生变化的措施项目调整，但应考虑承包人报价浮动因素，即调整金额按照实际调整金额乘以 1）规定的承包人报价浮动率计算。

如果承包人未事先将拟实施的方案提交给发包人确认，则应视为工程变更不引起措施项目费的调整或承包人放弃调整措施项目费的权利。

3）当发包人提出的工程变更因非承包人原因删减了合同中的某项原定工作或工程，致使承包人发生的费用或（和）得到的收益不能被包括在其他已支付或应支付的项目中，也未被包含在任何替代的工作或工程中时，承包人有权提出并应得到合理的费用及利润补偿。

（4）项目特征描述不符

1）发包人在招标工程量清单中对项目特征的描述，应被认为是准确的和全面的，并且与实际施工要求相符合。承包人应按照发包人提供的招标工程量清单，根据项目特征描述的内容及有关要求实施合同工程，直到项目被改变为止。

2）承包人应按照发包人提供的设计图纸实施合同工程，若在合同履行期间出现设计图纸（含设计变更）与招标工程量清单任一项目的特征描述不符，且该变化引起该项目工程造价增减变化的，应按照实际施工的项目特征，按上述"（3）工程变更"的相关条款的规定重新确定相应工程量清单项目的综合单价，并调整合同价款。

（5）工程量清单缺项

1）合同履行期间，由于招标工程量清单中缺项，新增分部分项工程清单项目的，应按照上述"（3）工程变更"中1）的规定确定单价，并调整合同价款。

2）新增分部分项工程清单项目后，引起措施项目发生变化的，应按照上述"（3）工程变更"中2）的规定，在承包人提交的实施方案被发包人批准后调整合同价款。

3）由于招标工程量清单中措施项目缺项，承包人应将新增措施项目实施方案提交发包人批准后，按照上述"（3）工程变更"中1）、2）的规定调整合同价款。

（6）工程量偏差

1）合同履行期间，当应予计算的实际工程量与招标工程量清单出现偏差，且符合2）、3）规定时，发承包双方应调整合同价款。

2）对于任一招标工程量清单项目，当因工程量偏差规定的"工程量偏差"和"工程变更"规定的工程变更等原因导致工程量偏差超过15%时，可进行调整。当工程量增加15%以上时，增加部分的工程量的综合单价应予调低；当工程量减少15%以上时，减少后剩余部分的工程量的综合单价应予调高。

上述调整参考如下公式：

①当 $Q_1 > 1.15Q_0$ 时

$$S = 1.15Q_0 \times P_0 + (Q_1 - 1.15Q_0) \times P_1 \qquad (1\text{-}3)$$

②当 $Q_1 < 0.85Q_0$ 时

$$S = Q_1 \times P_1 \qquad (1\text{-}4)$$

式中　S——调整后的某一分部分项工程费结算价；

　　　Q_1——最终完成的工程量；

　　　Q_0——招标工程量清单中列出的工程量；

　　　P_1——按照最终完成工程量重新调整后的综合单价；

　　　P_0——承包人在工程量清单中填报的综合单价。

采用上述两式的关键是确定新的综合单价，即 P_1。确定的方法，一是发承包双方协商确定，二是与招标控制价相联系，当工程量偏差项目出现承包人在工程量清单中填报的综合单价与发包人招标控制价相应清单项目的综合单价偏差超过15%时，工程量偏差项目综合单价的调整可参考以下公式：

③当 $P_0 < P_2 \times (1-L) \times (1-15\%)$ 时，该类项目的综合单价

$$P_1 \text{ 按照 } P_2 \times (1-L) \times (1-15\%) \text{ 调整} \qquad (1\text{-}5)$$

④当 $P_0 > P_2 \times (1+15\%)$ 时，该类项目的综合单价

$$P_1 \text{ 按照 } P_2 \times (1+15\%) \text{ 调整} \qquad (1\text{-}6)$$

式中　P_0——承包人在工程量清单中填报的综合单价；

　　　P_2——发包人招标控制价相应项目的综合单价；

　　　L——承包人报价浮动率。

【例 1-1】　某工程项目招标控制价的综合单价为 350 元，投标报价的综合单价为 287 元，该工程投标报价下浮率为 6%，综合单价是否调整？

【解】

287÷350＝82％，偏差为 18％

按（1-5）式：350×（1－6％）×（1－15％）＝279.65（元）

由于 287 元大于 279.65 元，该项目变更后的综合单价可不予调整。

【例 1-2】 某工程项目招标控制价的综合单价为 350 元，投标报价的综合单价为 406 元，工程变更后的综合单价如何调整？

【解】

406÷350＝1.16，偏差为 16％

按（1-6）式：350×（1＋15％）＝402.50（元）

由于 406 元大于 402.50 元，该项目变更后的综合单价应调整为 402.50 元。

⑤当 $P_0 > P_2 × (1-L) × (1-15\%)$ 或 $P_0 < P_2 × (1+15\%)$ 时，可不调整。

【例 1-3】 某一工程项目招标工程量清单数量为 1520m³，施工中由于设计变更调减为 1824m³，增加 20％，该项目招标控制价为 350 元，投标报价为 406 元，应如何调整？

【解】

见【例 1-2】，综合单价 P_1 应调整为 402.50 元。

用公式（1-3），S ＝ 1.15×1520×406＋（1824－1.15×1500）×402.50

$\qquad$ ＝709608＋76×402.50

$\qquad$ ＝740198（元）

【例 1-4】 某一工程项目招标工程量清单数量为 1520m³，施工中由于设计变更调减为 1216m³，减少 20％，该项目招标控制价为 350 元，投标报价为 287 元，应如何调整？

【解】

见【例 1-2】，综合单价 P_1 可不调整。

用公式（1-4），S ＝1216×287＝348992（元）

3）当工程量出现 2）的变化，且该变化引起相关措施项目相应发生变化时，按系数或单一总价方式计价的，工程量增加的措施项目费调增，工程量减少的措施项目费调减。

(7) 计日工

1）发包人通知承包人以计日工方式实施的零星工作，承包人应予执行。

2）采用计日工计价的任何一项变更工作，在该项变更的实施过程中，承包人应按合同约定提交下列报表和有关凭证送发包人复核：

①工作名称、内容和数量。

②投入该工作所有人员的姓名、工种、级别和耗用工时。

③投入该工作的材料名称、类别和数量。

④投入该工作的施工设备型号、台数和耗用台时。

⑤发包人要求提交的其他资料和凭证。

3）任一计日工项目持续进行时，承包人应在该项工作实施结束后的 24h 内向发包人提交有计日工记录汇总的现场签证报告一式三份。发包人在收到承包人提交现场签证报告后的 2d 内予以确认并将其中一份返还给承包人，作为计日工计价和支付的依据。发包人逾期未确认也未提出修改意见的，应视为承包人提交的现场签证报告已被发包人认可。

4）任一计日工项目实施结束后，承包人应按照确认的计日工现场签证报告核实该类项目的工程数量，并应根据核实的工程数量和承包人已标价工程量清单中的计日工单价计算，提出应付价款；已标价工程量清单中没有该类计日工单价的，由发承包双方按上述"（3）工程变更"的规定商定计日工单价计算。

5）每个支付期末，承包人应按照"进度款"的规定向发包人提交本期间所有计日工记录的签证汇总表，并应说明本期间自己认为有权得到的计日工金额，调整合同价款，列入进度款支付。

（8）物价变化

1）合同履行期间，因人工、材料、工程设备、机械台班价格波动影响合同价款时，应根据合同约定，按物价变化合同价款调整方法调整合同价款。物价变化合同价款调整方法主要有以下两种：

①价格指数调整价格差额。

a. 价格调整公式。因人工、材料和工程设备、施工机械台班等价格波动影响合同价格时，根据招标人提供的"承包人提供主要材料和工程设备一览表（适用于价格指数差额调整法）"，并由投标人在投标函附录中的价格指数和权重表约定的数据，应按下式计算差额并调整合同价款：

$$\Delta P = P_0 \left[A + \left(B_1 \times \frac{F_{t1}}{F_{01}} + B_2 \times \frac{F_{t2}}{F_{02}} + B_3 \times \frac{F_{t3}}{F_{03}} + \cdots + B_n \times \frac{F_{tn}}{F_{0n}} \right) - 1 \right] \quad (1\text{-}7)$$

式中　　　　　ΔP——需调整的价格差额；

P_0——约定的付款证书中承包人应得到的已完成工程量的金额。此项金额应不包括价格调整、不计质量保证金的扣留和支付、预付款的支付和扣回。约定的变更及其他金额已按现行价格计价的，也不计在内。

A——定值权重（即不调部分的权重）。

B_1、B_2、B_3、$\cdots$、B_n——各可调因子的变值权重（即可调部分的权重），为各可调因子在投标函投标总报价中所占的比例。

F_{t1}、F_{t2}、F_{t3}、$\cdots$、F_{tn}——各可调因子的现行价格指数，指约定的付款证书相关周期最后一天的前42d的各可调因子的价格指数。

F_{01}、F_{02}、F_{03}、$\cdots$、F_{0n}——各可调因子的基本价格指数，指基准日期的各可调因子的价格指数。

以上价格调整公式中的各可调因子、定值和变值权重，以及基本价格指数及其来源在投标函附录价格指数和权重表中约定。价格指数应首先采用工程造价管理机构提供的价格指数，缺乏上述价格指数时，可采用工程造价管理机构提供的价格代替。

b. 暂时确定调整差额：在计算调整差额时得不到现行价格指数的，可暂用上一次价格指数计算，并在以后的付款中再按实际价格指数进行调整。

c. 权重的调整。约定的变更导致原定合同中的权重不合理时，由承包人和发包人协商后进行调整。

d. 承包人工期延误后的价格调整。由于承包人原因未在约定的工期内竣工的，对原约定竣工日期后继续施工的工程，在使用第 a. 条的价格调整公式时，应采用原约定竣工日期与实际竣工日期的两个价格指数中较低的一个作为现行价格指数。

e. 若可调因子包括了人工在内，则不适用本书 1.2.3 节 "4. 计价风险" 中 2) 中的②的规定。

②造价信息调整价格差额。

a. 施工期内，因人工、材料和工程设备、施工机械台班价格波动影响合同价格时，人工、机械使用费按照国家或省、自治区、直辖市建设行政管理部门、行业建设管理部门或其授权的工程造价管理机构发布的人工成本信息、机械台班单价或机械使用费系数进行调整；需要进行价格调整的材料，其单价和采购数应由发包人复核，发包人确认需调整的材料单价及数量，作为调整合同价款差额的依据。

b. 人工单价发生变化且符合本书 1.2.3 节 "4. 计价风险" 中 2) 中的②的规定的条件时，发承包双方应按省级或行业建设主管部门或其授权的工程造价管理机构发布的人工成本文件调整合同价款。

c. 材料、工程设备价格变化按照发包人提供的《承包人提供主要材料和工程设备一览表（适用于造价信息差额调整法）》，由发承包双方约定的风险范围按下列规定调整合同价款：

（a）承包人投标报价中材料单价低于基准单价：施工期间材料单价涨幅以基准单价为基础超过合同约定的风险幅度值，或材料单价跌幅以投标报价为基础超过合同约定的风险幅度值时，其超过部分按实调整。

（b）承包人投标报价中材料单价高于基准单价：施工期间材料单价跌幅以基准单价为基础超过合同约定的风险幅度值，或材料单价涨幅以投标报价为基础超过合同约定的风险幅度值时，其超过部分按实调整。

（c）承包人投标报价中材料单价等于基准单价：施工期间材料单价涨、跌幅以基准单价为基础超过合同约定的风险幅度值时，其超过部分按实调整。

（d）承包人应在采购材料前将采购数量和新的材料单价报送发包人核对，确认用于本合同工程时，发包人应确认采购材料的数量和单价。发包人在收到承包人报送的确认资料后 3 个工作日不予答复的视为已经认可，作为调整合同价款的依据。如果承包人未报经发包人核对即自行采购材料，再报发包人确认调整合同价款的，如发包人不同意，则不作调整。

d. 施工机械台班单价或施工机械使用费发生变化超过省级或行业建设主管部门或其授权的工程造价管理机构规定的范围时，按其规定调整合同价款。

2) 承包人采购材料和工程设备的，应在合同中约定主要材料、工程设备价格变化的范围或幅度；当没有约定且材料、工程设备单价变化超过 5% 时，超过部分的价格应按照以上两种物价变化合同价款调整方法计算调整材料、工程设备费。

3) 发生合同工程工期延误的，应按照下列规定确定合同履行期的价格调整：

①因非承包人原因导致工期延误的，计划进度日期后续工程的价格，应采用计划进度日期与实际进度日期两者的较高者。

②因承包人原因导致工期延误的，计划进度日期后续工程的价格，应采用计划进度日期与实际进度日期两者的较低者。

4) 发包人供应材料和工程设备的，不适用 1)、2) 规定，应由发包人按照实际变化调整，列入合同工程的工程造价内。

(9) 暂估价

1) 发包人在招标工程量清单中给定暂估价的材料、工程设备属于依法必须招标的，应由发承包双方以招标的方式选择供应商，确定价格，并应以此为依据取代暂估价，调整合同价款。

2) 发包人在招标工程量清单中给定暂估价的材料、工程设备不属于依法必须招标的，应由承包人按照合同约定采购，经发包人确认单价后取代暂估价，调整合同价款。

3) 发包人在工程量清单中给定暂估价的专业工程不属于依法必须招标的，应按照上述"(3) 工程变更"的相应条款的规定确定专业工程价款，并应以此为依据取代专业工程暂估价，调整合同价款。

4) 发包人在招标工程量清单中给定暂估价的专业工程，依法必须招标的，应当由发承包双方依法组织招标选择专业分包人，并接受有管辖权的建设工程招标投标管理机构的监督，还应符合下列要求：

①除合同另有约定外，承包人不参加投标的专业工程发包招标，应由承包人作为招标人，但拟定的招标文件、评标工作、评标结果应报送发包人批准。与组织招标工作有关的费用应当被认为已经包括在承包人的签约合同价（投标总报价）中。

②承包人参加投标的专业工程发包招标，应由发包人作为招标人，与组织招标工作有关的费用由发包人承担。同等条件下，应优先选择承包人中标。

③应以专业工程发包中标价为依据取代专业工程暂估价，调整合同价款。

(10) 不可抗力

1) 因不可抗力事件导致的人员伤亡、财产损失及其费用增加，发承包双方应按下列原则分别承担并调整合同价款和工期：

①合同工程本身的损害、因工程损害导致第三方人员伤亡和财产损失以及运至施工场地用于施工的材料和待安装的设备的损害，应由发包人承担。

②发包人、承包人人员伤亡应由其所在单位负责，并应承担相应费用。

③承包人的施工机械设备损坏及停工损失，应由承包人承担。

④停工期间，承包人应发包人要求留在施工场地的必要的管理人员及保卫人员的费用应由发包人承担。

⑤工程所需清理、修复费用，应由发包人承担。

2) 不可抗力解除后复工的，若不能按期竣工，应合理延长工期。发包人要求赶工的，赶工费用由发包人承担。

3) 因不可抗力解除合同的，应按本节"8. 合同解除的价款结算与支付"2) 的规定办理。

(11) 提前竣工 （赶工补偿）

1) 招标人应依据相关工程的工期定额合理计算工期，压缩的工期天数不得超过定额工期的20％，超过者，应在招标文件中明示增加赶工费用。

2) 发包人要求合同工程提前竣工的，应征得承包人同意后与承包人商定采取加快工程进度的措施，并应修订合同工程进度计划。发包人应承担承包人由此增加的提前竣工（赶工补偿）费用。

3) 发承包双方应在合同中约定提前竣工每日历天应补偿额度，此项费用应作为增加合同价款列入竣工结算文件中，应与结算款一并支付。

(12) 误期赔偿

1) 承包人未按照合同约定施工，导致实际进度迟于计划进度的，承包人应加快进度，实现合同工期。

合同工程发生误期，承包人应赔偿发包人由此造成的损失，并应按照合同约定向发包人支付误期赔偿费。即使承包人支付误期赔偿费，也不能免除承包人按照合同约定应承担的任何责任和应履行的任何义务。

2) 发承包双方应在合同中约定误期赔偿费，并应明确每日历天应赔额度。误期赔偿费应列入竣工结算文件中，并应在结算款中扣除。

3) 在工程竣工之前，合同工程内的某单项（位）工程已通过了竣工验收，且该单项（位）工程接收证书中表明的竣工日期并未延误，而是合同工程的其他部分产生了工期延误时，误期赔偿费应按照已颁发工程接收证书的单项（位）工程造价占合同价款的比例幅度予以扣减。

(13) 索赔

1) 当合同一方向另一方提出索赔时，应有正当的索赔理由和有效证据，并应符合合同的相关约定。

2) 根据合同约定，承包人认为非承包人原因发生的事件造成了承包人的损失，应按下列程序向发包人提出索赔：

①承包人应在知道或应当知道索赔事件发生后 28d 内，向发包人提交索赔意向通知书，说明发生索赔事件的事由。承包人逾期未发出索赔意向通知书的，丧失索赔的权利。

②承包人应在发出索赔意向通知书后 28d 内，向发包人正式提交索赔通知书。索赔通知书应详细说明索赔理由和要求，并应附必要的记录和证明材料。

③索赔事件具有连续影响的，承包人应继续提交延续索赔通知，说明连续影响的实际情况和记录。

④在索赔事件影响结束后的 28d 内，承包人应向发包人提交最终索赔通知书，说明最终索赔要求，并应附必要的记录和证明材料。

3) 承包人索赔应按下列程序处理：

①发包人收到承包人的索赔通知书后，应及时查验承包人的记录和证明材料。

②发包人应在收到索赔通知书或有关索赔的进一步证明材料后的 28d 内，将索赔处理结果答复承包人，如果发包人逾期未作出答复，视为承包人索赔要求已被发包人认可。

③承包人接受索赔处理结果的，索赔款项应作为增加合同价款，在当期进度款中进行支付；承包人不接受索赔处理结果的，应按合同约定的争议解决方式办理。

4) 承包人要求赔偿时，可以选择下列一项或几项方式获得赔偿：

①延长工期。

②要求发包人支付实际发生的额外费用。

③要求发包人支付合理的预期利润。

④要求发包人按合同的约定支付违约金。

5) 当承包人的费用索赔与工期索赔要求相关联时，发包人在作出费用索赔的批准决定时，应结合工程延期，综合作出费用赔偿和工程延期的决定。

6）发承包双方在按合同约定办理了竣工结算后，应被认为承包人已无权再提出竣工结算前所发生的任何索赔。承包人在提交的最终结清申请中，只限于提出竣工结算后的索赔，提出索赔的期限应自发承包双方最终结清时终止。

7）根据合同约定，发包人认为由于承包人的原因造成发包人的损失，宜按承包人索赔的程序进行索赔。

8）发包人要求赔偿时，可以选择下列一项或几项方式获得赔偿：

①延长质量缺陷修复期限。

②要求承包人支付实际发生的额外费用。

③要求承包人按合同的约定支付违约金。

9）承包人应付给发包人的索赔金额可从拟支付给承包人的合同价款中扣除，或由承包人以其他方式支付给发包人。

(14) 现场签证

1）承包人应发包人要求完成合同以外的零星项目、非承包人责任事件等工作的，发包人应及时以书面形式向承包人发出指令，并应提供所需的相关资料；承包人在收到指令后，应及时向发包人提出现场签证要求。

2）承包人应在收到发包人指令后的 7d 内向发包人提交现场签证报告，发包人应在收到现场签证报告后的 48h 内对报告内容进行核实，予以确认或提出修改意见。发包人在收到承包人现场签证报告后的 48h 内未确认也未提出修改意见的，应视为承包人提交的现场签证报告已被发包人认可。

3）现场签证的工作如已有相应的计日工单价，现场签证中应列明完成该类项目所需的人工、材料、工程设备和施工机械台班的数量。

如现场签证的工作没有相应的计日工单价，应在现场签证报告中列明完成该签证工作所需的人工、材料设备和施工机械台班的数量及单价。

4）合同工程发生现场签证事项，未经发包人签证确认，承包人便擅自施工的，除非征得发包人书面同意，否则发生的费用应由承包人承担。

5）现场签证工作完成后的 7d 内，承包人应按照现场签证内容计算价款，报送发包人确认后，作为增加合同价款，与进度款同期支付。

6）在施工过程中，当发现合同工程内容因场地条件、地质水文、发包人要求等不一致时，承包人应提供所需的相关资料，并提交发包人签证认可，作为合同价款调整的依据。

(15) 暂列金额

1）已签约合同价中的暂列金额应由发包人掌握使用。

2）发包人按照（1）～（14）的规定支付后，暂列金额余额应归发包人所有。

6. 合同价款期中支付

(1) 预付款

1）承包人应将预付款专用于合同工程。

2）包工包料工程的预付款的支付比例不得低于签约合同价（扣除暂列金额）的 10%，不宜高于签约合同价（扣除暂列金额）的 30%。

3）承包人应在签订合同或向发包人提供与预付款等额的预付款保函后向发包人提交

预付款支付申请。

4）发包人应在收到支付申请的7d内进行核实，向承包人发出预付款支付证书，并在签发支付证书后的7d内向承包人支付预付款。

5）发包人没有按合同约定按时支付预付款的，承包人可催告发包人支付；发包人在预付款期满后的7d内仍未支付的，承包人可在付款期满后的第8d起暂停施工。发包人应承担由此增加的费用和延误的工期，并应向承包人支付合理利润。

6）预付款应从每一个支付期应支付给承包人的工程进度款中扣回，直到扣回的金额达到合同约定的预付款金额为止。

7）承包人的预付款保函的担保金额根据预付款扣回的数额相应递减，但在预付款全部扣回之前一直保持有效。发包人应在预付款扣完后的14d内将预付款保函退还给承包人。

（2）安全文明施工费

1）安全文明施工费包括的内容和使用范围，应符合国家有关文件和计量规范的规定。

2）发包人应在工程开工后的28d内预付不低于当年施工进度计划的安全文明施工费总额的60%，其余部分应按照提前安排的原则进行分解，并应与进度款同期支付。

3）发包人没有按时支付安全文明施工费的，承包人可催告发包人支付；发包人在付款期满后的7d内仍未支付的，若发生安全事故，发包人应承担相应责任。

4）承包人对安全文明施工费应专款专用，在财务账目中应单独列项备查，不得挪作他用，否则发包人有权要求其限期改正；逾期未改正的，造成的损失和延误的工期应由承包人承担。

（3）进度款

1）发承包双方应按照合同约定的时间、程序和方法，根据工程计量结果，办理期中价款结算，支付进度款。

2）进度款支付周期应与合同约定的工程计量周期一致。

3）已标价工程量清单中的单价项目，承包人应按工程计量确认的工程量与综合单价计算；综合单价发生调整的，以发承包双方确认调整的综合单价计算进度款。

4）已标价工程量清单中的总价项目和按照本节"4. 工程计量"（2）中3）的②规定形成的总价合同，承包人应按合同中约定的进度款支付分解，分别列入进度款支付申请中的安全文明施工费和本周期应支付的总价项目的金额中。

5）发包人提供的甲供材料金额，应按照发包人签约提供的单价和数量从进度款支付中扣除，列入本周期应扣减的金额中。

6）承包人现场签证和得到发包人确认的索赔金额应列入本周期应增加金额中。

7）进度款的支付比例按照合同约定，按期中结算价款总额计，不低于60%，不高于90%。

8）承包人应在每个计量周期到期后的7d内向发包人提交已完工程进度款支付申请一式四份，详细说明此周期认为有权得到的款额，包括分包人已完工程的价款。支付申请应包括下列内容：

①累计已完成的合同价款。

②累计已实际支付的合同价款。

③本周期合计完成的合同价款。

a. 本周期已完成单价项目的金额。

b. 本周期应支付的总价项目的金额。

c. 本周期已完成的计日工价款。

d. 本周期应支付的安全文明施工费。

e. 本周期应增加的金额。

④本周期合计应扣减的金额。

a. 本周期应扣回的预付款。

b. 本周期应扣减的金额。

⑤本周期实际应支付的合同价款。

9) 发包人应在收到承包人进度款支付申请后的 14d 内，根据计量结果和合同约定对申请内容予以核实，确认后向承包人出具进度款支付证书。若发承包双方对部分清单项目的计量结果出现争议，发包人应对无争议部分的工程计量结果向承包人出具进度款支付证书。

10) 发包人应在签发进度款支付证书后的 14d 内，按照支付证书列明的金额向承包人支付进度款。

11) 若发包人逾期未签发进度款支付证书，则视为承包人提交的进度款支付申请已被发包人认可，承包人可向发包人发出催告付款的通知。发包人应在收到通知后的 14d 内，按照承包人支付申请的金额向承包人支付进度款。

12) 发包人未按照 9) ～11) 的规定支付进度款的，承包人可催告发包人支付，并有权获得延迟支付的利息；发包人在付款期满后的 7d 内仍未支付的，承包人可在付款期满后的第 8d 起暂停施工。发包人应承担由此增加的费用和延误的工期，向承包人支付合理利润，并应承担违约责任。

13) 发现已签发的任何支付证书有错、漏或重复的数额，发包人有权予以修正，承包人也有权提出修正申请。经发承包双方复核同意修正的，应在本次到期的进度款中支付或扣除。

7. 竣工结算与支付

(1) 一般规定

1) 工程完工后，发承包双方必须在合同约定时间内办理工程竣工结算。

2) 工程竣工结算应由承包人或受其委托具有相应资质的工程造价咨询人编制，并应由发包人或受其委托具有相应资质的工程造价咨询人核对。

3) 当发承包双方或一方对工程造价咨询人出具的竣工结算文件有异议时，可向工程造价管理机构投诉，申请对其进行执业质量鉴定。

4) 工程造价管理机构对投诉的竣工结算文件进行质量鉴定，宜按本节"10. 工程造价鉴定"的相关规定进行。

5) 竣工结算办理完毕，发包人应将竣工结算文件报送工程所在地或有该工程管辖权的行业管理部门的工程造价管理机构备案，竣工结算文件应作为工程竣工验收备案、交付使用的必备文件。

(2) 编制与复核

1) 工程竣工结算应根据下列依据编制和复核：

①《建设工程工程量清单计价规范》GB 50500—2013。

②工程合同。

③发承包双方实施过程中已确认的工程量及其结算的合同价款。

④发承包双方实施过程中已确认调整后追加（减）的合同价款。

⑤建设工程设计文件及相关资料。

⑥投标文件。

⑦其他依据。

2）分部分项工程和措施项目中的单价项目应依据发承包双方确认的工程量与已标价工程量清单的综合单价计算；发生调整的，应以发承包双方确认调整的综合单价计算。

3）措施项目中的总价项目应依据已标价工程量清单的项目和金额计算；发生调整的，应以发承包双方确认调整的金额计算，其中安全文明施工费应按本书1.2.3节"工程量清单计价一般规定"中"1. 计价方式"的5）的规定计算。

4）其他项目应按下列规定计价：

①计日工应按发包人实际签证确认的事项计算。

②暂估价应按"5. 合同价款调整"中"（9）暂估价"的规定计算。

③总承包服务费应依据已标价工程量清单金额计算；发生调整的，应以发承包双方确认调整的金额计算。

④索赔费用应依据发承包双方确认的索赔事项和金额计算。

⑤现场签证费用应依据发承包双方签证资料确认的金额计算。

⑥暂列金额应减去合同价款调整（包括索赔、现场签证）金额计算，如有余额归发包人。

5）规费和税金应按本书1.2.3节"工程量清单计价一般规定"中"1. 计价方式"6）的规定计算。规费中的工程排污费应按工程所在地环境保护部门规定的标准缴纳后按实列入。

6）发承包双方在合同工程实施过程中已经确认的工程计量结果和合同价款，在竣工结算办理中应直接进入结算。

（3）竣工结算

1）合同工程完工后，承包人应在经发承包双方确认的合同工程期中价款结算的基础上汇总编制完成竣工结算文件，应在提交竣工验收申请的同时向发包人提交竣工结算文件。

承包人未在合同约定的时间内提交竣工结算文件，经发包人催告后14d内仍未提交或没有明确答复的，发包人有权根据已有资料编制竣工结算文件，作为办理竣工结算和支付结算款的依据，承包人应予以认可。

2）发包人应在收到承包人提交的竣工结算文件后的28d内核对。发包人经核实，认为承包人还应进一步补充资料和修改结算文件，应在上述时限内向承包人提出核实意见，承包人在收到核实意见后的28d内应按照发包人提出的合理要求补充资料，修改竣工结算文件，并应再次提交给发包人复核后批准。

3）发包人应在收到承包人再次提交的竣工结算文件后的28d内予以复核，将复核结果通知承包人，并应遵守下列规定：

①发包人、承包人对复核结果无异议的，应在 7d 内在竣工结算文件上签字确认，竣工结算办理完毕。

②发包人或承包人对复核结果认为有误的，无异议部分按照①规定办理不完全竣工结算；有异议部分由发承包双方协商解决；协商不成的，应按照合同约定的争议解决方式处理。

4）发包人在收到承包人竣工结算文件后的 28d 内，不核对竣工结算或未提出核对意见的，应视为承包人提交的竣工结算文件已被发包人认可，竣工结算办理完毕。

5）承包人在收到发包人提出的核实意见后的 28d 内，不确认也未提出异议的，应视为发包人提出的核实意见已被承包人认可，竣工结算办理完毕。

6）发包人委托工程造价咨询人核对竣工结算的，工程造价咨询人应在 28d 内核对完毕，核对结论与承包人竣工结算文件不一致的，应提交给承包人复核；承包人应在 14d 内将同意核对结论或不同意见的说明提交工程造价咨询人。工程造价咨询人收到承包人提出的异议后，应再次复核，复核无异议的，应按 3）条①的规定办理，复核后仍有异议的，按 3）条②的规定办理。

承包人逾期未提出书面异议的，应视为工程造价咨询人核对的竣工结算文件已经承包人认可。

7）对发包人或发包人委托的工程造价咨询人指派的专业人员与承包人指派的专业人员经核对后无异议并签名确认的竣工结算文件，除非发承包人能提出具体、详细的不同意见，发承包人都应在竣工结算文件上签名确认，如其中一方拒不签认的，按下列规定办理：

①若发包人拒不签认的，承包人可不提供竣工验收备案资料，并有权拒绝与发包人或其上级部门委托的工程造价咨询人重新核对竣工结算文件。

②若承包人拒不签认的，发包人要求办理竣工验收备案的，承包人不得拒绝提供竣工验收资料，否则，由此造成的损失，承包人承担相应责任。

8）合同工程竣工结算核对完成，发承包双方签字确认后，发包人不得要求承包人与另一个或多个工程造价咨询人重复核对竣工结算。

9）发包人对工程质量有异议，拒绝办理工程竣工结算的，已竣工验收或已竣工未验收但实际投入使用的工程，其质量争议应按该工程保修合同执行，竣工结算应按合同约定办理；已竣工未验收且未实际投入使用的工程以及停工、停建工程的质量争议，双方应就有争议的部分委托有资质的检测鉴定机构进行检测，并应根据检测结果确定解决方案，或按工程质量监督机构的处理决定执行后办理竣工结算，无争议部分的竣工结算应按合同约定办理。

(4) 结算款支付

1）承包人应根据办理的竣工结算文件向发包人提交竣工结算款支付申请。申请包括下列内容：

①竣工结算合同价款总额。

②累计已实际支付的合同价款。

③应预留的质量保证金。

④实际应支付的竣工结算款金额。

2）发包人应在收到承包人提交竣工结算款支付申请后 7d 内予以核实，向承包人签发竣工结算支付证书。

3）发包人签发竣工结算支付证书后的 14d 内，应按照竣工结算支付证书列明的金额向承包人支付结算款。

4）发包人在收到承包人提交的竣工结算款支付申请后 7d 内不予核实，不向承包人签发竣工结算支付证书的，视为承包人的竣工结算款支付申请已被发包人认可；发包人应在收到承包人提交的竣工结算款支付申请 7d 后的 14d 内，按照承包人提交的竣工结算款支付申请列明的金额向承包人支付结算款。

5）发包人未按照 3)、4) 规定支付竣工结算款的，承包人可催告发包人支付，并有权获得延迟支付的利息。发包人在竣工结算支付证书签发后或者在收到承包人提交的竣工结算款支付申请 7d 后的 56d 内仍未支付的，除法律另有规定外，承包人可与发包人协商将该工程折价，也可直接向人民法院申请将该工程依法拍卖。承包人应就该工程折价或拍卖的价款优先受偿。

（5）质量保证金

1）发包人应按照合同约定的质量保证金比例从结算款中预留质量保证金。

2）承包人未按照合同约定履行属于自身责任的工程缺陷修复义务的，发包人有权从质量保证金中扣除用于缺陷修复的各项支出。经查验，工程缺陷属于发包人原因造成的，应由发包人承担查验和缺陷修复的费用。

3）在合同约定的缺陷责任期终止后，发包人应按照下述"（6）最终结清"的规定，将剩余的质量保证金返还给承包人。

（6）最终结清

1）缺陷责任期终止后，承包人应按照合同约定向发包人提交最终结清支付申请。发包人对最终结清支付申请有异议的，有权要求承包人进行修正和提供补充资料。承包人修正后，应再次向发包人提交修正后的最终结清支付申请。

2）发包人应在收到最终结清支付申请后的 14d 内予以核实，并应向承包人签发最终结清支付证书。

3）发包人应在签发最终结清支付证书后的 14d 内，按照最终结清支付证书列明的金额向承包人支付最终结清款。

4）发包人未在约定的时间内核实，又未提出具体意见的，应视为承包人提交的最终结清支付申请已被发包人认可。

5）发包人未按期最终结清支付的，承包人可催告发包人支付，并有权获得延迟支付的利息。

6）最终结清时，承包人被预留的质量保证金不足以抵减发包人工程缺陷修复费用的，承包人应承担不足部分的补偿责任。

7）承包人对发包人支付的最终结清款有异议的，应按照合同约定的争议解决方式处理。

8. 合同解除的价款结算与支付

1）发承包双方协商一致解除合同的，应按照达成的协议办理结算和支付合同价款。

2）由于不可抗力致使合同无法履行解除合同的，发包人应向承包人支付合同解除之日前已完成工程但尚未支付的合同价款，此外，还应支付下列金额：

①上述"5. 合同价款调整"中"（11）提前竣工（赶工补偿）"规定的由发包人承担的费用。

②已实施或部分实施的措施项目应付价款。

③承包人为合同工程合理订购且已交付的材料和工程设备货款。

④承包人撤离现场所需的合理费用，包括员工遣送费和临时工程拆除、施工设备运离现场的费用。

⑤承包人为完成合同工程而预期开支的任何合理费用，且该项费用未包括在本款其他各项支付之内。

发承包双方办理结算合同价款时，应扣除合同解除之日前发包人应向承包人收回的价款。当发包人应扣除的金额超过了应支付的金额，承包人应在合同解除后的56d内将其差额退还给发包人。

3）因承包人违约解除合同的，发包人应暂停向承包人支付任何价款。发包人应在合同解除后28d内核实合同解除时承包人已完成的全部合同价款以及按施工进度计划已运至现场的材料和工程设备货款，按合同约定核算承包人应支付的违约金以及造成损失的索赔金额，并将结果通知承包人。发承包双方应在28d内予以确认或提出意见，并应办理结算合同价款。如果发包人应扣除的金额超过了应支付的金额，承包人应在合同解除后的56d内将其差额退还给发包人。发承包双方不能就解除合同后的结算达成一致的，按照合同约定的争议解决方式处理。

4）因发包人违约解除合同的，发包人除应按照2）的规定向承包人支付各项价款外，应按合同约定核算发包人应支付的违约金以及给承包人造成损失或损害的索赔金额费用。该笔费用应由承包人提出，发包人核实后应与承包人协商确定后的7d内向承包人签发支付证书。协商不能达成一致的，应按照合同约定的争议解决方式处理。

9. 合同价款争议的解决

(1) 监理或造价工程师暂定

1）若发包人和承包人之间就工程质量、进度、价款支付与扣除、工期延期、索赔、价款调整等发生任何法律上、经济上或技术上的争议，首先应根据已签约合同的规定，提交合同约定职责范围内的总监理工程师或造价工程师解决，并应抄送另一方。总监理工程师或造价工程师在收到此提交件后14d内应将暂定结果通知发包人和承包人。发承包双方对暂定结果认可的，应以书面形式予以确认，暂定结果成为最终决定。

2）发承包双方在收到总监理工程师或造价工程师的暂定结果通知之后的14d内未对暂定结果予以确认也未提出不同意见的，应视为发承包双方已认可该暂定结果。

3）发承包双方或一方不同意暂定结果的，应以书面形式向总监理工程师或造价工程师提出，说明自己认为正确的结果，同时抄送另一方，此时该暂定结果成为争议。在暂定结果对发承包双方当事人履约不产生实质影响的前提下，发承包双方应实施该结果，直到按照发承包双方认可的争议解决办法被改变为止。

(2) 管理机构的解释或认定

1）合同价款争议发生后，发承包双方可就工程计价依据的争议以书面形式提请工程造价管理机构对争议以书面文件进行解释或认定。

2）工程造价管理机构应在收到申请的 10 个工作日内就发承包双方提请的争议问题进行解释或认定。

3）发承包双方或一方在收到工程造价管理机构书面解释或认定后仍可按照合同约定的争议解决方式提请仲裁或诉讼。除工程造价管理机构的上级管理部门作出了不同的解释或认定，或在仲裁裁决或法院判决中不予采信的外，工程造价管理机构作出的书面解释或认定应为最终结果，并应对发承包双方均有约束力。

(3) 协商和解

1）合同价款争议发生后，发承包双方任何时候都可以进行协商。协商达成一致的，双方应签订书面和解协议，和解协议对发承包双方均有约束力。

2）如果协商不能达成一致协议，发包人或承包人都可以按合同约定的其他方式解决争议。

(4) 调解

1）发承包双方应在合同中约定或在合同签订后共同约定争议调解人，负责双方在合同履行过程中发生争议的调解。

2）合同履行期间，发承包双方可协议调换或终止任何调解人，但发包人或承包人都不能单独采取行动。除非双方另有协议，在最终结清支付证书生效后，调解人的任期应即终止。

3）如果发承包双方发生了争议，任何一方可将该争议以书面形式提交调解人，并将副本抄送另一方，委托调解人调解。

4）发承包双方应按照调解人提出的要求，给调解人提供所需要的资料、现场进入权及相应设施。调解人应被视为不是在进行仲裁人的工作。

5）调解人应在收到调解委托后 28d 内或由调解人建议并经发承包双方认可的其他期限内提出调解书，发承包双方接受调解书的，经双方签字后作为合同的补充文件，对发承包双方均具有约束力，双方都应立即遵照执行。

6）当发承包双方中任一方对调解人的调解书有异议时，应在收到调解书后 28d 内向另一方发出异议通知，并应说明争议的事项和理由。但除非并直到调解书在协商和解或仲裁裁决、诉讼判决中作出修改，或合同已经解除，承包人应继续按照合同实施工程。

7）当调解人已就争议事项向发承包双方提交了调解书，而任一方在收到调解书后 28d 内均未发出表示异议的通知时，调解书对发承包双方应均具有约束力。

(5) 仲裁、诉讼

1）发承包双方的协商和解或调解均未达成一致意见，其中的一方已就此争议事项根据合同约定的仲裁协议申请仲裁，应同时通知另一方。

2）仲裁可在竣工之前或之后进行，但发包人、承包人、调解人各自的义务不得因在工程实施期间进行仲裁而有所改变。当仲裁是在仲裁机构要求停止施工的情况下进行时，承包人应对合同工程采取保护措施，由此增加的费用应由败诉方承担。

3）在（1）～（4）的期限之内，暂定或和解协议或调解书已经有约束力的情况下，当发承包中一方未能遵守暂定或和解协议或调解书时，另一方可在不损害他可能具有的任何其他权利的情况下，将未能遵守暂定或不执行和解协议或调解书达成的事项提交仲裁。

4）发包人、承包人在履行合同时发生争议，双方不愿和解、调解或者和解、调解不成，又没有达成仲裁协议的，可依法向人民法院提起诉讼。

10. 工程造价鉴定

(1) 一般鉴定

1) 在工程合同价款纠纷案件处理中，需作工程造价司法鉴定的，应委托具有相应资质的工程造价咨询人进行。

2) 工程造价咨询人接受委托时提供工程造价司法鉴定服务，应按仲裁、诉讼程序和要求进行，并应符合国家关于司法鉴定的规定。

3) 工程造价咨询人进行工程造价司法鉴定时，应指派专业对口、经验丰富的注册造价工程师承担鉴定工作。

4) 工程造价咨询人应在收到工程造价司法鉴定资料后 10d 内，根据自身专业能力和证据资料判断能否胜任该项委托，如不能，应辞去该项委托。工程造价咨询人不得在鉴定期满后以上述理由不作出鉴定结论，影响案件处理。

5) 接受工程造价司法鉴定委托的工程造价咨询人或造价工程师如是鉴定项目一方当事人的近亲属或代理人、咨询人以及其他关系可能影响鉴定公正的，应当自行回避；未自行回避，鉴定项目委托人以该理由要求其回避的，必须回避。

6) 工程造价咨询人应当依法出庭接受鉴定项目当事人对工程造价司法鉴定意见书的质询。如确因特殊原因无法出庭的，经审理该鉴定项目的仲裁机关或人民法院准许，可以书面形式答复当事人的质询。

(2) 取证

1) 工程造价咨询人进行工程造价鉴定工作时，应自行收集以下（但不限于）鉴定资料：

①适用于鉴定项目的法律、法规、规章、规范性文件以及规范、标准、定额。

②鉴定项目同时期同类型工程的技术经济指标及其各类要素价格等。

2) 工程造价咨询人收集鉴定项目的鉴定依据时，应向鉴定项目委托人提出具体书面要求，其内容包括：

①与鉴定项目相关的合同、协议及其附件。

②相应的施工图纸等技术经济文件。

③施工过程中的施工组织、质量、工期和造价等工程资料。

④存在争议的事实及各方当事人的理由。

⑤其他有关资料。

3) 工程造价咨询人在鉴定过程中要求鉴定项目当事人对缺陷资料进行补充的，应征得鉴定项目委托人同意，或者协调鉴定项目各方当事人共同签认。

4) 根据鉴定工作需要现场勘验的，工程造价咨询人应提请鉴定项目委托人组织各方当事人对被鉴定项目所涉及的实物标的进行现场勘验。

5) 勘验现场应制作勘验记录、笔录或勘验图表，记录勘验的时间、地点、勘验人、在场人、勘验经过、结果，由勘验人、在场人签名或者盖章确认。绘制的现场图应注明绘制的时间、测绘人姓名、身份等内容。必要时应采取拍照或摄像取证，留下影像资料。

6) 鉴定项目当事人未对现场勘验图表或勘验笔录等签字确认的，工程造价咨询人应提请鉴定项目委托人决定处理意见，并在鉴定意见书中作出表述。

(3) 鉴定

1) 工程造价咨询人在鉴定项目合同有效的情况下应根据合同约定进行鉴定，不得任意改变双方合法的合意。

2) 工程造价咨询人在鉴定项目合同无效或合同条款约定不明确的情况下应根据法律、法规、相关国家标准和《建设工程工程量清单计价规范》GB 50500—2013 的规定，选择相应专业工程的计价依据和方法进行鉴定。

3) 工程造价咨询人出具正式鉴定意见书之前，可报请鉴定项目委托人向鉴定项目各方当事人发出鉴定意见书征求意见稿，并指明应书面答复的期限及其不答复的相应法律责任。

4) 工程造价咨询人收到鉴定项目各方当事人对鉴定意见书征求意见稿的书面复函后，应对不同意见认真复核，修改完善后再出具正式鉴定意见书。

5) 工程造价咨询人出具的工程造价鉴定书应包括下列内容：

①鉴定项目委托人名称、委托鉴定的内容。

②委托鉴定的证据材料。

③鉴定的依据及使用的专业技术手段。

④对鉴定过程的说明。

⑤明确的鉴定结论。

⑥其他需说明的事宜。

⑦工程造价咨询人盖章及注册造价工程师签名盖执业专用章。

6) 工程造价咨询人应在委托鉴定项目的鉴定期限内完成鉴定工作，如确因特殊原因不能在原定期限内完成鉴定工作时，应按照相应法规提前向鉴定项目委托人申请延长鉴定期限，并应在此期限内完成鉴定工作。

经鉴定项目委托人同意等待鉴定项目当事人提交、补充证据的，质证所用的时间不应计入鉴定期限。

7) 对于已经出具的正式鉴定意见书中有部分缺陷的鉴定结论，工程造价咨询人应通过补充鉴定作出补充结论。

11. 工程计价资料与档案

(1) 计价资料

1) 发承包双方应当在合同中约定各自在合同工程中现场管理人员的职责范围，双方现场管理人员在职责范围内签字确认的书面文件是工程计价的有效凭证，但如有其他有效证据或经实证证明其是虚假的除外。

2) 发承包双方不论在何种场合对与工程计价有关的事项所给予的批准、证明、同意、指令、商定、确定、确认、通知和请求，或表示同意、否定、提出要求和意见等，均应采用书面形式，口头指令不得作为计价凭证。

3) 任何书面文件送达时，应由对方签收，通过邮寄应采用挂号、特快专递传送，或以发承包双方商定的电子传输方式发送，交付、传送或传输至指定的接收人的地址。如接收人通知了另外地址时，随后通信信息应按新地址发送。

4) 发承包双方分别向对方发出的任何书面文件，均应将其抄送现场管理人员，如系复印件应加盖合同工程管理机构印章，证明与原件相同。双方现场管理人员向对方所发任何书面文件，也应将其复印件发送给发承包双方，复印件应加盖合同工程管理机构印章，证明与原件相同。

5）发承包双方均应当及时签收另一方送达其指定接收地点的来往信函，拒不签收的，送达信函的一方可以采用特快专递或者公证方式送达，所造成的费用增加（包括被迫采用特殊送达方式所发生的费用）和延误的工期由拒绝签收一方承担。

6）书面文件和通知不得扣压，一方能够提供证据证明另一方拒绝签收或已送达的，应视为对方已签收并应承担相应责任。

(2) 计价档案

1）发承包双方以及工程造价咨询人对具有保存价值的各种载体的计价文件，均应收集齐全，整理立卷后归档。

2）发承包双方和工程造价咨询人应建立完善的工程计价档案管理制度，并应符合国家和有关部门发布的档案管理相关规定。

3）工程造价咨询人归档的计价文件，保存期不宜少于五年。

4）归档的工程计价成果文件应包括纸质原件和电子文件，其他归档文件及依据可为纸质原件、复印件或电子文件。

5）归档文件应经过分类整理，并应组成符合要求的案卷。

6）归档可以分阶段进行，也可以在项目竣工结算完成后进行。

7）向接受单位移交档案时，应编制移交清单，双方应签字、盖章后方可交接。

1.3 建筑安装工程费用构成与计算

根据中华人民共和国住房与城乡建设部、财政部颁布的建标〔2013〕44 号文件《建筑安装工程费用项目组成》规定，建筑安装工程费用项目按费用构成要素组成划分为人工费、材料费、施工机具使用费、企业管理费、利润、规费和税金。为指导工程造价专业人员计算建筑安装工程造价，将建筑安装工程费用按工程造价形成顺序划分为分部分项工程费、措施项目费、其他项目费、规费和税金。

1.3.1 建筑安装工程造价构成

1. 按费用构成要素划分建筑安装工程费用项目

建筑安装工程费按照费用构成要素划分：由人工费、材料（包含工程设备，下同）费、施工机具使用费、企业管理费、利润、规费和税金组成。其中人工费、材料费、施工机具使用费企业管理费和利润包含在分部分项工程费、措施项目费、其他项目费中，如图1-2 所示。

(1) 人工费

人工费指按工资总额构成规定，支付给从事建筑安装工程施工的生产工人和附属生产单位工人的各项费用。内容包括：

1）计时工资或计件工资。计时工资或计件工资是指按计时工资标准和工作时间或对已做工作按计件单价支付给个人的劳动报酬。

2）奖金。奖金是指对超额劳动和增收节支支付给个人的劳动报酬。如节约奖、劳动竞赛奖等。

图1-2   建筑安装工程费用项目组成（按费用构成要素划分）

3）津贴补贴。津贴补贴是指为了补偿职工特殊或额外的劳动消耗和因其他特殊原因支付给个人的津贴，以及为了保证职工工资水平不受物价影响支付给个人的物价补贴。如流动施工津贴、特殊地区施工津贴、高温（寒）作业临时津贴、高空津贴等。

4）加班加点工资。加班加点工资是指按规定支付的在法定节假日工作的加班工资和在法定日工作时间外延时工作的加点工资。

5）特殊情况下支付的工资。特殊情况下支付的工资是指根据国家法律、法规和政策规定，因病、工伤、产假、计划生育假、婚丧假、事假、探亲假、定期休假、停工学习、执行国家或社会义务等原因按计时工资标准或计时工资标准的一定比例支付的工资。

（2）材料费

材料费指施工过程中耗费的原材料、辅助材料、构配件、零件、半成品或成品、工程设备的费用。其内容主要包括：

1）材料原价。材料原价是指材料、工程设备的出厂价格或商家供应价格。

2）运杂费。运杂费是指材料、工程设备自来源地运至工地仓库或指定堆放地点所发生的全部费用。

3）运输损耗费。运输损耗费是指材料在运输装卸过程中不可避免的损耗。

4）采购及保管费。采购及保管费是指为组织采购、供应和保管材料、工程设备的过程中所需要的各项费用。包括采购费、仓储费、工地保管费、仓储损耗。

工程设备是指构成或计划构成永久工程一部分的机电设备、金属结构设备、仪器装置及其他类似的设备和装置。

（3）施工机具使用费

施工机具使用费指施工作业所发生的施工机械、仪器仪表使用费或其租赁费。

1）施工机械使用费。以施工机械台班耗用量乘以施工机械台班单价表示，施工机械台班单价应由下列七项费用组成：

①折旧费：指施工机械在规定的使用年限内，陆续收回其原值的费用。

②大修理费：指施工机械按规定的大修理间隔台班进行必要的大修理，以恢复其正常功能所需的费用。

③经常修理费：指施工机械除大修理以外的各级保养和临时故障排除所需的费用。包括为保障机械正常运转所需替换设备与随机配备工具、附具的摊销和维护费用，机械运转中日常保养所需润滑与擦拭的材料费用及机械停滞期间的维护和保养费用等。

④安拆费及场外运费：安拆费指施工机械（大型机械除外）在现场进行安装与拆卸所需的人工、材料、机械和试运转费用以及机械辅助设施的折旧、搭设、拆除等费用；场外运费指施工机械整体或分体自停放地点运至施工现场或由一施工地点运至另一施工地点的运输、装卸、辅助材料及架线等费用。

⑤人工费：指机上司机（司炉）和其他操作人员的人工费。

⑥燃料动力费：指施工机械在运转作业中所消耗的各种燃料费及水、电费等。

⑦税费：指施工机械按照国家规定应缴纳的车船使用税、保险费及年检费等。

2）仪器仪表使用费。仪器仪表使用费是指工程施工所需使用的仪器仪表的摊销及维修费用。

（4）企业管理费

企业管理费指建筑安装企业组织施工生产和经营管理所需的费用。其内容主要包括：

1）管理人员工资。管理人员工资是指按规定支付给管理人员的计时工资、奖金、津贴补贴、加班加点工资及特殊情况下支付的工资等。

2）办公费。办公费是指企业管理办公用的文具、纸张、账表、印刷、邮电、书报、办公软件、现场监控、会议、水电、烧水和集体取暖降温（包括现场临时宿舍取暖降温）等费用。

3）差旅交通费。差旅交通费是指职工因公出差、调动工作的差旅费、住勤补助费，市内交通费和误餐补助费，职工探亲路费，劳动力招募费，职工退休、退职一次性路费，工伤人员就医路费，工地转移费以及管理部门使用的交通工具的油料、燃料等费用。

4）固定资产使用费。固定资产使用费是指管理和试验部门及附属生产单位使用的属于固定资产的房屋、设备、仪器等的折旧、大修、维修或租赁费。

5）工具、用具使用费。工具、用具使用费是指企业施工生产和管理使用的不属于固定资产的工具、器具、家具、交通工具和检验、试验、测绘、消防用具等的购置、维修和摊销费。

6）劳动保险和职工福利费。劳动保险和职工福利费是指由企业支付的职工退职金、按规定支付给离休干部的经费，集体福利费、夏季防暑降温、冬季取暖补贴、上下班交通补贴等。

7）劳动保护费。劳动保护费是企业按规定发放的劳动保护用品的支出。如工作服、手套、防暑降温饮料以及在有碍身体健康的环境中施工的保健费用等。

8）检验试验费。检验试验费是指施工企业按照有关标准规定，对建筑以及材料、构件和建筑安装物进行一般鉴定、检查所发生的费用，包括自设试验室进行试验所耗用的材料等费用。不包括新结构、新材料的试验费，对构件做破坏性试验及其他特殊要求检验试验的费用和建设单位委托检测机构进行检测的费用，对此类检测发生的费用，由建设单位在工程建设其他费用中列支。但对施工企业提供的具有合格证明的材料进行检测不合格的，该检测费用由施工企业支付。

9）工会经费。工会经费是指企业按《工会法》规定的全部职工工资总额比例计提的工会经费。

10）职工教育经费。职工教育经费是指按职工工资总额的规定比例计提，企业为职工进行专业技术和职业技能培训，专业技术人员继续教育、职工职业技能鉴定、职业资格认定以及根据需要对职工进行各类文化教育所发生的费用。

11）财产保险费。财产保险费是指施工管理用财产、车辆等的保险费用。

12）财务费。财务费是指企业为施工生产筹集资金或提供预付款担保、履约担保、职工工资支付担保等所发生的各种费用。

13）税金。税金是指企业按规定缴纳的房产税、车船使用税、土地使用税、印花税等。

14）其他。其他主要包括技术转让费、技术开发费、投标费、业务招待费、绿化费、广告费、公证费、法律顾问费、审计费、咨询费、保险费等。

(5) 利润

利润指施工企业完成所承包工程获得的盈利。

(6) 规费

规费指按国家法律、法规规定，由省级政府和省级有关权力部门规定必须缴纳或计取的费用。其主要包括：

1）社会保险费：

①养老保险费。养老保险费是指企业按照规定标准为职工缴纳的基本养老保险费。

②失业保险费。失业保险费是指企业按照规定标准为职工缴纳的失业保险费。

③医疗保险费。医疗保险费是指企业按照规定标准为职工缴纳的基本医疗保险费。

④生育保险费。生育保险费是指企业按照规定标准为职工缴纳的生育保险费。

⑤工伤保险费。工伤保险费是指企业按照规定标准为职工缴纳的工伤保险费。

2）住房公积金。住房公积金是指企业按规定标准为职工缴纳的住房公积金。

3）工程排污费。工程排污费是指按规定缴纳的施工现场工程排污费。

其他应列而未列入的规费，按实际发生计取。

(7) 税金

税金指国家税法规定的应计入建筑安装工程造价内的营业税、城市维护建设税、教育费附加以及地方教育附加。

2. 按造价形式划分建筑安装工程费用项目

建筑安装工程费按照工程造价形成由分部分项工程费、措施项目费、其他项目费、规费、税金组成，分部分项工程费、措施项目费、其他项目费包含人工费、材料费、施工机具使用费、企业管理费和利润，如图1-3所示。

图1-3 建筑安装工程费用项目组成（按造价形式划分）

(1) 分部分项工程费

分部分项工程费指各专业工程的分部分项工程应予列支的各项费用。

1) 专业工程。专业工程是指按现行国家计量规范划分的房屋建筑与装饰工程、仿古建筑工程、通用安装工程、市政工程、园林绿化工程、矿山工程、构筑物工程、城市轨道交通工程、爆破工程等各类工程。

2) 分部分项工程。分部分项工程指按现行国家计量规范对各专业工程划分的项目。如房屋建筑与装饰工程划分的土石方工程、地基处理与桩基工程、砌筑工程、钢筋及钢筋混凝土工程等。

各类专业工程的分部分项工程划分见现行国家或行业计量规范。

(2) 措施项目费

措施项目费指为完成建设工程施工，发生于该工程施工前和施工过程中的技术、生活、安全、环境保护等方面的费用。其内容包括：

1）安全文明施工费：

①环境保护费。环境保护费是指施工现场为达到环保部门要求所需要的各项费用。

②文明施工费。文明施工费是指施工现场文明施工所需要的各项费用。

③安全施工费。安全施工费是指施工现场安全施工所需要的各项费用。

④临时设施费。临时设施费是指施工企业为进行建设工程施工所必须搭设的生活和生产用的临时建筑物、构筑物和其他临时设施费用。包括临时设施的搭设、维修、拆除、清理费或摊销费等。

2）夜间施工增加费。夜间施工增加费是指因夜间施工所发生的夜班补助费、夜间施工降效、夜间施工照明设备摊销及照明用电等费用。

3）二次搬运费。二次搬运费是指因施工场地条件限制而发生的材料、构配件、半成品等一次运输不能到达堆放地点，必须进行二次或多次搬运所发生的费用。

4）冬雨季施工增加费。冬雨季施工增加费是指在冬季或雨季施工需增加的临时设施、防滑、排除雨雪，人工及施工机械效率降低等费用。

5）已完工程及设备保护费。已完工程及设备保护费是指竣工验收前，对已完工程及设备采取的必要保护措施所发生的费用。

6）工程定位复测费。工程定位复测费是指工程施工过程中进行全部施工测量放线和复测工作的费用。

7）特殊地区施工增加费。特殊地区施工增加费是指工程在沙漠或其边缘地区、高海拔、高寒、原始森林等特殊地区施工增加的费用。

8）大型机械设备进出场及安拆费。大型机械设备进出场及安拆费是指机械整体或分体自停放场地运至施工现场或由一个施工地点运至另一个施工地点，所发生的机械进出场运输及转移费用及机械在施工现场进行安装、拆卸所需的人工费、材料费、机械费、试运转费和安装所需的辅助设施的费用。

9）脚手架工程费。脚手架工程费是指施工需要的各种脚手架搭、拆、运输费用以及脚手架购置费的摊销（或租赁）费用。

措施项目及其包含的内容详见各类专业工程的现行国家或行业计量规范。

(3) 其他项目费

1）暂列金额。暂列金额是指建设单位在工程量清单中暂定并包括在工程合同价款中的一笔款项。用于施工合同签订时尚未确定或者不可预见的所需材料、工程设备、服务的采购，施工中可能发生的工程变更、合同约定调整因素出现时的工程价款调整以及发生的索赔、现场签证确认等的费用。

2）计日工。计日工是指在施工过程中，施工企业完成建设单位提出的施工图纸以外的零星项目或工作所需的费用。

3）总承包服务费。总承包服务费是指总承包人为配合、协调建设单位进行的专业工程发包，对建设单位自行采购的材料、工程设备等进行保管以及施工现场管理、竣工资料汇总整理等服务所需的费用。

(4) 规费

规费定义同本节"1. 按费用构成要素划分建筑安装工程费用项目"的（6）。

(5) 税金

税金定义同本节"1. 按费用构成要素划分建筑安装工程费用项目"的（7）。

1.3.2 建筑安装工程费用参考计算方法

1. 各费用构成要素参考计算方法

(1) 人工费

$$人工费 = \sum（工日消耗量 \times 日工资单价） \tag{1-8}$$

$$日工资单价 = \frac{生产工人平均月工资（计时计件）+平均月（奖金+津贴补贴+特殊情况下支付的工资）}{年平均每月法定工作日} \tag{1-9}$$

注：公式（1-8）主要适用于施工企业投标报价时自主确定人工费，也是工程造价管理机构编制计价定额确定定额人工单价或发布人工成本信息的参考依据。

$$人工费 = \sum（工程工日消耗量 \times 日工资单价） \tag{1-10}$$

日工资单价是指施工企业平均技术熟练程度的生产工人在每工作日（国家法定工作时间内）按规定从事施工作业应得的日工资总额。

工程造价管理机构确定日工资单价应通过市场调查、根据工程项目的技术要求，参考实物工程量人工单价综合分析确定，最低日工资单价不得低于工程所在地人力资源和社会保障部门所发布的最低工资标准的：普工 1.3 倍、一般技工 2 倍、高级技工 3 倍。

工程计价定额不可只列一个综合工日单价，应根据工程项目技术要求和工种差别适当划分多种日人工单价，确保各分部工程人工费的合理构成。

注：公式（1-10）适用于工程造价管理机构编制计价定额时确定定额人工费，是施工企业投标报价的参考依据。

(2) 材料费

1) 材料费：

$$材料费 = \sum（材料消耗量 \times 材料单价） \tag{1-11}$$

$$材料单价 = \{（材料原价+运杂费）\times [1+运输损耗率（\%）]\} \times [1+采购保管费率（\%）] \tag{1-12}$$

2) 工程设备费：

$$工程设备费 = \sum（工程设备量 \times 工程设备单价） \tag{1-13}$$

$$工程设备单价 =（设备原价+运杂费）\times [1+采购保管费率（\%）] \tag{1-14}$$

(3) 施工机具使用费

1) 施工机械使用费：

$$施工机械使用费 = \sum（施工机械台班消耗量 \times 机械台班单价） \tag{1-15}$$

$$机械台班单价 = 台班折旧费+台班大修费+台班经常修理费+台班安拆费及场外运费+台班人工费+台班燃料动力费+台班车船税费 \tag{1-16}$$

注：工程造价管理机构在确定计价定额中的施工机械使用费时，应根据《建筑施工机械台班费用计算规则》结合市场调查编制施工机械台班单价。施工企业可以参考工程造价管理机构发布的台班单价，自主确定施工机械使用

费的报价，如租赁施工机械，公式为：施工机械使用费＝∑（施工机械台班消耗量×机械台班租赁单价）。

2）仪器仪表使用费：

$$仪器仪表使用费＝工程使用的仪器仪表摊销费＋维修费 \tag{1-17}$$

（4）企业管理费费率

1）以分部分项工程费为计算基础：

$$企业管理费费率（\%）＝\frac{生产工人年平均管理费}{年有效施工天数×人工单价}×人工费$$

$$占分部分项目工程费比例（\%） \tag{1-18}$$

2）以人工费和机械费合计为计算基础：

$$企业管理费费率（\%）＝\frac{生产工人年平均管理费}{年有效施工天数×（人工单价＋每一工日机械使用费）}×100\%$$

$$\tag{1-19}$$

3）以人工费为计算基础：

$$企业管理费费率（\%）＝\frac{生产工人年平均管理}{年有效施工天数×人工单价}×100\% \tag{1-20}$$

注：上述公式适用于施工企业投标报价时自主确定管理费，是工程造价管理机构编制计价定额确定企业管理费的参考依据。

工程造价管理机构在确定计价定额中企业管理费时，应以定额人工费或（定额人工费＋定额机械费）作为计算基数，其费率根据历年工程造价积累的资料，辅以调查数据确定，列入分部分项工程和措施项目中。

（5）利润

1）施工企业根据企业自身需求并结合建筑市场实际自主确定，列入报价中。

2）工程造价管理机构在确定计价定额中利润时，应以定额人工费或（定额人工费＋定额机械费）作为计算基数，其费率根据历年工程造价积累的资料，并结合建筑市场实际确定，以单位（单项）工程测算，利润在税前建筑安装工程费的比重可按不低于5％且不高于7％的费率计算。利润应列入分部分项工程和措施项目中。

（6）规费

1）社会保险费和住房公积金：社会保险费和住房公积金应以定额人工费为计算基础，根据工程所在地省、自治区、直辖市或行业建设主管部门规定费率计算。

$$社会保险费和住房公积金＝\sum（工程定额人工费×社会保险费和住房公积金费率）$$

$$\tag{1-21}$$

式中：社会保险费和住房公积金费率可以每万元发承包价的生产工人人工费和管理人员工资含量与工程所在地规定的缴纳标准综合分析取定。

2）工程排污费：工程排污费等其他应列而未列入的规费应按工程所在地环境保护等部门规定的标准缴纳，按实计取列入。

（7）税金

税金计算公式如下：

$$税金＝税前造价×综合税率（\%） \tag{1-22}$$

综合税率：

1）纳税地点在市区的企业：

$$综合税率（\%）=\frac{1}{1-3\%-（3\%×7\%）-（3\%×3\%）-（3\%×2\%）}-1 \quad (1-23)$$

2）纳税地点在县城、镇的企业：

$$综合税率（\%）=\frac{1}{1-3\%-（3\%×5\%）-（3\%×3\%）-（3\%×2\%）}-1 \quad (1-24)$$

3）纳税地点不在市区、县城、镇的企业：

$$综合税率（\%）=\frac{1}{1-3\%-（3\%×1\%）-（3\%×3\%）-（3\%×2\%）}-1 \quad (1-25)$$

4）实行营业税改增值税的，按纳税地点现行税率计算。

2. 建筑安装工程计价

(1) 分部分项工程费

$$分部分项工程费=\sum（分部分项工程量×综合单价） \quad (1-26)$$

式中：综合单价包括人工费、材料费、施工机具使用费、企业管理费和利润以及一定范围的风险费用（下同）。

(2) 措施项目费

1）国家计量规范规定应予计量的措施项目，其计算公式为：

$$措施项目费=\sum（措施项目工程量×综合单价） \quad (1-27)$$

2）国家计量规范规定不宜计量的措施项目计算方法如下：

①安全文明施工费：

$$安全文明施工费=计算基数×安全文明施工费费率（\%） \quad (1-28)$$

计算基数应为定额基价（定额分部分项工程费＋定额中可以计量的措施项目费）、定额人工费或（定额人工费＋定额机械费），其费率由工程造价管理机构根据各专业工程的特点综合确定。

②夜间施工增加费：

$$夜间施工增加费=计算基数×夜间施工增加费费率（\%） \quad (1-29)$$

③二次搬运费：

$$二次搬运费=计算基数×二次搬运费费率（\%） \quad (1-30)$$

④冬雨季施工增加费：

$$冬雨季施工增加费=计算基数×冬雨季施工增加费费率（\%） \quad (1-31)$$

⑤已完工程及设备保护费：

$$已完工程及设备保护费=计算基数×已完工程及设备保护费费率（\%） \quad (1-32)$$

上述②～⑤项措施项目的计费基数应为定额人工费或（定额人工费＋定额机械费），其费率由工程造价管理机构根据各专业工程特点和调查资料综合分析后确定。

(3) 其他项目费

1）暂列金额由建设单位根据工程特点，按有关计价规定估算，施工过程中由建设单位掌握使用、扣除合同价款调整后如有余额，归建设单位。

2）计日工由建设单位和施工企业按施工过程中的签证计价。

3）总承包服务费由建设单位在招标控制价中根据总包服务范围和有关计价规定编制，施工企业投标时自主报价，施工过程中按签约合同价执行。

（4）规费和税金

建设单位和施工企业均应按照省、自治区、直辖市或行业建设主管部门发布标准计算规费和税金，不得作为竞争性费用。

3. 相关问题的说明

1）各专业工程计价定额的编制及其计价程序，均按上述计算方法实施。

2）各专业工程计价定额的使用周期原则上为 5 年。

3）工程造价管理机构在定额使用周期内，应及时发布人工、材料、机械台班价格信息，实行工程造价动态管理，如遇国家法律、法规、规章或相关政策变化以及建筑市场物价波动较大时，应适时调整定额人工费、定额机械费以及定额基价或规费费率，使建筑安装工程费能反映建筑市场实际。

4）建设单位在编制招标控制价时，应按照各专业工程的计量规范和计价定额以及工程造价信息编制。

5）施工企业在使用计价定额时除不可竞争费用外，其余仅作参考，由施工企业投标时自主报价。

1.3.3　建筑安装工程计价程序

建设单位工程招标控制价计价程序见表 1-1。

表 1-1　建设单位工程招标控制价计价程序

工程名称：　　　　　　　　　　　　　标段：

序号	内　容	计算方法	金额（元）
1	分部分项工程费	按计价规定计算	
1.1			
1.2			
1.3			
1.4			
1.5			
2	措施项目费	按计价规定计算	
2.1	其中：安全文明施工费	按规定标准计算	
3	其他项目费		
3.1	其中：暂列金额	按计价规定估算	
3.2	其中：专业工程暂估价	按计价规定估算	
3.3	其中：计日工	按计价规定估算	
3.4	其中：总承包服务费	按计价规定估算	
4	规费	按规定标准计算	
5	税金 （扣除不列入计税范围的工程设备金额）	（1＋2＋3＋4）×规定税率	
招标控制价合计＝1＋2＋3＋4＋5			

施工企业工程投标报价计价程序见表1-2。

表1-2 施工企业工程投标报价计价程序

工程名称： 标段：

序号	内　容	计算方法	金额（元）
1	分部分项工程费	自主报价	
1.1			
1.2			
1.3			
1.4			
1.5			
2	措施项目费	自主报价	
2.1	其中：安全文明施工费	按规定标准计算	
3	其他项目费		
3.1	其中：暂列金额	按招标文件提供金额计列	
3.2	其中：专业工程暂估价	按招标文件提供金额计列	
3.3	其中：计日工	自主报价	
3.4	其中：总承包服务费	自主报价	
4	规费	按规定标准计算	
5	税金 （扣除不列入计税范围的工程设备金额）	（1＋2＋3＋4）×规定税率	
投标报价合计＝1＋2＋3＋4＋5			

竣工结算计价程序见表1-3。

表1-3 竣工结算计价程序

工程名称： 标段：

序号	内　容	计算方法	金额（元）
1	分部分项工程费	按合同约定计算	
1.1			
1.2			
1.3			
1.4			
1.5			

续表 1-3

序号	内　　容	计算方法	金额（元）
2	措施项目	按合同约定计算	
2.1	其中：安全文明施工费	按规定标准计算	
3	其他项目		
3.1	其中：专业工程结算价	按合同约定计算	
3.2	其中：计日工	按计日工签证计算	
3.3	其中：总承包服务费	按合同约定计算	
3.4	索赔与现场签证	按发承包双方确认数额计算	
4	规费	按规定标准计算	
5	税金 （扣除不列入计税范围的工程设备金额）	（1＋2＋3＋4）×规定税率	
竣工结算总价合计＝1＋2＋3＋4＋5			

1.4　《清单计价规范（2013 年）》简介

为了更加广泛深入地推行工程量清单计价，规范建设工程发承包双方的计量、计价行为；为了与当前国家相关法律、法规和政策性的变化规定相适应，使其能够正确地贯彻执行；为了适应新技术、新工艺、新材料日益发展的需要，措施规范的内容不断更新完善；为了总结实践经验，进一步建立健全我国统一的建设工程计价、计量规范标准体系，住房与城乡建设部标准定额司组织相关单位对《建设工程工程量清单计价规范》GB 50500—2008（简称"08 规范"）进行了修编，于 2013 年颁布实施了《建设工程工程量清单计价规范》GB 50500—2013（简称"13 规范"）和《房屋建筑与装饰工程工程量计算规范》GB 50854—2013 等 9 本计量规范。

1.4.1　"13 规范"修编必要性

1. 相关法律等的变化，需要修改计价规范

《中华人民共和国社会保险法》的实施；《中华人民共和国建筑法》关于实行工伤保险，鼓励企业为从事危险作业的职工办理意外伤害保险的修订；国家发展改革委、财政部关于取消工程定额测定费的规定；财政部开征地方教育附加等规费方面的变化，需要修改计价规范。

《建筑市场管理条例》的起草，《建筑工程施工发承包计价管理办法》的修订，为"08规范"的修改提供了基础。

2. "08 规范"的理论探讨和实践总结，需要修改计价规范

"08 规范"实施以来，在工程建设领域得到了充分肯定，从《建筑》、《建筑经济》、《建筑时报》、《工程造价》、《造价师》等报纸杂志刊登的文章来看，"08 规范"对工程计价产生了重大影响。一些法律工作者从法律角度对强制性条文进行了点评；一些理论工作者对规范条文进行了理论探索；一些实际工作者对单价合同、总价合同的适用问题，对竣工结算应尽可能使用前期计价资料问题，以及计价规范应更具操作性等提出了很多好的建议。

3. 一些作为探索的条文说明，经过实践需要进入计价规范

"08 规范"出台时，一些不成熟的条文采用了条文说明或宣贯教材引路的方式。经过实践，有的已经形成共识，如计价风险分担、物价波动的价格指数调整、招标控制价的投诉处理等，需要进入计价规范正文，增大执行效力。

4. 附录部分的不足，需要尽快修改完善

1）有的专业分类不明确，需要重新定义划分，增补"城市轨道交通"、"爆破工程"等专业。

2）一些项目划分不适用，设置不合理。

3）有的项目特征描述不能体现项目自身价值，存在缺乏表述或难以描述的现象。

4）有的项目计量单位不符合工程项目的实际情况。

5）有的计算规则界线划分不清，导致计量扯皮。

6）未考虑市场成品化生产的现状。

7）与传统的计价定额衔接不够，不便于计量与计价。

5. 附录部分需要增加新项目，删除淘汰项目

随着科技的发展，为了满足计量、计价的需要，应增补新技术、新工艺、新材料的项目，同时，应删除技术规范已经淘汰的项目。

6. 有的计量规定需要进一步重新定义和明确

"08 规范"附录个别规定需重新定义和划分，例如：土石类别的划分一直沿用"普氏分类"，桩基工程又采用分级，而国家相关标准又未使用；施工排水与安全文明施工费中的排水两者不明确；钢筋工程有关"搭接"的计算规定含糊等。

7. "08 规范"对于计价、计量的表现形式有待改变

"08 规范"正文部分主要是有关计价方面的规定，附录部分主要是有关计量的规定。对于计价而言，无论什么专业都应该是一致的；而计量，随着专业的不同存在不一样的规定，将其作为附录处理，不方便操作和管理，也不利于不同专业计量规范的修订和增补。为此，计价、计量规范体系表现形式的改变，是很有必要的。

1.4.2 "13 规范"修编原则

1. 计价规范

（1）依法原则

建设工程计价活动受《中华人民共和国合同法》（简称《合同法》）等多部法律、法规的管辖。因此，"13 规范"与"08 规范"一样，对规范条文做到依法设置。例如，有关招标控制价的设置，就遵循了《政府采购法》的相关规定，以有效地遏制哄抬标价的行为；有关招标控制价投诉的设置，就遵循了《中华人民共和国招标投标法》（以下称《招标投标法》）的相关规定，既维护了当事人的合法权益，又保证了招标活动的顺利进行；有关合理工期的设置，就遵循了《建设工程质量管理条例》的相关规定，以促使施工作业有序进行，确保工程质量和安全；有关工程结算的设置，就遵循了《合同法》以及相关司法解释的相关规定。

（2）权责对等原则

在建设工程施工活动中，不论发包人或承包人，有权利就必然有责任。"13规范"仍然坚持这一原则，杜绝只有权利没有责任的条款。如"08规范"关于工程量清单编制质量的责任由招标人承担的规定，就有效遏制了招标人以强势地位设置工程量偏差由投标人承担的做法。

（3）公平交易原则

建设工程计价从本质上讲，就是发包人与承包人之间的交易价格，在社会主义市场经济条件下应做到公平进行。"08规范"关于计价风险合理分担的条文，及其在条文说明中对于计价风险的分类和风险幅度的指导意见，就得到了工程建设各方的认同，因此，"13规范"将其正式条文化。

（4）可操作性原则

"13规范"尽量避免条文点到就止，十分重视条文有无可操作性。例如招标控制价的投诉问题，"08规范"仅规定可以投诉，但没有操作方面的规定，"13规范"在总结黑龙江、山东、四川等地做法的基础上，对投诉时限、投诉内容、受理条件、复查结论等作了较为详细的规定。

（5）从约原则

建设工程计价活动是发承包双方在法律框架下签约、履约的活动。因此，遵从合同约定，履行合同义务是双方的应尽之责。"13规范"在条文上坚持"按合同约定"的规定，但在合同约定不明或没有约定的情况下，发承包双方发生争议时不能协商一致，规范的规定就会在处理争议方面发挥积极作用。

2．计量规范

（1）项目编码唯一性原则

"13规范"虽然将"08规范"附录独立，新修编为9个计量规范，但项目编码仍按"03规范"、"08规范"设置的方式保持不变。前两位定义为每本计量规范的代码，使每个项目清单的编码都是唯一的，没有重复。

（2）项目设置简明适用原则

"13计量规范"在项目设置上以符合工程实际、满足计价需要为前提，力求增加新技术、新工艺、新材料的项目，删除技术规范已经淘汰的项目。

（3）项目特征满足组价原则

"13计量规范"在项目特征上，对凡是体现项目自身价值的都作出规定，不以工作内容已有，而不在项目特征中作出要求。

1）对工程计价无实质影响的内容不作规定，如现浇混凝土梁底板标高等。

2）对应由投标人根据施工方案自行确定的不作规定，如预裂爆破的单孔深度及装药量等。

3）对应由投标人根据当地材料供应及构件配料决定的不作规定，如混凝土拌合料的石子种类及粒径、砂的种类等。

4）对应由施工措施解决并充分体现竞争要求的，注明了特征描述时不同的处理方式，如弃土运距等。

(4) 计量单位方便计量原则

计量单位应以方便计量为前提，注意与现行工程定额的规定衔接。如有两个或两个以上计量单位均可满足某工程项目计量要求的，均予以标注，由招标人根据工程实际情况选用。

(5) 工程量计算规则统一原则

"13 计量规范"不使用"估算"之类的词语；对使用两个或两个以上计量单位的，分别规定了不同计量单位的工程量计算规则；对易引起争议的，用文字说明，如钢筋的搭接如何计量等。

1.4.3 "13 规范"的特点

"13 规范"全面总结了"03 规范"实施 10 年来的经验，针对存在的问题，对"08 规范"进行全面修订，与之比较，具有如下特点：

1. 确立了工程计价标准体系的形成

"03 规范"发布以来，我国又相继发布了《建筑工程建筑面积计算规范》GB/T 50353—2005、《水利工程工程量清单计价规范》GB 50501—2007、《建设工程计价设备材料划分标准》GB/T 50531—2009，此次修订，共发布 10 本工程计价、计量规范，特别是 9 个专业工程计量规范的出台，使整个工程计价标准体系明晰了，为下一步工程计价标准的制定打下了坚实的基础。

2. 扩大了计价计量规范的适用范围

"13 计价、计量规范"明确规定，"本规范适用于建设工程发承包及实施阶段的计价活动"、"13 计量规范"并规定"××工程计价，必须按本规范规定的工程量计算规则进行工程计量"。而非"08 规范"规定的"适用于工程量清单计价活动"。表明了不分何种计价方式，必须执行计价计量规范，对规范发承包双方计价行为有了统一的标准。

3. 深化了工程造价运行机制的改革

"13 规范"坚持了"政府宏观调控、企业自主报价、竞争形成价格、监管行之有效"的工程造价管理模式的改革方向。在条文设置上，使其工程计量规则标准化、工程计价行为规范化、工程造价形成市场化。

4. 强化了工程计价计量的强制性规定

"13 规范"在保留"08 规范"强制性条文的基础上，又在一些重要环节新增了部分强制性条文，在规范发承包双方计价行为方面得到了加强。

5. 注重了与施工合同的衔接

"13 规范"明确定义为适用于"工程施工发承包及实施阶段……"因此，在名词、术语、条文设置上尽可能与施工合同相衔接，既重视规范的指引和指导作用，又充分尊重发承包双方的意思自治，为造价管理与合同管理相统一搭建了平台。

6. 明确了工程计价风险分担的范围

"13 规范"在"08 规范"计价风险条文的基础上，根据现行法律、法规的规定，进一步细化、细分了发承包阶段工程计价风险，并提出了风险的分类负担规定，为发承包双方共同应对计价风险提供了依据。

7. 完善了招标控制价制度

自 "08 规范" 总结了各地经验，统一了招标控制价称谓，在《中华人民共和国招标投标法实施条例》（以下简称《招标投标法实施条例》）中又以最高投标限价得到了肯定。"13 规范" 从编制、复核、投诉与处理对招标控制价作了详细规定。

8. 规范了不同合同形式的计量与价款交付

"13 规范" 针对单价合同、总价合同给出了明确定义，指明了其在计量和合同价款中的不同之处，提出了单价合同中的总价项目和总价合同的价款支付分解及支付的解决办法。

9. 统一了合同价款调整的分类内容

"13 规范" 按照形成合同价款调整的因素，归纳为 5 类 14 个方面，并明确将索赔也纳入合同价款调整的内容，每一方面均有具体的条文规定，为规范合同价款调整提供了依据。

10. 确立了施工全过程计价控制与工程结算的原则

"13 规范" 从合同约定到竣工结算的全过程均设置了可操作性的条文，体现了发承包双方应在施工全过程中管理工程造价，明确规定竣工结算应依据施工过程中的发承包双方确认的计量、计价资料办理的原则，为进一步规范竣工结算提供了依据。

11. 提供了合同价款争议解决的方法

"13 规范" 将合同价款争议专列一章，根据现行法律规定立足于把争议解决在萌芽状态，为及时并有效解决施工过程中的合同价款争议，提出了不同的解决方法。

12. 增加了工程造价鉴定的专门规定

由于不同的利益诉求，一些施工合同纠纷采用仲裁、诉讼的方式解决，这时，工程造价鉴定意见就成了一些施工合同纠纷案件裁决或判决的主要依据。因此，工程造价鉴定除应按照工程计价规定外，还应符合仲裁或诉讼的相关法律规定，"13 规范" 对此作了规定。

13. 细化了措施项目计价的规定

"13 规范" 根据措施项目计价的特点，按照单价项目、总价项目分类列项，明确了措施项目的计价方式。

14. 增强了规范的操作性

"13 规范" 尽量避免条文点到为止，增加了操作方面的规定。"13 计量规范" 在项目划分上体现简明适用；项目特征既体现本项目的价值，又方便操作人员的描述；计量单位和计算规则，既方便了计量的选择，又考虑了与现行计价定额的衔接。

15. 保持了规范的先进性

此次修订增补了建筑市场新技术、新工艺、新材料的项目，删去了淘汰的项目。对土石分类重新进行了定义，实现了与现行国家标准的衔接。

1.4.4　工程量清单计价的应用范围

《建设工程工程量清单计价规范》GB 50500—2013 "总则" 第 1.0.2 条指出："本规范适用于建设工程发承包及实施阶段的计价活动。" 这就是说，"13 规范" 主要适用于建设工程招标投标工程量清单计价的新建、扩建、改建等工程，而建设工程主要是指由建筑工程、装饰装修工程、安装工程、市政工程、园林绿化工程和矿山工程所组成的基本建设工程。

工程量清单计价的适用范围从资金来源方面来说，《建设工程工程量清单计价规范》GB 50500—2008 第 3.1.13 条强制规定"使用国有资金投资的建设工程发承包，必须采用工程量清单计价"。即：全部使用国有资金投资或国有资金投资为主的建设项目，必须采用工程量清单计价。国有资金是指国家财政的预算内或预算外资金，国家机关、国有企事业单位和社会团体的自有资金及借贷资金，国家通过对内发行政府债券或向外国政府及国际金融机构举借主权外债所筹集的资金也应视为国有资金。国有资金投资为主的工程是指国有资金占总投资额 50％以上或虽不足 50％，但国有资产投资者实质上拥有控股权的工程。

1.4.5　工程量清单计价规范术语

工程量清单计价常用术语见表 1-4。

表 1-4　工程量清单计价常用术语

序号	术语	释　义
1	工程量清单	载明建设工程分部分项工程项目、措施项目、其他项目的名称和相应数量以及规费、税金项目等内容的明细清单
2	招标工程量清单	招标人依据国家标准、招标文件、设计文件以及施工现场实际情况编制的，随招标文件发布供投标报价的工程量清单，包括其说明和表格
3	已标价工程量清单	构成合同文件组成部分的投标文件中已标明价格，经算术性错误修正（如有）且承包人已确认的工程量清单，包括其说明和表格
4	工程量计算	指建设工程项目以工程设计图纸、施工组织设计或施工方案及有关技术经济文件为依据，按照相关工程国家标准的计算规则、计量单位等规定，进行工程数量的计算活动，在工程建设中简称工程计量
5	房屋建筑	在固定地点，为使用者或占用物提供庇护覆盖以进行生活、生产或其他活动的实体，可分为工业建筑与民用建筑
6	工业建筑	提供生产用的各种建筑物，如车间、厂区建筑、动力站、与厂房相连的生活间、厂区内的库房和运输设施等
7	民用建筑	非生产性的居住建筑和公共建筑，如住宅、办公楼、幼儿园、学校、食堂、影剧院、商店、体育馆、旅馆、医院、展览馆等
8	分部分项工程	分部工程是单项或单位工程的组成部分，是按结构部位、路段长度及施工特点或施工任务将单项或单位工程划分为若干分部的工程；分项工程是分部工程的组成部分，是按不同施工方法、材料、工序及路段长度等将分部工程划分为若干个分项或项目的工程

续表 1-4

序号	术语	释　义
9	措施项目	为完成工程项目施工，发生于该工程施工准备和施工过程中的技术、生活、安全、环境保护等方面的项目
10	综合单价	完成一个规定清单项目所需的人工费、材料和工程设备费、施工机具使用费和企业管理费、利润以及一定范围内的风险费用
11	风险费用	隐含于已标价工程量清单综合单价中，用于化解发承包双方在工程合同中约定内容和范围内的市场价格波动风险的费用
12	工程成本	承包人为实施合同工程并达到质量标准，在确保安全施工的前提下，必须消耗或使用的人工、材料、工程设备、施工机械台班及其管理等方面发生的费用和按规定缴纳的规费和税金
13	单价合同	发承包双方约定以工程量清单及其综合单价进行合同价款计算、调整和确认的建设工程施工合同
14	总价合同	发承包双方约定以施工图及其预算和有关条件进行合同价款计算、调整和确认的建设工程施工合同
15	成本加酬金合同	发承包双方约定以施工工程成本再加合同约定酬金进行合同价款计算、调整和确认的建设工程施工合同
16	工程造价信息	工程造价管理机构根据调查和预算发布的建设工程人工、材料、工程设备、施工机械台班的价格信息，以及各类工程的造价指数、指标
17	工程造价指数	反映一定时期的工程造价相对于某一固定时期的工程造价变化程度的比值或比率。包括按单位或单项工程划分的造价指数，按工程造价构成要素划分的人工、材料、机械等价格指数
18	工程变更	合同工程实施过程中由发包人提出或由承包人提出经发包人批准的合同工程任何一项工作的增、减、取消或施工工艺、顺序、时间的改变；设计图纸的修改；施工条件的改变；招标工程量清单的错、漏从而引起合同条件的改变或工程量的增减变化
19	工程量偏差	承包人按照合同工程的图纸（含经发包人批准由承包人提供的图纸）实施，按照现行国家计量规范规定的工程量计算规则计算得到的完成合同工程项目应予计量的工程量与相应的招标工程量清单项目列出的工程量之间出现的量差
20	暂列金额	招标人在工程量清单中暂定并包括在合同价款中的一笔款项。用于工程合同签订时尚未确定或者不可预见的所需材料、工程设备、服务的采购，施工中可能发生的工程变更、合同约定调整因素出现时的合同价款调整以及发生的索赔、现场签证确认等的费用

续表 1-4

序号	术语	释　义
21	暂估价	招标人在工程量清单中提供的用于支付必然发生但暂时不能确定价格的材料、工程设备的单价以及专业工程的金额
22	计日工	在施工过程中，承包人完成发包人提出的工程合同范围以外的零星项目或工作，按合同中约定的单价计价的一种方式
23	总承包服务费	总承包人为配合协调发包人进行的专业工程发包，对发包人自行采购的材料、工程设备等进行保管以及施工现场管理、竣工资料汇总整理等服务所需的费用
24	安全文明施工费	在合同履行过程中，承包人按照国家法律、法规、标准等规定，为保证安全施工、文明施工，保护现场内外环境和搭拆临时设施等所采用的措施而发生的费用
25	索赔	在工程合同履行过程中，合同当事人一方因非己方的原因而遭受损失，按合同约定或法律法规规定应由对方承担责任，从而向对方提出补偿的要求
26	利润	承包人完成合同工程获得的盈利
27	规费	根据国家法律、法规规定，由省级政府或省级有关权力部门规定施工企业必须缴纳的，应计入建筑安装工程造价的费用
28	税金	国家税法规定的应计入建筑安装工程造价内的营业税、城市维护建设税、教育费附加和地方教育附加
29	单价项目	工程量清单中以单价计价的项目，即根据合同工程图纸（含设计变更）和相关工程现行国家计量规范规定的工程量计算规则进行计量，与已标价工程量清单相应综合单价进行价款计算的项目
30	总价项目	工程量清单中以总价计价的项目，即此类项目在相关工程现行国家计量规范中无工程量计算规则，以总价（或计算基础乘费率）计算的项目
31	工程计量	发承包双方根据合同约定，对承包人完成合同工程的数量进行的计算和确认
32	工程结算	发承包双方根据合同约定，对合同工程在实施中、终止时、已完工后进行的合同价款计算、调整和确认。包括期中结算、终止结算、竣工结算
33	招标控制价	招标人根据国家或省级、行业建设主管部门颁发的有关计价依据和办法，以及拟定的招标文件和招标工程量清单，结合工程具体情况编制的招标工程的最高投标限价
34	投标价	投标人投标时响应招标文件要求所报出的对已标价工程量清单汇总后标明的总价

续表 1-4

序号	术语	释　义
35	签约合同价（合同价款）	发承包双方在工程合同中约定的工程造价，即包括了分部分项工程费、措施项目费、其他项目费、规费和税金的合同总金额
36	预付款	在开工前，发包人按照合同约定，预先支付给承包人用于购买合同工程施工所需的材料、工程设备，以及组织施工机械和人员进场等的款项
37	进度款	在合同工程施工过程中，发包人按照合同约定对付款周期内承包人完成的合同价款给予支付的款项，也是合同价款期中结算支付
38	合同价款调整	在合同价款调整因素出现后，发承包双方根据合同约定，对合同价款进行变动的提出、计算和确认
39	竣工结算价	发承包双方依据国家有关法律、法规和标准规定，按照合同约定确定的，包括在履行合同过程中按合同约定进行的合同价款调整，是承包人按合同约定完成了全部承包工作后，发包人应付给承包人的合同总金额
40	工程造价鉴定	工程造价咨询人接受人民法院、仲裁机关委托，对施工合同纠纷案件中的工程造价争议，运用专门知识进行鉴别、判断和评定，并提供鉴定意见的活动。也称为工程造价司法鉴定

2 建筑工程工程量计算及清单编制实例

2.1 工程计量的基本知识

2.1.1 工程计量的概念

工程量是以规定的物理计量单位或自然计量单位所表示的各个具体分项工程或构配体的数量。

物理计量单位是指法定计量单位，如长度单位 m、面积单位 m^2、体积单位 m^3、质量单位 kg 等。自然计量单位，一般是以物体的自然形态表示的计量单位，如套、组、台、件、个等。

工程量是确定建筑工程费用、编制施工规划、安排工程施工进度、编制材料供应计划以及进行工程统计和经济核算的重要依据。

2.1.2 工程量计算依据

为了保证工程量计算结果的统一性和可比性，防止工程结算时出现不必要的纠纷，在工程量计算时应严格按照一定的计算依据进行。主要有以下几个方面：

1）工程量清单计价规范中详细规定了各分部分项工程中实体项目的工程量计算规则，包括项目划分、项目特征、工程内容描述、计量方法、计量单位等。分部分项工程量的计算应严格按照这一规定进行。

2）工程设计图纸、设计说明、设计变更、图纸答疑、会审记录等。

3）经审定的施工组织设计及施工技术方案、专项方案等。

4）招标文件的有关说明及合同条件等。

2.1.3 工程量计算顺序

为了避免漏算或重算，提高计算的准确程度，工程量的计算应按照一定的顺序进行。应根据具体工程和个人习惯来确定具体的计算顺序，一般包括以下几种：

1. 单位工程计算顺序

单位工程计算顺序一般按计价规范清单列项顺序计算，即按照计价规范上的分章或分部分项工程顺序来计算工程量。

2. 单个分部分项工程计算顺序

按一定顺序计算工程量的目的是防止漏项少算或重复多算的现象发生，具体方法可参见表 2-1。

表 2-1   单个分部分项工程计算顺序

序号	计算顺序	内 容 说 明
1	按照顺时针方向计算	按照顺时针方向计算是指先从平面图的左上角开始，自左至右，然后再由上而下，最后转回到左上角为止，这样按顺时针方向转圈依次进行计算
2	按"先横后竖、先上后下、先左后右"计算	按"先横后竖、从上而下、先左后右"计算是指在平面图上从左上角开始，按"先横后竖、从上而下、先左后右"的顺序计算工程量
3	按图纸分项编号顺序计算	按图纸分项编号顺序计算法是指按照图纸上所标注结构构件、配件的编号顺序进行计算

2.1.4　用统筹法计算工程量

运用统筹法计算工程量，就是分析工程量计算中各分部分项工程量计算之间的固有规律和相互之间的依赖关系，运用统筹法原理和统筹图图解来合理安排工程量的计算程序，以达到节约时间、简化计算、提高工效、为及时准确地编制工程预算提供科学数据的目的。

实践表明，每个分部分项工程量计算虽有着各自的特点，但都离不开计算"线"、"面"之类的基数，另外，某些分部分项工程的工程量计算结果往往是另一些分部分项工程的工程量计算的基础数据，因此，根据这个特性，运用统筹法原理，对每个分部分项工程的工程量进行分析，然后依据计算过程的内在联系，按先主后次，统筹安排计算程序，可以简化繁琐的计算，形成统筹计算工程量的计算方法。

1. 统筹法计算工程量的基本要点

统筹法计算工程量的基本要点见表 2-2。

表 2-2   统筹法计算工程量的基本要点

序号	基本要点	内 容 说 明
1	统筹程序合理安排	工程量计算程序的安排是否合理，关系着计量工作的效率高低，进度快慢。按施工顺序进行工程量计算，往往不能充分利用数据间的内在联系而形成重复计算，浪费时间和精力，有时还易出现差错
2	利用基数连续计算	就是以"线"或"面"为基数，利用连乘或加减，算出与它有关的分部分项工程量。"线"和"面"指的是长度和面积，常用的基数为"三线一面"，"三线"是指建筑物的外墙中心线、外墙外边线和内墙净长线；"一面"是指建筑物的底层建筑面积
3	一次算出多次使用	在工程量计算过程中，往往有一些不能用"线"、"面"基数进行连续计算的项目，首先，将常用数据一次算出，汇编成工程量计算手册（即"册"），其次也要把那些规律较明显的一次算出，也编入册。当需计算有关的工程量时，只要查手册就可快速算出所需要的工程量。这样可以减少按图逐项进行繁琐而重复计算的工作量，亦能保证计算的及时与准确性
4	结合实际灵活机动	用"线"、"面"、"册"计算工程量，是一般常用的工程量计算方法，实践证明，在一般工程上完全可以利用。但在特殊工程上，就不能完全用"线"或"面"的一个数作为基数，而必须结合实际灵活地计算

2. 统筹图

运用统筹法计算工程量，就是要根据统筹法原理对计价规范中清单列项和工程量计算规则，设计出"计算工程量程序统筹图"。统筹图以"三线一面"作为基数，连续计算与之有共性关系的分部分项工程量，而与基数共性关系的分部分项工程量则用"册"或图示尺寸进行计算。

(1) 统筹图的主要内容

统筹图主要包括计算工程量的主次程序线、基数、分部分项工程量计算式及计算单位。主要程序线是指在"线"、"面"基数上连续计算项目的线，次要程序线是指在分部分项项目上连续计算的线。

(2) 计算程序的统筹安排

统筹图的计算程序安排应遵循以下原则：

1) 先主后次，统筹安排。用统筹法计算各分项工程量是从"线"、"面"基数的计算开始的。计算顺序必须本着先主后次原则统筹安排，才能达到连续计算的目的。先算的项目要为后算的项目创造条件，后算的项目就能在先算的基础上简化计算，有些项目只和基数有关系，与其他项目之间没有关系，先算后算均可，前后之间要参照定额程序安排，以方便计算。

2) 共性合在一起，个性分别处理。分部分项工程量计算程序的安排，是根据分部分项工程之间共性与个性的关系，采取共性合在一起，个性分别处理的办法。

3) 独立项目单独处理。对于一些独立项目的工程量计算，不能合在一起，也不能用"线"、"面"基数计算时，需要单独处理。可采用预先编制"册"的方法解决，只要查阅"册"即可得出所需要的各项工程量。或者利用按表格形式填写计算的方法。与"线"、"面"基数没有关系又不能预先编入"册"的项目，按图示尺寸分别计算。

2.1.5 工程计量的影响因素与注意事项

1. 工程计量影响因素

在进行工程计量以前，应先确定以下工程计量因素。

(1) 计量对象

在不同的建设阶段，有不同的计量对象，对应有不同的计量方法，所以确定计量对象是工程计量的前提。

(2) 计量单位

工程计量时采用的计量单位不同，则计算结果也不同，所以工程计量前应明确计量单位。

(3) 施工方案

在工程计量时，对于图纸相同的工程，往往会因为施工方案的不同而导致实际完成工程量的不同，所以工程计量前应确定施工方案。

(4) 计价方式

在工程计量时，对于图纸相同的工程，采用定额的计价模式和清单的计价模式，可能会有不同的计算结果，所以在计量前也必须确定计价方式。

2. 工程计量注意事项

1）要依据对应的工程量计算规则进行计算，包括项目名称、计量单位、计量方法的一致。

2）熟悉设计图纸和设计说明，计算时以图纸标注尺寸为依据，不得任意加大或缩小尺寸。

3）计算口径要一致。根据施工图列出的工程量清单项目的口径（明确清单项目的工程内容与计算范围）必须与清单计价规范中相应清单项目的口径相一致。所以计算工程量除必须熟悉施工图纸外，还必须熟悉每个清单项目所包括的工程内容和范围。

4）注意计算列式的规范性和完整性，最好采用统一格式的工程量计算纸，并写明计算部位、项目、特征等，以便核对。

5）注意计算过程中的顺序性，为了避免工程量计算过程中发生漏算、重复等现象，计算时可按一定的顺序进行。

6）注意结合工程实际，工程计量前应了解工程的现场情况、拟用的施工方案、施工方法等，从而使工程量更切合实际。

7）注意计算结果的自检和他检。工程量计算后，计算者可采用指标检查、对比检查等方法进行自检，也可请经验丰富的造价工程师进行他检。

2.2 建筑工程分部分项工程划分

2.2.1 建设项目

建设项目是指在一个总体设计或初步设计范围内进行施工、在行政上具有独立的组织形式、经济上实行独立核算、有法人资格与其他经济实体建立经济往来关系的建设工程实体。建设项目一般是指一个企业或一个事业单位的建设，如××化工厂、××商厦、××大学、×××住宅小区等。建设项目可以由一个或几个工程项目组成。

2.2.2 单项工程

单项工程是指具有独立的设计文件，竣工后能够独立发挥生产能力或使用效益的工程，也可称之为工程项目。单项工程是具有独立存在意义的一个完整过程，也是一个极为复杂的综合体，它是由许多单位工程组成的，如工厂中的生产车间、办公楼、住宅；学校中的教学楼、食堂、宿舍等，它是基建项目的组成部分。

2.2.3 单位工程

单位工程是指具有单独设计，可以独立组织施工，但竣工后不能独立发挥生产能力或使用效益的工程。一个工程项目，按照它的构成，一般都可以把它划分为建筑工程、设备购置及其安装工程，其中建筑工程还可以按照其中各个组成部分的性质、作用划分为若干个单位工程。建筑工程还可以细分为一般土建工程、水暖卫工程、电器照明工程和工业管道工程等单位工程。

单位工程与单项工程的区别主要是看它竣工后能否独立地发挥整体效益或生产能力。

2.2.4　分部工程

每一个单位工程仍然是一个较大的组合体，它本身是由许多结构构件、部件或更小的部分所组成。在单位工程中，按部位、材料和工种进一步分解出来的工程，称为分部工程。

2.2.5　分项工程

由于每一分部工程中影响工料消耗大小的因素仍然很多，所以为了计算工程造价和工料消耗量的方便，还必须把分部工程按照不同的施工方法、不同的构造、不同的规格等，进一步分解为分项工程。例如，钢筋混凝土分部工程，可分为捣制和预制两种分项工程；预制楼板工程，可分为平板、空心板、槽型板等分项工程；砖墙分部工程，可分为眠墙（实心墙）、空心墙、内墙、外墙、一砖厚墙，一砖半厚墙等分项工程。

分项工程是指能够单独地经过一定施工工序完成，并且可以采用适当计量单位计算的建筑或安装工程。

根据《房屋建筑与装饰工程工程量计算规范》GB 50854—2013 规定，建筑工程分为十个分部：土石方工程，地基处理与边坡支护工程，桩基工程，砌筑工程，混凝土及钢筋混凝土工程，金属构件工程，木结构工程，门窗工程，屋面及防水工程，保温、隔热、防腐工程。每个分部工程又分为若干个子分部工程。每个子分部工程中又分为若干个分项工程。每个分项工程有一个项目编码。建筑工程分部分项工程划分详见表 2-3。

表 2-3　建筑工程分部分项工程划分

分部工程	子分部工程	分 项 工 程
土石方工程	土方工程	平整场地；挖一般土方；挖沟槽土方；挖基坑土方；冻土开挖；挖淤泥、流砂；管沟土方
	石方工程	挖一般石方；挖沟槽石方；挖基坑石方；挖管沟石方
	回填	回填方；余方弃置
地基处理与边坡支护工程	地基处理	换填垫层；铺设土工合成材料；预压地基；强夯地基；振冲密实（不填料）；振冲桩（填料）；砂石桩；水泥粉煤灰碎石桩；深层搅拌桩；粉喷桩；夯实水泥土桩；高压喷射注浆桩；石灰桩；灰土（土）挤密桩；柱锤冲扩桩；注浆地基；褥垫层
	坑基与边坡支护	地下连续墙；咬合灌注桩；圆木桩；预制钢筋混凝土板桩；型钢桩；钢板桩；预应力锚杆、锚索；土钉；喷射混凝土、水泥砂浆；混凝土支撑；钢支撑
桩基工程	打桩	预制钢筋混凝土方桩；预制钢筋混凝土管桩；钢管桩；截（凿）桩头
	灌注桩	泥浆护壁成孔灌注桩；沉管、灌注桩；干作业成孔灌注桩；挖孔桩土（石）方；人工挖孔灌注桩；钻孔压浆桩；桩底注浆

续表 2-3

分部工程	子分部工程	分 项 工 程
砌筑工程	砖砌体	砖基础；砖砌挖孔桩护壁；实心砖墙；多孔砖墙；空斗墙；空花墙；填充墙；实心砖柱；多孔砖柱；砖检查井；零星砌砖；砖散水、地坪；砖地沟、明沟
	砌块砌体	砌块墙；砌块墙；砌块柱
	石砌体	石基础；石勒脚；石墙；挡土墙；石柱；石栏杆；石护坡；石台阶；石坡道；石地沟、明沟
混凝土及钢筋混凝土工程	垫层	垫层
	现浇混凝土基础	垫层；带形基础；独立基础；满堂基础；桩承台基础；设备基础
	现浇混凝土柱	矩形柱；构造柱；异形柱
	现浇混凝土梁	基础梁；矩形梁；异形梁；圈梁；过梁；弧形、拱形梁
	现浇混凝土墙	直形墙；弧形墙；短肢剪力墙；挡土墙
	现浇混凝土板	有梁板；无梁板；平板；拱板；薄壳板；栏板；天沟（檐沟）、挑檐板；雨篷、悬挑板、阳台板；空心板；其他板
	现浇混凝土楼梯	直形楼梯；弧形楼梯
	现浇混凝土其他构件	散水、坡道；室外地坪；电缆沟、地沟；台阶；扶手、压顶；化粪池、检查井；其他构件
	后浇带	后浇带
	预制混凝土柱	矩形柱；异形柱
	预制混凝土梁	矩形梁；异形梁；过梁；拱形梁；鱼腹式吊车梁；其他梁
	预制混凝土屋架	折线型；组合；薄腹；门式刚架；天窗架
	预制混凝土板	平板；空心板；槽形板；网架板；折线板；带肋板；大型板；沟盖板、井盖板、井圈
	预制混凝土楼梯	楼梯
	其他预制构件	垃圾道、通风道、烟道；其他构件；水磨石；构件
	钢筋工程	现浇混凝土钢筋；预制构件钢筋；钢筋网片；钢筋笼；先张法预应力钢筋；后张法预应力钢筋；预应力钢丝；预应力钢绞线；预应力钢绞线；支撑钢筋（铁马）；声测管
	螺栓、铁件	螺栓；预埋铁件；机械连接
金属构件工程	钢网架	钢网架
	钢屋架、刚托架、钢桁架、钢架桥	钢屋架；钢托架；钢桁架；钢桥架

续表 2-3

分部工程	子分部工程	分 项 工 程
金属构件工程	钢柱	实腹钢柱；空腹钢柱；钢管柱
	钢梁	钢梁；钢吊车梁
	钢板楼板、墙板	钢板楼板；钢板墙板
	钢构件	钢支撑、钢拉条；钢檩条；钢天窗架；钢挡风架；钢墙架；钢平台；钢走道；钢梯；钢栏杆；钢漏斗；钢板天沟；钢支架；零星钢构件
	金属制品	成品空调金属百页护栏；成品栅栏；成品雨篷；金属网栏；砌块墙钢丝网加固；后浇带金属网
木结构工程	木屋架	木屋架；钢木屋架
	木构件	木柱；木梁；木檩；木楼梯；其他木构件
	屋面木基层	屋面木基层
门窗工程	木门	木质门；木质门带套；木质连窗门；木质防火门；木门框；门锁安装
	金属门	金属（塑钢）门；彩板门；钢质防火门；防盗门
	金属卷帘（闸）门	金属卷帘（闸）门；防火卷帘（闸）门
	厂库房大门、特种门	木板大门；钢木大门；全钢板大门；防护铁丝门；金属格栅门；钢质花饰大门；特种门
	其他门	电子感应门；旋转门；电子对讲门；电动伸缩门；全玻自由门；镜面不锈钢饰面门；复合材料门
	木窗	木质窗；木飘（凸）窗；木橱窗；木纱窗
	金属窗	金属（塑钢、断桥）窗；金属防火窗；金属百叶窗；金属纱窗；金属格栅窗；金属（塑钢、断桥）橱窗；金属（塑钢、断桥）飘（凸）窗；彩板窗；复合材料窗
	门窗套	木门窗套；木筒子板；饰面夹板筒子板；金属门窗套；石材门窗套；门窗木贴脸；成品木门窗套
	窗台板	木窗台板；铝塑窗台板；金属窗台板；石材窗台板
	窗帘、窗帘盒、轨	窗帘（杆）；木窗帘盒；饰面夹板、塑料窗帘盒；铝合金窗帘盒；窗帘轨
屋面及防水工程	瓦、型材及其他屋面	瓦屋面；型材屋面；阳光板屋面；玻璃钢屋面；膜结构屋面
	屋面防水及其他	屋面卷材防水；屋面涂膜防水；屋面刚性层；屋面排水管；屋面排（透）气管；屋面（廊、阳台）泄（吐）水管；屋面天沟、檐沟；屋面变形缝

续表 2-3

分部工程	子分部工程	分 项 工 程
屋面及防水工程	墙面防水、防潮	墙面卷材防水；墙面涂膜防水；墙面砂浆防水（防潮）；墙面变形缝
	楼（地）面防水、防潮	楼（地）面卷材防水；楼（地）面涂膜防水；楼（地）面砂浆防水（防潮）；楼（地）面变形缝
保温、隔热、防腐工程	保温、隔热	保温隔热屋面；保温隔热天棚；保温隔热墙面；保温柱、梁；保温隔热楼地面；其他保温隔热
	防腐面层	防腐混凝土面层；防腐砂浆面层；防腐胶泥面层；玻璃钢防腐面层；聚氯乙烯板面层；块料防腐面层；池、槽块料防腐面层
	其他防腐	隔离层；砌筑沥青浸渍砖；防腐涂料

2.3　建筑面积计算规则与实例

2.3.1　建筑面积计算基础知识

1. 建筑面积的相关概念

(1) 建筑面积

建筑面积是指建筑物（包括墙体）所形成的楼地面面积，包括附属于建筑物的室外阳台、雨篷、檐廊、室外走廊、室外楼梯等。建筑面积由使用面积、辅助面积和结构面积组成，其中使用面积与辅助面积之和称为有效面积。其公式为：

$$建筑面积＝使用面积＋辅助面积＋结构面积＝有效面积＋结构面积 \qquad (2\text{-}1)$$

(2) 使用面积

使用面积，是指建筑物各层布置中可直接为生产或生活使用的净面积总和。例如住宅建筑中的卧室、起居室、客厅等。住宅建筑中的使用面积也称为居住面积。

(3) 辅助面积

辅助面积，是指建筑物各层平面布置中为辅助生产和生活所占净面积的总和。例如住宅建筑中的楼梯、走道、厕所、厨房等。

(4) 结构面积

结构面积，是指建筑物各层平面布置中的墙体、柱等结构所占的面积的总和。

(5) 首层建筑面积

首层建筑面积，也称为底层建筑面积，是指建筑物底层勒脚以上外墙外围水平投影面积。首层建筑面积作为"二线一面"中的一个重要指标，在工程量计算时，将被反复使用。

2. 建筑面积计算的步骤

(1) 读图

建筑面积计算规则可归纳为以下几种情况：

1) 凡层高超过 2.2m 的有顶盖和围护或柱（除深基础以外）的均应全部计算建筑

面积。

2）凡无顶或无柱者，能供人们利用的一般按水平投影面积的 1/2 计算建筑面积。

3）除以上两种情况之外及有关配件均不计算建筑面积。

在掌握建筑面积计算规则的基础上，必须认真阅读施工图，明确需要计算的部分和单层、多层问题以及阳台的类型等。

(2) 列项

按照单层、多层、雨篷、车棚等分类，并按一定顺序或轴线编号列出项目。

(3) 计算

按照施工图查取尺寸，并根据如上所述计算规则进行建筑面积计算。

3. 建筑面积计算的作用

1）建筑面积是一项重要的技术经济指标，它与使用面积、结构面积、辅助面积之间存在着一定的比例关系。设计人员在进行建筑或结构设计时，应在计算建筑面积的基础上再分别计算出结构面积、有效面积及诸如土地利用系数、平面系数等经济技术指标。有了建筑面积，才有可能计量单位建筑面积的技术经济指标。

2）建筑面积是计算结构工程量或用于确定某些费用指标的基础。因此它不仅重要，而且也是一项需要细心计算和认真对待的工作，任何粗心大意都会造成计算上的错误，不但会造成结构工程量计算上的偏差，也会直接影响概预算造价的准确性，造成人力、物力和国家建设资金的浪费。

3）建筑面积的计算对于建筑施工企业实行内部经济承包责任制、投标报价、编制施工组织设计、配备施工力量、成本核算及物资供应等都具有重要的意义。

4. 与建筑面积计算有关的术语

为了准确计算建筑物的建筑面积，《建筑工程建筑面积计算规范》GB/T 50353—2013 对相关术语做了明确规定，见表 2-4。

表 2-4　与建筑面积计算有关的术语

序号	术语	释义
1	自然层	按楼地面结构分层的楼层
2	结构层高	楼面或地面结构层上表面至上部结构层上表面之间的垂直距离
3	围护结构	围合建筑空间的墙体、门、窗
4	建筑空间	以建筑界面限定的、供人们生活和活动的场所 具备可出入、可利用条件（设计中可能标明了使用用途，也可能没有标明使用用途或使用用途不明确）的围合空间，均属于建筑空间
5	结构净高	楼面或地面结构层上表面至上部结构层下表面之间的垂直距离
6	围护设施	为保障安全而设置的栏杆、栏板等围挡
7	地下室	室内地平面低于室外地平面的高度超过室内净高的 1/2 的房间
8	半地下室	室内地平面低于室外地平面的高度超过室内净高的 1/3，且不超过 1/2 的房间
9	架空层	仅有结构支撑而无外围护结构的开敞空间层

续表 2-4

序号	术语	释　义
10	走廊	建筑物中的水平交通空间
11	架空走廊	专门设置在建筑物的二层或二层以上，作为不同建筑物之间水平交通的空间
12	结构层	整体结构体系中承重的楼板层，包括板、梁等构件。结构层承受整个楼层的全部荷载，并对楼层的隔声、防火等起主要作用
13	落地橱窗	突出外墙面且根基落地的橱窗，即在商业建筑临街面设置的下槛落地、可落在室外地坪也可落在室内首层地板，用来展览各种样品的玻璃窗
14	凸窗（飘窗）	凸出建筑物外墙面的窗户 凸窗（飘窗）既作为窗，就有别于楼（地）板的延伸，也就是不能把楼（地）板延伸出去的窗称为凸窗（飘窗）。凸窗（飘窗）的窗台应只是墙面的一部分且距（楼）地面应有一定的高度
15	檐廊	建筑物挑檐下的水平交通空间，即附属于建筑物底层外墙有屋檐作为顶盖，其下部一般有柱或栏杆、栏板等的水平交通空间
16	挑廊	挑出建筑物外墙的水平交通空间
17	门斗	建筑物入口处两道门之间的空间
18	雨篷	建筑物出入口上方、凸出墙面、为遮挡雨水而单独设立的建筑部件。雨篷划分为有柱雨篷（包括独立柱雨篷、多柱雨篷、柱墙混合支撑雨篷、墙支撑雨篷）和无柱雨篷（悬挑雨篷） 如凸出建筑物，且不单独设立顶盖，利用上层结构板（如楼板、阳台底板）进行遮挡，则不视为雨篷，不计算建筑面积。对于无柱雨篷，如顶盖高度达到或超过两个楼层时，也不视为雨篷，不计算建筑面积
19	门廊	建筑物入口前有顶棚的半围合空间，即在建筑物出入口，无门、三面或二面有墙，上部有板（或借用上部楼板）围护的部位
20	楼梯	由连续行走的梯级、休息平台和维护安全的栏杆（或栏板）、扶手以及相应的支托结构组成的作为楼层之间垂直交通使用的建筑部件
21	阳台	附设于建筑物外墙，设有栏杆或栏板，可供人活动的室外空间
22	主体结构	接受、承担和传递建设工程所有上部荷载，维持上部结构整体性、稳定性和安全性的有机联系的构造
23	变形缝	在建筑物因温差、不均匀沉降以及地震而可能引起结构破坏变形的敏感部位或其他必要的部位，预先设缝将建筑物断开，令断开后建筑物的各部分成为独立的单元，或者是划分为简单、规则的段，并令各段之间的缝达到一定的宽度，以能够适应变形的需要。根据外界破坏因素的不同，变形缝一般分为伸缩缝、沉降缝、抗震缝三种

续表 2-4

序号	术语	释　　义
24	骑楼	建筑底层沿街面后退且留出公共人行空间的建筑物，即沿街二层以上用承重柱支撑骑跨在公共人行空间之上，其底层沿街面后退的建筑物
25	过街楼	当有道路在建筑群穿过时为保证建筑物之间的功能联系，设置跨越道路上空使两边建筑相连接的建筑物
26	建筑物通道	为穿过建筑物而设置的空间
27	露台	设置在屋面、首层地面或雨篷上的供人室外活动的有围护设施的平台 露台应满足四个条件：一是位置，设置在屋面、地面或雨篷顶，二是可出入，三是有围护设施，四是无盖，这四个条件须同时满足。如果设置在首层并有围护设施的平台，且其上层为同体量阳台，则该平台应视为阳台，按阳台的规则计算建筑面积
28	勒脚	在房屋外墙接近地面部位设置的饰面保护构造
29	台阶	联系室内外地坪或同楼层不同标高而设置的阶梯形踏步，即建筑物出入口不同标高地面或同楼层不同标高处设置的供人行走的阶梯式连接构件。室外台阶还包括与建筑物出入口连接处的平台

2.3.2　建筑面积计算规则

1. 计算建筑面积的规定

1）建筑物的建筑面积应按自然层外墙结构外围水平面积之和计算。结构层高在 2.20m 及以上的，应计算全面积；结构层高在 2.20m 以下的，应计算 1/2 面积。

2）建筑物内设有局部楼层时，对于局部楼层的二层及以上楼层，有围护结构的应按其围护结构外围水平面积计算，无围护结构的应按其结构底板水平面积计算，且结构层高在 2.20m 及以上的，应计算全面积，结构层高在 2.20m 以下的，应计算 1/2 面积。

建筑物内的局部楼层如图 2-1 所示。

图 2-1　建筑物内的局部楼层
1—围护设施；2—围护结构；3—局部楼层

3）对于形成建筑空间的坡屋顶，结构净高在 2.10m 及以上的部位应计算全面积；结构净高在 1.20m 及以上至 2.10m 以下的部位应计算 1/2 面积；结构净高在 1.20m 以下的部位不应计算建筑面积。

4）对于场馆看台下的建筑空间，结构净高在 2.10m 及以上的部位应计算全面积；结构净高在 1.20m 及以上至 2.10m 以下的部位应计算 1/2 面积；结构净高在 1.20m 以下的部位不应计算建筑面积。室内单独设置的有围护设施的悬挑看台，应按看台结构底板水平投影面积计算建筑面积。有顶盖无围护结构的场馆看台应按其顶盖水平投影面积的 1/2 计算面积。

5）地下室、半地下室应按其结构外围水平面积计算。结构层高在 2.20m 及以上的，应计算全面积；结构层高在 2.20m 以下的，应计算 1/2 面积。

6）出入口外墙外侧坡道有顶盖的部位，应按其外墙结构外围水平面积的 1/2 计算面积。

出入口坡道分有顶盖出入口坡道和无顶盖出入口坡道，出入口坡道顶盖的挑出长度，为顶盖结构外边线至外墙结构外边线的长度；顶盖以设计图纸为准，对后增加及建设单位自行增加的顶盖等，不计算建筑面积。顶盖不分材料种类（如钢筋混凝土顶盖、彩钢板顶盖、阳光板顶盖等）。地下室出入口如图 2-2 所示。

图 2-2　地下室出入口
1—计算 1/2 投影面积部位；2—主体建筑；3—出入口顶盖；
4—封闭出入口侧墙；5—出入口坡道

7）建筑物架空层及坡地建筑物吊脚架空层，应按其顶板水平投影计算建筑面积。结构层高在 2.20m 及以上的，应计算全面积；结构层高在 2.20m 以下的，应计算 1/2 面积。

该条规定既适用于建筑物吊脚架空层、深基础架空层建筑面积的计算，也适用于目前部分住宅、学校教学楼等工程在底层架空或在二楼或以上某个甚至多个楼层架空，作为公共活动、停车、绿化等空间的建筑面积的计算。架空层中有围护结构的建筑空间按相关规定计算。建筑物吊脚架空层如图 2-3 所示。

8）建筑物的门厅、大厅应按一层计算建筑面积，门厅、大厅内设置的走廊应按走廊结构底板水平投影面积计算建筑面积。结构层高在 2.20m 及以上的，应计算全面积；结构层高在 2.20m 以下的，应计算 1/2 面积。

9）对于建筑物间的架空走廊，有顶盖和围护设施的，应按其围护结构外围水平面积计算全面积；无围护结构、有围护设施的，应按其结构底板水平投影面积计算 1/2 面积。

无围护结构的架空走廊如图 2-4 所示，有围护结构的架空走廊如图 2-5 所示。

图 2-3　建筑物吊脚架空层

1—柱；2—墙；3—吊脚架空层；4—计算建筑面积部位

(a)　　　　　　　　　　　(b)

图 2-4　无围护结构的架空走廊

1—栏杆；2—架空走廊

图 2-5　有围护结构的架空走廊

1—架空走廊

10）对于立体书库、立体仓库、立体车库，有围护结构的，应按其围护结构外围水平面积计算建筑面积；无围护结构、有围护设施的，应按其结构底板水平投影面积计算建筑面积。无结构层的应按一层计算，有结构层的应按其结构层面积分别计算。结构层高在2.20m 及以上的，应计算全面积；结构层高在 2.20m 以下的，应计算 1/2 面积。

起局部分隔、存储等作用的书架层、货架层或可升降的立体钢结构停车层均不属于结构层，故该部分分层不计算建筑面积。

11）有围护结构的舞台灯光控制室，应按其围护结构外围水平面积计算。结构层高在2.20m 及以上的，应计算全面积；结构层高在 2.20m 以下的，应计算 1/2 面积。

12）附属在建筑物外墙的落地橱窗，应按其围护结构外围水平面积计算。结构层高在

2.20m 及以上的，应计算全面积；结构层高在 2.20m 以下的，应计算 1/2 面积。

13）窗台与室内楼地面高差在 0.45m 以下且结构净高在 2.10m 及以上的凸（飘）窗，应按其围护结构外围水平面积计算 1/2 面积。

14）有围护设施的室外走廊（挑廊），应按其结构底板水平投影面积计算 1/2 面积；有围护设施（或柱）的檐廊，应按其围护设施（或柱）外围水平面积计算 1/2 面积。

檐廊如图 2-6 所示。

图 2-6　檐廊
1—檐廊；2—室内；3—不计算建筑面积部位；4—计算 1/2 建筑面积部位

15）门斗应按其围护结构外围水平面积计算建筑面积，且结构层高在 2.20m 及以上的，应计算全面积；结构层高在 2.20m 以下的，应计算 1/2 面积。

门斗如图 2-7 所示。

       (a)   (b)

图 2-7　门斗
1—室内；2—门斗

16）门廊应按其顶板的水平投影面积的 1/2 计算建筑面积；有柱雨篷应按其结构板水平投影面积的 1/2 计算建筑面积；无柱雨篷的结构外边线至外墙结构外边线的宽度在 2.10m 及以上的，应按雨篷结构板的水平投影面积的 1/2 计算建筑面积。

雨篷分为有柱雨篷和无柱雨篷。有柱雨篷，没有出挑宽度的限制，也不受跨越层数的限制，均计算建筑面积。无柱雨篷，其结构板不能跨层，并受出挑宽度的限制，设计出挑宽度大于或等于 2.10m 时才计算建筑面积。出挑宽度，系指雨篷结构外边线至外墙结构外边线的宽度，弧形或异形时，取最大宽度。

17）设在建筑物顶部的、有围护结构的楼梯间、水箱间、电梯机房等，结构层高在2.20m及以上的应计算全面积；结构层高在2.20m以下的，应计算1/2面积。

18）围护结构不垂直于水平面的楼层，应按其底板面的外墙外围水平面积计算。结构净高在2.10m及以上的部位，应计算全面积；结构净高在1.20m及以上至2.10m以下的部位，应计算1/2面积；结构净高在1.20m以下的部位，不应计算建筑面积。

斜围护结构如图2-8所示。

19）建筑物的室内楼梯、电梯井、提物井、管道井、通风排气竖井、烟道，应并入建筑物的自然层计算建筑面积。有顶盖的采光井应按一层计算面积，且结构净高在2.10m及以上的，应计算全面积；结构净高在2.10m以下的，应计算1/2面积。

有顶盖的采光井包括建筑物中的采光井和地下室采光井。地下室采光井如图2-9所示。

图 2-8　斜围护结构
1—计算1/2建筑面积部位；
2—不计算建筑面积部位

图 2-9　地下室采光井
1—采光井；2—室内；3—地下室

20）室外楼梯应并入所依附建筑物自然层，并应按其水平投影面积的1/2计算建筑面积。

室外楼梯作为连接该建筑物层与层之间交通不可缺少的基本部件，无论从其功能还是工程计价的要求来说，均需计算建筑面积。层数为室外楼梯所依附的楼层数，即梯段部分投影到建筑物范围的层数。利用室外楼梯下部的建筑空间不得重复计算建筑面积；利用地势砌筑的为室外踏步，不计算建筑面积。

21）在主体结构内的阳台，应按其结构外围水平面积计算全面积；在主体结构外的阳台，应按其结构底板水平投影面积计算1/2面积。

22）有顶盖无围护结构的车棚、货棚、站台、加油站、收费站等，应按其顶盖水平投影面积的1/2计算建筑面积。

23）以幕墙作为围护结构的建筑物，应按幕墙外边线计算建筑面积。

幕墙以其在建筑物中所起的作用和功能来区分，直接作为外墙起围护作用的幕墙，按其外边线计算建筑面积；设置在建筑物墙体外起装饰作用的幕墙，不计算建筑面积。

24）建筑物的外墙外保温层，应按其保温材料的水平截面积计算，并计入自然层建筑面积。

建筑物外墙外侧有保温隔热层的，保温隔热层以保温材料的净厚度乘以外墙结构外边线长度按建筑物的自然层计算建筑面积，其外墙外边线长度不扣除门窗和建筑物外已计算

图 2-10   建筑外墙外保温

1—墙体；2—黏结胶浆；3—保温材料；
4—标准网；5—加强网；6—抹面胶浆；
7—计算建筑面积部位

建筑面积构件（如阳台、室外走廊、门斗、落地橱窗等部件）所占长度。当建筑物外已计算建筑面积的构件（如阳台、室外走廊、门斗、落地橱窗等部件）有保温隔热层时，其保温隔热层也不再计算建筑面积。外墙是斜面者按楼面楼板处的外墙外边线长度乘以保温材料的净厚度计算。外墙外保温以沿高度方向满铺为准，某层外墙外保温铺设高度未达到全部高度时（不包括阳台、室外走廊、门斗、落地橱窗、雨篷、飘窗等），不计算建筑面积。保温隔热层的建筑面积是以保温隔热材料的厚度来计算的，不包含抹灰层、防潮层、保护层（墙）的厚度。建筑外墙外保温如图 2-10 所示。

25）与室内相通的变形缝，应按其自然层合并在建筑物建筑面积内计算。对于高低联跨的建筑物，当高低跨内部连通时，其变形缝应计算在低跨面积内。

26）对于建筑物内的设备层、管道层、避难层等有结构层的楼层，结构层高在 2.20m 及以上的，应计算全面积；结构层高在 2.20m 以下的，应计算 1/2 面积。

2. 不计算建筑面积的规定

下列项目不应计算建筑面积：

1）与建筑物内不相连通的建筑部件，指的是依附于建筑物外墙外不与户室开门连通，起装饰作用的敞开式挑台（廊）、平台，以及不与阳台相通的空调室外机搁板（箱）等设备平台部件。

2）骑楼、过街楼底层的开放公共空间和建筑物通道。

骑楼如图 2-11 所示，过街楼如图 2-12 所示。

图 2-11   骑楼

1—骑楼；2—人行道；3—街道

图 2-12   过街楼

1—过街楼；2—建筑物通道

3）舞台及后台悬挂幕布和布景的天桥、挑台等，指的是影剧院的舞台及为舞台服务的可供上人维修、悬挂幕布、布置灯光及布景等搭设的天桥和挑台等构件设施。

4）露台、露天游泳池、花架、屋顶的水箱及装饰性结构构件。

5）建筑物内不构成结构层的操作平台、上料平台（包括：工业厂房、搅拌站和料仓

等建筑中的设备操作控制平台、上料平台等）、安装箱和罐体的平台。其主要作用为室内构筑物或设备服务的独立上人设施，因此不计算建筑面积。

6）勒脚、附墙柱、垛、台阶、墙面抹灰、装饰面、镶贴块料面层、装饰性幕墙，主体结构外的空调室外机搁板（箱）、构件、配件，挑出宽度在2.10m以下的无柱雨篷和顶盖高度达到或超过两个楼层的无柱雨篷。

附墙柱是指非结构性装饰柱。

7）窗台与室内地面高差在0.45m以下且结构净高在2.10m以下的凸（飘）窗，窗台与室内地面高差在0.45m及以上的凸（飘）窗。

8）室外爬梯、室外专用消防钢楼梯。

9）无围护结构的观光电梯。

10）建筑物以外的地下人防通道，独立的烟囱、烟道、地沟、油（水）罐、气柜、水塔、贮油（水）池、贮仓、栈桥等构筑物。

3. 建筑面积计算相关知识

住房与城乡建设部修订的《建筑工程建筑面积计算规范》GB/T 50353—2013，与《建筑工程建筑面积计算规范》GB/T 50353—2005相比，有以下更新：

1）增加了建筑物架空层的面积计算规定，取消了深基础架空层。

2）取消了有永久性顶盖的面积计算规定，增加了无围护结构有围护设施的面积计算规定。

3）修订了落地橱窗、门斗、挑廊、走廊、檐廊的面积计算规定。

4）增加了凸（飘）窗的建筑面积计算要求。

5）修订了围护结构不垂直于水平面而超出底板外沿的建筑物的面积计算规定。

6）删除了原室外楼梯强调的有永久性顶盖的面积计算要求。

7）修订了阳台的面积计算规定。

8）修订了外保温层的面积计算规定。

9）修订了设备层、管道层的面积计算规定。

10）增加了门廊的面积计算规定。

11）增加了有顶盖的采光井的面积计算规定。

2.3.3 建筑面积计算实例

【例2-1】 现有一独立柱雨篷，其平面示意图如图2-13所示，计算其建筑面积（F）。

图2-13 独立柱雨篷平面示意图

【解】

独立柱雨篷的建筑面积

$$F=3.14\times2.55\times2.55\div4\div2\approx2.55\ (\text{m}^2)$$

【例2-2】 如图2-14所示，求独立柱雨篷的建筑面积。

图 2-14 独立柱雨篷 (mm)

【解】

独立柱雨篷的建筑面积

$$S=(2.2\times2.2+2.2\times2.2\times3.1416\div4)\times0.5\approx4.32\ (\text{m}^2)$$

【例2-3】 如图2-15所示为某有柱站台平面示意图，求其建筑面积。

图 2-15 有柱站台示意图

(a) 平面图；(b) 1—1 剖面图

【解】

有柱站台建筑面积为

$$S=18\times2.9\times0.5=26.10\ (\text{m}^2)$$

【例2-4】 某学校实验楼设有 6 层大厅带回廊，其平面和剖面示意图如图2-16所示。试计算该实验楼大厅和回廊的建筑面积。

【解】

大厅部分建筑面积

$$S_1=22\times33=726\ (\text{m}^2)$$

回廊部分建筑面积

$$S_2=(33-2.1+22-2.1)\times2.1\times2\times5=1066.8\ (\text{m}^2)$$

【例2-5】 某建筑物管道井如图2-17所示，该建筑物为 12 层，请根据已知条件，求该管道井建筑面积。

(a) 平面图　　　　　　　　(b) 剖面图

图 2-16　某实验楼平面和剖面示意图（mm）

图 2-17　某建筑物管道井示意图

【解】

管道井的建筑面积

$$S = (1.3+0.24) \times (1.3+0.24) \times 12$$
$$= 1.54 \times 1.54 \times 12$$
$$\approx 28.46 \ (\text{m}^2)$$

【例 2-6】　某建筑物尺寸如图 2-18 所示，计算该建筑物的建筑面积（墙厚为 0.24m）。

【解】

二层及二层以上楼层部分建筑面积，仍按其二层以上外墙外围水平投影面积计算。带有部分楼层的单层建筑物的建筑面积的计算公式如下：

$$S=底层建筑面积（S_1）＋部分楼层的建筑面积（S_2）$$

（1）底层建筑面积

$$S_1 = (6.5+4.1+0.24) \times (4.1+3.5+0.24) \approx 84.99 \ (\text{m}^2)$$

（2）楼隔层建筑面积

$$S_2 = (4.1+0.24) \times (4.1+0.24) \approx 18.84 \ (\text{m}^2)$$

（3）总建筑面积

$$S=84.99+18.84=103.83 \ (\text{m}^2)$$

【例 2-7】　求图 2-19 所示的单层厂房的建筑面积。

图 2-18 建筑物示意图

(a) 立面图；(b) 平面图；(c) 1—1 剖面图

(a) 平面图   (b) 剖面图

图 2-19 单层厂房示意图 (mm)

【解】

（1）底层建筑面积 S_1

$$S_1 = 9.24 \times 8.24 \approx 76.14 \ (\text{m}^2)$$

（2）局部二层建筑面积 S_2

$$S_2 = (3+0.24) \times (2.9+0.24) \times 2 \approx 20.35 \ (\text{m}^2)$$

（3）单层厂房建筑面积 S

$$S = S_1 + S_2 = 76.14 + 20.35 = 96.49 \ (\text{m}^2)$$

【例 2-8】 如图 2-20 所示为某单层建筑物示意图，求其建筑面积。

(a) 平面图   (b) 1—1 剖面图

图 2-20 单层建筑物示意图

【解】

该单层建筑物的建筑面积为

$$S = (22.6+0.24) \times (7.6+0.24) \approx 179.07 \ (\text{m}^2)$$

【例 2-9】 计算图 2-21 所示的地下建筑物建筑面积。

图 2-21 地下建筑物

【解】

建筑面积 $F=84\times24.4+(5.5\times2.448+5.448\times2.448)\times2=2103.2$（m²）

【例 2-10】　如图 2-22 所示，求地下室的建筑面积。

(a) 平面图

(b) 1—1 剖面图

图 2-22　地下室示意图（mm）

【解】

$$S=20\times12+2\times2.5+2\times3.5=252（m^2）$$

2.4　土石方工程工程量计算及清单编制实例

2.4.1　土石方工程清单工程量计算规则

1. 土方工程

土方工程工程量清单项目设置、项目特征描述的内容、计量单位及工程量计算规则，应按表 2-5 的规定执行。

表 2-5　土方工程（编码：010101）

项目编码	项目名称	项目特征	计量单位	工程量计算规则	工作内容
010101001	平整场地	1. 土壤类别 2. 弃土运距 3. 取土运距	m²	按设计图示尺寸以建筑物首层面积计算	1. 土方挖填 2. 场地找平 3. 运输

续表 2-5

项目编码	项目名称	项目特征	计量单位	工程量计算规则	工作内容
010101002	挖一般土方	1. 土壤类别 2. 挖土深度 3. 弃土运距	m³	按设计图示尺寸以体积计算	1. 排地表水 2. 土方开挖 3. 围护（挡土板）及拆除 4. 基底钎探 5. 运输
010101003	挖沟槽土方			按设计图示尺寸以基础垫层底面积乘以挖土深度计算	
010101004	挖基坑土方				
010101005	冻土开挖	1. 冻土厚度 2. 弃土运距		按设计图示尺寸开挖面积乘以厚度以体积计算	1. 爆破 2. 开挖 3. 清理 4. 运输
010101006	挖淤泥、流砂	1. 挖掘深度 2. 弃淤泥、流砂距离		按设计图示位置、界限以体积计算	1. 开挖 2. 运输
010101007	管沟土方	1. 土壤类别 2. 管外径 3. 挖沟深度 4. 回填要求	1. m 2. m³	1. 以米计量，按设计图示以管道中心线长度计算 2. 以立方米计量，按设计图示管底垫层面积乘以挖土深度计算；无管底垫层按管外径的水平投影面积乘以挖土深度计算。不扣除各类井的长度，井的土方并入	1. 排地表水 2. 土方开挖 3. 围护（挡土板）、支撑 4. 运输 5. 回填

注：1. 挖土方平均厚度应按自然地面测量标高至设计地坪标高间的平均厚度确定。基础土方开挖深度应按基础垫层底表面标高至交付施工场地标高确定，无交付施工场地标高时，应按自然地面标高确定。

2. 建筑物场地厚度小于或等于±300mm 的挖、填、运、找平，应按"土石方工程"中平整场地项目编码列项。厚度大于±300mm 的竖向布置挖土或山坡切土应按挖一般土方项目编码列项。

3. 沟槽、基坑、一般土方的划分为：底宽小于或等于 7m 且底长大于 3 倍底宽为沟槽；底长小于或等于 3 倍底宽且底面积小于或等于 150m² 为基坑；超出上述范围则为一般土方。

4. 挖土方如需截桩头时，应按桩基工程相关项目列项。

5. 桩间挖土不扣除桩的体积，并在项目特征中加以描述。

6. 弃、取土运距可以不描述，但应注明由投标人根据施工现场实际情况自行考虑，决定报价。

7. 土壤的分类应按表 2-6 确定，如土壤类别不能准确划分时，招标人可注明为综合，由投标人根据地勘报告决定报价。

8. 土方体积应按挖掘前的天然密实体积计算。非天然密实土方应按表 2-7 折算。

9. 挖沟槽、基坑、一般土方因工作面和放坡增加的工程量（管沟工作面增加的工程量）是否并入各土方工程量中，应按各省、自治区、直辖市或行业建设主管部门的规定实施，如并入各土方工程量中，办理工程结算时，按经发包人认可的施工组织设计规定计算，编制工程量清单时，可按表 2-8～表 2-10 规定计算。

10. 挖方出现流砂、淤泥时，如设计未明确，在编制工程量清单时，其工程数量可为暂估量，结算时应根据实际情况由发包人与承包人双方现场签证确认工程量。

11. 管沟土方项目适用于管道（给水排水、工业、电力、通讯）、光（电）缆沟〔包括：人（手）孔、接口坑〕及连接井（检查井）等。

表 2-6　土壤分类表

土壤分类	土 壤 名 称	开 挖 方 法
一、二类土	粉土、砂土（粉砂、细砂、中砂、粗砂、砾砂）、粉质黏土、弱中盐渍土、软土（淤泥质土、泥炭、泥炭质土）、软塑红黏土、冲填土	用锹、少许用镐、条锄开挖。机械能全部直接铲挖满载者
三类土	黏土、碎石土（圆砾、角砾）混合土、可塑红黏土、硬塑红黏土、强盐渍土、素填土、压实填土	主要用镐、条锄、少许用锹开挖。机械需部分刨松方能铲挖满载者或可直接铲挖但不能满载者
四类土	碎石土（卵石、碎石、漂石、块石）、坚硬红黏土、超盐渍土、杂填土	全部用镐、条锄挖掘、少许用撬棍挖掘。机械须普遍刨松方能铲挖满载者

注：本表土的名称及其含义按国家标准《岩土工程勘察规范（2009 年版）》GB 50021—2001 定义。

表 2-7　土方体积折算系数表

天然密实度体积	虚方体积	夯实后体积	松填体积
0.77	1.00	0.67	0.83
1.00	1.30	0.87	1.08
1.15	1.50	1.00	1.25
0.92	1.20	0.80	1.00

注：1. 虚方指未经碾压、堆积时间小于或等于 1 年的土壤。
　　2. 本表按《全国统一建筑工程预算工程量计算规则》GJDGz—101—1995 整理。
　　3. 设计密实度超过规定的，填方体积按工程设计要求执行；无设计要求按各省、自治区、直辖市或行业建设行政主管部门规定的系数执行。

表 2-8　放坡系数表

土类别	放坡起点/m	人工挖土	机械挖土		
			在坑内作业	在坑上作业	顺沟槽在坑上作业
一、二类土	1.20	1：0.5	1：0.33	1：0.75	1：0.5
三类土	1.50	1：0.33	1：0.25	1：0.67	1：0.33
四类土	2.00	1：0.25	1：0.10	1：0.33	1：0.25

注：1. 沟槽、基坑中土类别不同时，分别按其放坡起点、放坡系数、依不同土类别厚度加权平均计算。
　　2. 计算放坡时，在交接处的重复工程量不予扣除，原槽、坑作基础垫层时，放坡自垫层上表面开始计算。

表 2-9　基础施工所需工作面宽度计算表

基础材料	每边各增加工作面宽度（mm）
砖基础	200
浆砌毛石、条石基础	150

续表 2-9

基础材料	每边各增加工作面宽度（mm）
混凝土基础垫层支模板	300
混凝土基础支模板	300
基础垂直面做防水层	1000（防水层面）

注：本表按《全国统一建筑工程预算工程量计算规则》GJD~GZ~—101—1995 整理。

表 2-10 管沟施工每侧所需工作面宽度计算表

管道结构宽/mm 管沟材料	≤500	≤1000	≤2500	>2500
混凝土及钢筋混凝土管道/mm	400	500	600	700
其他材质管道/mm	300	400	500	600

注：1. 本表按《全国统一建筑工程预算工程量计算规则》GJD~GZ~—101—1995 整理。

    2. 管道结构宽：有管座的按基础外缘，无管座的按管道外径。

2. 石方工程

石方工程工程量清单项目设置、项目特征描述的内容、计量单位及工程量计算规则，应按表 2-11 的规定执行。

表 2-11 石方工程 （编码：010102）

项目编码	项目名称	项目特征	计量单位	工程量计算规则	工作内容
010102001	挖一般石方	1. 岩石类别 2. 开凿深度 3. 弃渣运距	m^3	按设计图示尺寸以体积计算	1. 排地表水 2. 凿石 3. 运输
010102002	挖沟槽石方			按设计图示尺寸沟槽底面积乘以挖石深度以体积计算	
010102003	挖基坑石方			按设计图示尺寸基坑底面积乘以挖石深度以体积计算	
010102004	挖管沟石方	1. 岩石类别 2. 管外径 3. 挖沟深度	1. m 2. m^3	1. 以米计量，按设计图示以管道中心线长度计算 2. 以立方米计量，按设计图示截面积乘以长度计算	1. 排地表水 2. 凿石 3. 回填 4. 运输

注：1. 挖石应按自然地面测量标高至设计地坪标高的平均厚度确定。基础石方开挖深度应按基础垫层底表面标高至交付施工现场地标高确定，无交付施工场地标高时，应按自然地面标高确定。

    2. 厚度大于±300mm 的竖向布置挖石或山坡凿石应按"土石方工程"中"挖一般石方"项目编码列项。

    3. 沟槽、基坑、一般石方的划分为：底宽小于或等于 7m 且底长大于 3 倍底宽为沟槽；底长小于或等于 3 倍底宽且底面积小于或等于 150m² 为基坑；超出上述范围则为一般石方。

    4. 弃渣运距可以不描述，但应注明由投标人根据施工现场实际情况自行考虑，决定报价。

    5. 岩石的分类应按表 2-12 确定。

    6. 石方体积应按挖掘前的天然密实体积计算。非天然密实石方应按表 2-13 折算。

    7. 管沟石方项目适用于管道（给水排水、工业、电力、通讯）、光（电）缆沟〔包括：人（手）孔、接口坑〕及连接井（检查井）等。

表 2-12　岩石分类表

岩石分类		代 表 性 岩 石	开 挖 方 法
极软岩		1. 全风化的各种岩石 2. 各种半成岩	部分用手凿工具、部分用爆破法开挖
软质岩	软岩	1. 强风化的坚硬岩或较硬岩 2. 中等风化—强风化的较软岩 3. 未风化—微风化的页岩、泥岩、泥质砂岩等	用风镐和爆破法开挖
软质岩	较软岩	1. 中等风化—强风化的坚硬岩或较硬岩 2. 未风化—微风化的凝灰岩、千枚岩、泥灰岩、砂质泥岩等	用爆破法开挖
硬质岩	较硬岩	1. 微风化的坚硬岩 2. 未风化—微风化的大理岩、板岩、石灰岩、白云岩、钙质砂岩等	用爆破法开挖
硬质岩	坚硬岩	未风化—微风化的花岗岩、闪长岩、辉绿岩、玄武岩、安山岩、片麻岩、石英岩、石英砂岩、硅质砾岩、硅质石灰岩等	用爆破法开挖

注：本表依据国家标准《工程岩体分级标准》GB 50218—1994 和《岩土工程勘察规范（2009 年版）》GB 50021—2001 整理。

表 2-13　石方体积折算系数表

石方类别	天然密实度体积	虚方体积	松填体积	码方
石方	1.0	1.54	1.31	—
块石	1.0	1.75	1.43	1.67
砂夹石	1.0	1.07	0.94	—

注：本表按原建设部颁发《爆破工程消耗量定额》GYD—102—2008 整理。

3. 回填

回填工程工程量清单项目设置、项目特征描述的内容、计量单位及工程量计算规则，应按表 2-14 的规定执行。

2.4.2　土石方工程定额工程量计算规则

1. 定额工程量计算规则

(1) 一般规定

1) 土方体积，均以挖掘前的天然密实体积为准计算。如遇有必须以天然密实体积折算时，可按表 2-7 所列数值换算。

表 2-14　回填（编码：010103）

项目编码	项目名称	项目特征	计量单位	工程量计算规则	工作内容
010103001	回填方	1. 密实度要求 2. 填方材料品种 3. 填方粒径要求 4. 填方来源、运距	m³	按设计图示尺寸以体积计算 1. 场地回填：回填面积乘平均回填厚度 2. 室内回填：主墙间面积乘回填厚度，不扣除间隔墙 3. 基础回填：按挖方清单项目工程量项目工程减去自然地坪以下埋设的基础体积（包括基础垫层及其他构筑物）	1. 运输 2. 回填 3. 压实
010103002	余方弃置	1. 废弃料品种 2. 运距	m³	按挖方清单项目工程量减利用回填方体积（正数）计算	余方点装料运输至弃置点

注：1. 填方密实度要求，在无特殊要求情况下，项目特征可描述为满足设计和规范的要求。

2. 填方材料品种可以不描述，但应注明由投标人根据设计要求验方后方可填入，并符合相关工程的质量规范要求。

3. 填方粒径要求，在无特殊要求情况下，项目特征可以不描述。

4. 如需买土回填应在项目特征填方来源中描述，并注明买土方数量。

2）挖土一律以设计室外地坪标高为准计算。

(2) 平整场地及碾压工程量计算

1）人工平整场地是指建筑场地挖、填土方厚度在±30cm 以内及找平。挖、填土方厚度超过±30cm 以外时，按场地土方平衡竖向布置图另行计算。

2）平整场地工程量按建筑物外墙外边线每边各加 2m，以平方米计算。

3）建筑场地原土碾压以平方米计算，填土碾压按图示填土厚度以立方米计算。

(3) 挖掘沟槽、 基坑土方工程量计算

1）沟槽、基坑划分：

①凡图示沟槽底宽在 3m 以内，且沟槽长大于槽宽 3 倍以上的，为沟槽。

②凡图示基坑底面积在 20m² 以内的为基坑。

③凡图示沟槽底宽 3m 以外，坑底面积 20m² 以外，平整场地挖土方厚度在 30cm 以外，均按挖土方计算。

2）计算挖沟槽、基坑、土方工程量需放坡时，放坡系数按表 2-8 规定计算。

3）挖沟槽、基坑需支挡土板时，其宽度按图示沟槽、基坑底宽，单面加 10cm，双面加 20cm 计算。挡土板面积，按槽、坑垂直支撑面积计算，支挡土板后，不得再计算放坡。

4）基础施工所需工作面，按表 2-9 规定计算。

5）挖沟槽长度，外墙按图示中心线长度计算；内墙按图示基础底面之间净长线长度计算；内外突出部分（垛、附墙烟囱等）体积并入沟槽土方工程量内计算。

6) 人工挖土方深度超过 1.5m 时，按表 2-15 增加工日。

表 2-15   人工挖土方超深增加工日

深 2m 以内	深 4m 以内	深 6m 以内
5.55 工日	17.60 工日	26.16 工日

7) 挖管道沟槽按图示中心线长度计算，沟底宽度，设计有规定的，按设计规定尺寸计算，设计无规定的，可按表 2-16 规定宽度计算。

表 2-16   管道地沟沟底宽度计算

管径/mm	铸铁管、钢管 石棉水泥管	混凝土、钢筋混凝土、 预应力混凝土管	陶土管
50～70	0.60	0.80	0.70
100～200	0.70	0.90	0.80
250～350	0.80	1.00	0.90
400～450	1.00	1.30	1.10
500～600	1.30	1.50	1.40
700～800	1.60	1.80	—
900～1000	1.80	2.00	—
1100～1200	2.00	2.30	—
1300～1400	2.20	2.60	—

注：1. 按上表计算管道沟土方工程量时，各种井类及管道（不含铸铁给水排水管）接口等处需加宽增加的土方量不另行计算，底面积大于 20m² 的井类，其增加工程量并入管沟土方内计算。

2. 铺设铸铁给水排水管道时其接口等处土方增加量，可按铸铁给水排水管道地沟土方总量的 2.5% 计算。

8) 沟槽、基坑深度，按图示槽、坑底面至室外地坪深度计算；管道地沟按图示沟底至室外地坪深度计算。

(4) 人工挖孔桩土方工程量计算

按图示桩断面积乘以设计桩孔中心线深度计算。

(5) 井点降水工程量计算

井点降水区别轻型井点、喷射井点、大口径井点、电渗井点、水平井点，按不同井管深度的井管安装、拆除，以根为单位计算，使用按套、天计算。

井点套组成：

1) 轻型井点：50 根为 1 套。

2) 喷射井点：30 根为 1 套。

3) 大口径井点：45 根为 1 套。

4) 电渗井点阳极：30 根为 1 套。

5) 水平井点：10 根为 1 套。

井管间距应根据地质条件和施工降水要求，依施工组织设计确定，施工组织设计没有规定时，可按轻型井点管距 0.8～1.6m，喷射井点管距 2～3m 确定。

使用天应以每昼夜 24h 为一天，使用天数应按施工组织设计规定的使用天数计算。

(6) 石方工程　岩石开凿及爆破工程量，按不同石质采用不同方法计算

1) 人工凿岩石，按图示尺寸以立方米计算。

2) 爆破岩石按图示尺寸以立方米计算，其沟槽、基坑深度、宽度允许超挖量：次坚石为 200mm，特坚石为 150mm，超挖部分岩石并入岩石挖方量之内计算。

(7) 土石方运输与回填工程

1) 土（石）方回填。土（石）方回填土区分夯填、松填，按图示回填体积并依下列规定，以立方米计算。

2) 沟槽、基坑回填土，沟槽、基坑回填体积以挖方体积减去设计室外地坪以下埋设砌筑物（包括：基础垫层、基础等）体积计算。

3) 管道沟槽回填，以挖方体积减去管径所占体积计算。管径在 500mm 以下的不扣除管道所占体积；管径超过 500mm 以上时，按表 2-17 规定扣除管道所占体积计算。

表 2-17　管道扣除土方体积表　　　　　　　　单位：mm³

管道直径（mm）	钢管	铸铁管	混凝土管
501～600	0.21	0.24	0.33
601～800	0.44	0.49	0.60
801～1000	0.71	0.77	0.92
1001～1200	—	—	1.15
1201～1400	—	—	1.35
1401～1600	—	—	1.55

4) 房心回填土，按主墙之间的面积乘以回填土厚度计算。

5) 余土或取土工程量，可按下式计算：

$$余土外运体积＝挖土总体积－回填土总体积 \qquad (2\text{-}2)$$

当计算结果为正值时，为余土外运体积，负值时为取土体积。

6) 地基强夯按设计图示强夯面积，区分夯击能量，夯击遍数以 m² 计算。

(8) 土方运距计算规则

1) 推土机推土运距：按挖方区重心至回填区重心之间的直线距离计算。

2) 铲运机运土运距：按挖方区重心至卸土区重心加转向距离 45m 计算。

3) 自卸汽车运土运距：按挖方区重心至填土区（或堆放地点）重心的最短距离计算。

2. 定额工程量计算说明

(1) 人工土石方

1) 土壤及岩石分类：详见表 2-18。表列Ⅰ、Ⅱ类为定额中一、二类土壤（普通土）；Ⅲ类为定额中三类土壤（坚土）；Ⅳ类为定额中四类土壤（砂砾坚土）。人工挖地槽、地坑定额深度最深为 6m，超过 6m 时，可另作补充定额。

表 2-18 土壤及岩石（普氏）分类表

定额分类	普氏分类	土壤及岩石名称	天然湿度下平均容重/（kg/m³）	极限压碎强度/（kg/cm²）	用轻钻孔机钻进1m耗时/min	开挖方法及工具	紧固系数 f
一、二类土壤	I	砂	1500	—	—	用尖锹开挖	0.5~0.6
		砂壤土	1600				
		腐殖土	1200				
		泥炭	600				
	II	轻壤和黄土类土	1600	—	—	用锹开挖并少数用镐开挖	0.6~0.8
		潮湿而松散的黄土，软的盐渍土和碱土	1600				
		平均15mm以内的松散而软的砾石	1700				
		含有草根的实心密实腐殖土	1400				
		含有直径在30mm以内根类的泥炭和腐殖土	1100				
		掺有卵石、碎石和石屑的砂和腐殖土	1650				
		含有卵石或碎石杂质的胶结成块的填土	1750				
		含有卵石、碎石和建筑料杂质的砂壤土	1900				
三类土壤	III	肥黏土其中包括石炭纪、侏罗纪的黏土和冰黏土	1800	—	—	用尖锹并同时用镐开挖（30%）	0.8~1.0
		重壤土、粗砾石，粒径为15mm~40mm的碎石和卵石	1750				
		干黄土和掺有碎石或卵石的自然含水量黄土	1790				
		含有直径大于30mm根类的腐殖土或泥炭	1400				
		掺有碎石或卵石和建筑碎料的土壤	1900				

续表 2-18

定额分类	普氏分类	土壤及岩石名称	天然湿度下平均容重/(kg/m³)	极限压碎强度/(kg/cm²)	用轻钻孔机钻进 1m 耗时/min	开挖方法及工具	紧固系数 f
四类土壤	Ⅳ	土含碎石重黏土,其中包括侏罗纪和石英纪的硬黏土	1950	—	—	用尖锹并同时用镐开挖(30%)	1.0～1.5
		含有碎石、卵石、建筑碎料和重达 25kg 的顽石(总体积 10% 以内)等杂质的肥黏土和重壤土	1950				
	Ⅳ	冰渍黏土,含有重量在 50kg 以内的巨砾,其含量占总体积 10% 以内	2000				
		泥板岩	2000	—			
		不含或含有重达 10kg 的顽石	1950				
松石	Ⅴ	含有重量在 50kg 以内的巨砾(占体积 10% 以上)的冰渍石	2100	小于 200	小于 3.5	部分用手凿工具,部分用爆破来开挖	1.5～2.0
		矽藻岩和软白垩岩	1800				
		胶结力弱的砾岩	1900				
		各种不坚实的片岩	2600				
		石膏	2200				
次坚石	Ⅵ	凝灰岩和浮石	1100	200～400	3.5	用风镐和爆破法开挖	2～4
		松软多孔和裂隙严重的石灰岩和介质石灰岩	1200				
		中等硬变的片岩	2700				
		中等硬变的泥灰岩	2300				
	Ⅶ	石灰石胶结的带有卵石和沉积岩的砾石	2200	400～600	6.0	用爆破方法开挖	4～6
		风化的和有大裂缝的黏土质砂岩	2000				
		坚实的泥板岩	2800				
		坚实的泥灰岩	2500				

续表 2-18

定额分类	普氏分类	土壤及岩石名称	天然湿度下平均容重/(kg/m³)	极限压碎强度/(kg/cm²)	用轻钻孔机钻进 1m 耗时/min	开挖方法及工具	紧固系数 f
次坚石	VIII	砾质花岗岩	2300	600～800	8.5		6～8
		泥灰质石灰岩	2300				
		黏土质砂岩	2200				
		砂质云母片岩	2300				
		硬石膏	2900				
普坚石	IX	严重风化的软弱的花岗岩、片麻岩和正长岩	2500	800～1000	11.5	用爆破方法开挖	8～10
		滑石化的蛇纹岩	2400				
		致密的石灰岩	2500				
		含有卵石、沉积岩的渣质胶结的砾岩	2500				
	IX	砂岩	2500	800～1000	11.5		
		砂质石灰质片岩	2500				
		菱镁矿	3000				
	X	白云石	2700	1000～1200	15.0		10～12
		坚固的石灰岩	2700				
		大理石	2700				
		石灰胶结的致密砾石	2600				
		坚固砂质片岩	2600				
特坚石	XI	粗花岗岩	2800	1200～1400	18.5		12～14
		非常坚硬的白云岩	2900				
		蛇纹岩	2600				
		石灰质胶结的含有火成岩之卵石的砾石	2800				
		石英胶结的坚固砂岩	2700				
		粗粒正长岩	2700				

续表 2-18

定额分类	普氏分类	土壤及岩石名称	天然湿度下平均容重/(kg/m³)	极限压碎强度/(kg/cm²)	用轻钻孔机钻进 1m 耗时/min	开挖方法及工具	紧固系数 f
特坚石	XII	具有风化痕迹的安山岩和玄武岩	2700	1400~1600	22.0	用爆破方法开挖	14~16
		片麻岩	2600				
		非常坚固的石灰岩	2900				
		硅质胶结的含有火成岩之卵石的砾石	2900				
		粗石岩	2600				
	XIII	中粒花岗岩	3100	1600~1800	27.5		16~18
		坚固的片麻岩	2800				
		辉绿岩	2700				
		玢岩	2500				
		坚固的粗面岩	2800				
		中粒正长岩	2800				
	XIV	非常坚硬的细粒花岗岩	3300	1800~2000	32.5		18~20
		花岗岩、麻岩	2900				
		闪长岩	2900				
		高硬度的石灰岩	3100				
		坚固的玢岩	2700				
	XV	安山岩、玄武岩、坚固的角页岩	3100	2000~2500	46.0		20~25
		高硬度的辉绿岩和闪长岩	2900				
		坚固的辉长岩和石英岩	2800				
	XVI	拉长玄武岩和橄榄玄武岩	3300	大于 2500	大于 60		大于 25
		特别坚固的辉长辉绿岩、石英石和玢岩	3300				

　　2) 人工土方定额是按干土编制的，如挖湿土时，人工乘以系数 1.18。干湿的划分，应根据地质勘测资料以地下常水位为准划分，地下常水位以上为干土，以下为湿土。

3) 人工挖孔桩定额，适用于在有安全防护措施的条件下施工。

4) 定额中不包括地下水位以下施工的排水费用，发生时另行计算。挖土方时如有地表水需要排除时，也应另行计算。

5) 支挡土板定额项目分为密撑和疏撑，密撑是指满支挡土板；疏撑是指间隔支挡土板，实际间距不同时，定额不作调整。

6) 在有挡土板支撑下挖土方时，按实挖体积，人工乘系数 1.43。

7) 挖桩间土方时，按实挖体积（扣除桩体占用体积），人工乘以系数 1.5。

8) 人工挖孔桩，桩内垂直运输方式按人工考虑。如深度超过 12m 时，16m 以内按 12m 项目人工用量乘以系数 1.3；20m 以内乘以系数 1.5 计算。同一孔内土壤类别不同时，按定额加权计算，如遇有流砂、淤泥时，另行处理。

9) 场地竖向布置挖填土方时，不再计算平整场地的工程量。

10) 石方爆破定额是按炮眼法松动爆破编制的，不分明炮、闷炮，但闷炮的覆盖材料应另行计算。

11) 石方爆破定额是按电雷管导电起爆编制的，如采用火雷管爆破时，雷管应换算，数量不变。扣除定额中的胶质导线，换为导火索，导火索的长度按每个雷管 2.12m 计算。

(2) 机械土石方

1) 岩石分类，详见表 2-18。表列 Ⅴ 类为定额中松石，Ⅵ～Ⅷ 类为定额中次坚石；Ⅸ、Ⅹ 类为定额中普坚石；Ⅺ～Ⅹ Ⅵ 类为特坚石。

2) 推土机推土、推石碴，铲运机铲运土重车上坡时，如果坡度大于 5% 时，其运距按坡度区段斜长乘以坡度系数计算，坡度系数见表 2-19。

表 2-19　坡度系数

坡度（%）	5～10	15 以内	20 以内	25 以内
系数	1.75	2.0	2.25	2.50

3) 汽车、人力车、重车上坡降效因素，已综合在相应的运输定额项目中，不再另行计算。

4) 机械挖土方工程量，按机械挖土方 90%，人工挖土方 10% 计算，人工挖土部分按相应定额项目人工乘以系数 2。

5) 土壤含水率定额是以天然含水率为准制定的：

含水率大于 25% 时，定额人工、机械乘以系数 1.15，若含水率大于 40% 时另行计算。

6) 推土机推土或铲运机铲土土层平均厚度小于 300mm 时，推土机台班用量乘以系数 1.25；铲运机台班用量乘以系数 1.17。

7) 挖掘机在垫板上进行作业时，人工、机械乘以系数 1.25，定额内不包括垫板铺设所需的工料、机械消耗。

8) 推土机、铲运机，推、铲未经压实的积土时，按定额项目乘以系数 0.73。

9) 机械土方定额是按三类土编制的，如实际土壤类别不同时，定额中机械台班量乘以表 2-20 中的系数。

表 2-20   机械台班系数

项目	一、二类土壤	四类土壤
推土机推土方	0.84	1.18
铲运机铲运土方	0.84	1.26
自行铲运机铲土方	0.86	1.09
挖掘机挖土方	0.84	1.14

10）定额中的爆破材料是按炮孔中无地下渗水、积水编制的，炮孔中若出现地下渗水、积水时，处理渗水或积水发生的费用另行计算。定额内未计爆破时所需覆盖的安全网、草袋、架设安全屏障等设施，发生时另行计算。

11）机械上下行驶坡道土方，合并在土方工程量内计算。

12）汽车运土运输道路是按一、二、三类道路综合确定的，已考虑了运输过程中道路清理的人工，如需要铺筑材料时，另行计算。

2.4.3 土石方工程工程量计算与清单编制实例

【例 2-11】   某地槽及槽底宽度平面图如图 2-23 所示，计算此地槽的长度。

图 2-23   地槽及槽底宽度平面图

【解】

（1）外墙地槽长（1.05m 宽）

$$(16.5+8.6+10.6+18.6)\times 2=108.6\text{（m）}$$

（2）内墙地槽长（0.95m 宽）

$$8.6+16.5-\frac{1.05}{2}\times 2=24.05\text{（m）}$$

（3）内墙地槽长（0.85m 宽）

$$10.6-\frac{1.05}{2}-\frac{0.95}{2}=9.6\text{（m）}$$

【例 2-12】   欲采用斗容量为 1.9m³ 的液压挖掘机挖如图 2-24 所示的环形地槽，已

图 2-24　环形地槽平面图

知土质类别为二类土，平均挖土深度为 2m，沟槽底宽 1.9m，放坡开挖，坑上作业，求挖土方工程量（$K=0.75$）。

【解】

挖基础土方按设计图示尺寸底宽加上放坡宽度后乘以沟槽总长度再乘以挖土深度以体积计算。

（1）沟槽总长度

$$2\pi\left(r+\frac{R-r}{2}\right)=2\times3.14\times\left(9+\frac{11-9}{2}\right)=62.8\ (\text{m})$$

（2）沟槽断面面积

$$(1.9+KH)\times2.5=(1.9+2\times0.75)\times2.5=6.8\ (\text{m}^2)$$

（3）挖基础土方量

$$沟槽断面面积\times沟槽总长度=62.8\times6.8=427.04\ (\text{m}^3)$$

套用基础定额 1-158。

【例 2-13】　某工程如下：

（1）设计说明

1）某工程 ±0.00 以下基础工程施工图如图 2-25 所示，室内外标高差为 450mm。

2）基础垫层为非原槽浇注，垫层支模，混凝土强度等级为 C10，地圈梁混凝土强度等级为 C20。

3）砖基础，使用普通页岩标准砖，M5 水泥砂浆砌筑。

4）独立柱基及柱为 C20 混凝土。

5）本工程建设方已完成三通一平。

6）混凝土及砂浆材料为：中砂、砾石、细砂均现场搅拌。

（2）施工方案

1）本基础工程土方为人工开挖，非桩基工程，不考虑开挖时排地表水及基底钎探，不考虑支挡土板施工，工作面为 300mm，放坡系数为 1∶0.33。

2）开挖基础土，其中一部分土壤考虑按挖方量的 60% 进行现场运输、堆放，采用人力车运输，距离为 40m，另一部分土壤在基坑边 5m 内堆放。平整场地弃、取土运距为 5m。弃土外运 5km，回填为夯填。

3）土壤类别三类土，均属天然密实土，现场内土壤堆放时间为三个月。

试列出该 ±0.00 以下基础工程的平整场地、挖地槽、地坑、弃土外运、土方回填等项目的分部分项工程量清单。

【解】

（1）清单工程量计算

按某省规定，挖沟槽、基坑因工作面和放坡增加的工程量，并入各土方工程量中。三类土放坡起点应为 1.5m，因挖沟槽土方不应计算放坡。

1）平整场地：

$$S=11.04\times3.24+5.1\times7.44\approx73.71\ (\text{m}^2)$$

2）挖沟槽土方：

$$L_{外}=(10.8+8.1)\times2=37.8\ (\text{m})$$

图 2-25　某工程±0.00以下基础工程施工图

$$L_{内}=3-0.92-0.3\times2=1.48\ (\text{m})$$
$$S_{1-1(2-2)}=(0.92+2\times0.3)\times1.3\approx1.98\ (\text{m}^2)$$
$$V=(37.8+1.48)\times1.98\approx77.77\ (\text{m}^3)$$

3）挖基坑土方：

$$S_{下}=(2.3+0.3\times2)^2=8.41\ (\text{m}^2)$$
$$S_{上}=(2.3+0.3\times2+2\times0.33\times1.55)^2\approx15.39\ (\text{m}^2)$$
$$V=\frac{1}{3}\times h\times(S_{上}+S_{下}+\sqrt{S_{上}S_{下}})=\frac{1}{3}\times1.55\times$$
$$(2.9^2+3.92^2+2.9\times3.92)\approx18.16\ (\text{m}^3)$$

4）土方回填：

①垫层：

$$V=(37.8+2.08)\times0.92\times0.250+2.3\times2.3\times0.1\approx9.70\ (\text{m}^3)$$

②埋在土下砖基础（含圈梁）：

$$V=(37.8+2.76)\times(1.05\times0.24+0.0625\times3\times0.126\times4)\approx14.05\ (\text{m}^3)$$

③埋在土下的混凝土基础及柱：

$$V=\frac{1}{3}\times0.25\times(0.5^2+2.1^2+0.5\times2.1)+1.05\times0.4\times0.4+2.1\times2.1\times0.15$$
$$\approx1.31\ (\text{m}^3)$$

④基坑回填：

$$V=77.77+18.16-9.7-14.05-1.31=70.87\ (\text{m}^3)$$

⑤室内回填：

$$V=(3.36\times2.76+7.86\times6.96-0.4\times0.4)\times(0.45-0.13)\approx20.42\ (\text{m}^3)$$
$$V_{总}=70.87+20.42=91.29\ (\text{m}^3)$$

5）余方弃置：

$$V=95.93-91.29=4.64\ (\text{m}^3)$$

（2）计价表格编制

分部分项工程和单价措施项目清单与计价表见表 2-21。

表 2-21　分部分项工程和单价措施项目清单与计价表

工程名称：某工程

序号	项目编号	项目名称	项目特征描述	计算单位	工程量	金额（元）		
						综合单价	合价	其中
								暂估价
1	010101001001	平整场地	1. 土壤类别：三类土 2. 弃土运距：5m 3. 取土运距：5m	m²	73.71			

续表 2-21

序号	项目编号	项目名称	项目特征描述	计算单位	工程量	金额（元）		
						综合单价	合价	其中暂估价
2	010101003001	挖沟槽土方	1. 土壤类别：三类土 2. 挖土深度：1.30m 3. 弃土运距：40m	m³	77.77			
3	010101004001	挖基坑土方	1. 土壤类别：三类土 2. 挖土深度：1.55m 3. 弃土运距：40m	m³	18.16			
4	010103002001	余方弃置	弃土运距：5km	m³	4.64			
5	010103001001	土方回填	1. 土质要求：满足规范及设计 2. 密实度要求：满足规范及设计 3. 粒径要求：满足规范及设计 4. 夯填（碾压）：夯填 5. 运输距离：40m	m³	91.29			

【例 2-14】 ××工程基础开挖过程中出现淤泥流砂现象，其尺寸为长 5.0m，宽 2.5m，深 2.2m，淤泥、流砂外运 80m，试编制分部分项工程量清单及综合单价分析表。

【解】

（1）清单工程量计算

$$V = 5 \times 2.5 \times 2.2 = 27.5 \text{（m}^3）$$

（2）消耗量定额工程量

$$V = 5 \times 2.5 \times 2.2 = 27.5 \text{（m}^3）$$

（3）挖淤泥流砂

$$人工费：27.5 \div 10 \times 242 = 665.5 \text{（元）}$$

（4）流砂外运

$$人工费：27.5 \div 10 \times 8.10 = 22.28 \text{（元）}$$

（5）综合

1）直接费：665.5 + 22.28 = 687.78（元）

2）管理费：687.78 × 34% ≈ 233.85（元）

3）利润：687.78 × 8% ≈ 55.02（元）

4）合价：687.78 + 233.85 + 55.02 = 976.65（元）

5）综合单价：976.65 ÷ 27.5 = 35.51（元）

分部分项工程和单价措施项目清单与计价表见表 2-22。综合单价分析表见表 2-23。

表 2-22 分部分项工程和单价措施项目清单与计价表

序号	项目编号	项目名称	项目特征描述	计算单位	工程量	金额（元）		其中
						综合单价	合价	暂估价
1	010101006001	挖淤泥、流砂	1. 挖掘深度 2. 弃淤泥、流砂距离	m³	27.5	35.51	976.65	
合　　计							976.65	

表 2-23 综合单价分析表

项目编码	010101006001			项目名称	挖淤泥、流砂		计量单位	m³	工程量	27.5
清单综合单价组成明细										
定额编号	定额名称	定额单位	数量	单价				合价		
				人工费	材料费	机械费	管理费和利润	人工费	材料费	机械费	管理费和利润
1-2-7	挖淤泥、流砂	10m³	0.1	242	—	—	101.64	24.2	—	—	10.16
1-2-29	流砂外运 60m	10m³	0.1	8.10	—	—	3.402	0.81	—	—	0.34
人工单价			小　　计					25.01	—	—	10.5
22.47 元/工日			未计价材料费								
清单项目综合单价								35.51			

【例 2-15】　某大型博物馆基础工程，长 260m，宽 150m，自然地坪以下平均深 2.2m，土壤类别为二类土，所挖土方全部运至 4.5km 以外，边坡坡度为 1∶2，试编制工程量清单计价表及综合单价计算表。

【解】

（1）清单工程量计算

$$V = \frac{1}{3}K^2h^3 + (a+Kh) \times (b+Kh) \times h$$

$$= \frac{1}{3} \times 2^2 \times 2.2^3 + (260+2\times2.2) \times (150+2\times2.2) \times 2.2 \approx 89825.59 \ (m^3)$$

（2）消耗量定额工程量

土方开挖：89825.59（m³）

土方增运：89825.59×4.5=404215.16（m³）

（3）土方开挖

1）人工费：1.98×89825.59/10≈17785.47（元）

2）材料费：0.2×89825.59/10≈1796.51（元）

3）机械费：61.4×89825.59/10≈551529.12（元）

合价：571111.1 元

（4）土方增运

机械费：11.29×404215.16/10≈456358.92（元）

（5）综合

1）直接费：571111.1＋456358.92＝1027470.02（元）

2）管理费：1027470.02×35%≈359614.51（元）

3）利润：1027470.02×5%≈51373.50（元）

4）合价：1438458.03 元

5）综合单价：1438458.03÷89825.59≈16.01（元）

分部分项工程和单价措施项目清单与计价表、综合单价分析表见表 2-24、表 2-25。

表 2-24　分部分项工程和单价措施项目清单与计价表

工程名称：某大型博物馆基础工程　　　　　　标段：　　　　　　第 页 共 页

序号	项目编号	项目名称	项目特征描述	计量单位	工程数量	综合单价	合价	其中 暂估价
1	010101002001	挖一般土方	1. 土壤类别：二类土 2. 挖土平均厚度 2.1m 3. 弃土运距 4.2km	m³	89825.59	16.01	1438458.03	
		合　计					1438458.03	

表 2-25　综合单价分析表

工程名称：某大型博物馆基础工程　　　　　　标段：　　　　　　第 页 共 页

项目编码	010101002001	项目名称	挖一般土方	计量单位	m³	工程量	89825.59

综合单价组成明细

定额编号	定额名称	定额单位	数量	单价（元） 人工费	材料费	机械费	管理费和利润	合价（元） 人工费	材料费	机械费	管理费和利润
1-1-13	土方开挖	10m³	0.1	1.98	0.20	61.40	25.43	0.20	0.02	6.14	2.54
1-1-15	土方增运	10m³	0.45	—	—	11.29	4.52	—	—	5.08	2.03
人工单价		小　计						0.20	0.02	11.22	4.57
28 元/工日		未计价材料费									
清单项目综合单价								16.01			

2.5　地基处理与边坡支护工程工程量计算及清单编制实例

2.5.1　地基处理与边坡支护工程清单工程量计算规则

1. 地基处理

地基处理工程量清单项目设置、项目特征描述的内容、计量单位及工程量计算规则，应按表 2-26 的规定执行。

表 2-26　地基处理（编码：010201）

项目编码	项目名称	项目特征	计量单位	工程量计算规则	工作内容
010201001	换填垫层	1. 材料种类及配比 2. 压实系数 3. 掺加剂品种	m³	按设计图示尺寸以体积计算	1. 分层铺填 2. 碾压、振密或夯实 3. 材料运输
010201002	铺设土工合成材料	1. 部位 2. 品种 3. 规格	m²	按设计图示尺寸以面积计算	1. 挖填锚固沟 2. 铺设 3. 固定 4. 运输
010201003	预压地基	1. 排水竖井种类、断面尺寸、排列方式、间距、深度 2. 预压方法 3. 预压荷载、时间 4. 砂垫层厚度	m²	按设计图示处理范围以面积计算	1. 设置排水竖井、盲沟、滤水管 2. 铺设砂垫层、密封膜 3. 堆载、卸载或抽气设备安拆、抽真空 4. 材料运输
010201004	强夯地基	1. 夯击能量 2. 夯击遍数 3. 夯击点布置形式、间距 4. 地耐力要求 5. 夯填材料种类			1. 铺设夯填材料 2. 强夯 3. 夯填材料运输
010201005	振冲密实（不填料）	1. 地层情况 2. 振密深度 3. 孔距			1. 振冲加密 2. 泥浆运输

续表 2-26

项目编码	项目名称	项目特征	计量单位	工程量计算规则	工作内容
010201006	振冲桩（填料）	1. 地层情况 2. 空桩长度、桩长 3. 桩径 4. 填充材料种类	1. m 2. m³	1. 以米计量，按设计图示尺寸以桩长计算 2. 以立方米计量，按设计桩截面乘以桩长以体积计算	1. 振冲成孔、填料、振实 2. 材料运输 3. 泥浆运输
010201007	砂石桩	1. 地层情况 2. 空桩长度、桩长 3. 桩径 4. 成孔方法 5. 材料种类、级配		1. 以米计量，按设计图示尺寸以桩长（包括桩尖）计算 2. 以立方米计量，按设计桩截面乘以桩长（包括桩尖）以体积计算	1. 成孔 2. 填充、振实 3. 材料运输
010201008	水泥粉煤灰碎石桩	1. 地层情况 2. 空桩长度、桩长 3. 桩径 4. 成孔方法 5. 混合料强度等级		按设计图示尺寸以桩长（包括桩尖）计算	1. 成孔 2. 混合料制作、灌注、养护 3. 材料运输
010201009	深层搅拌桩	1. 地层情况 2. 空桩长度、桩长 3. 桩截面尺寸 4. 水泥强度等级、掺量	m	按设计图示尺寸以桩长计算	1. 预搅下钻、水泥浆制作、喷浆搅拌提升成桩 2. 材料运输
010201010	粉喷桩	1. 地层情况 2. 空桩长度、桩长 3. 桩径 4. 粉体种类、掺量 5. 水泥强度等级、石灰粉要求			1. 预搅下钻、喷粉搅拌提升成桩 2. 材料运输

续表 2-26

项目编码	项目名称	项目特征	计量单位	工程量计算规则	工作内容
010201011	夯实水泥土桩	1. 地层情况 2. 空桩长度、桩长 3. 桩径 4. 成孔方法 5. 水泥强度等级 6. 混合料配比	m	按设计图示尺寸以桩长（包括桩尖）计算	1. 成孔、夯底 2. 水泥土拌和、填料、夯实 3. 材料运输
010201012	高压喷射注浆桩	1. 地层情况 2. 空桩长度、桩长 3. 桩截面 4. 注浆类型、方法 5. 水泥强度等级		按设计图示尺寸以桩长计算	1. 成孔 2. 水泥浆制作、高压喷射注浆 3. 材料运输
010201013	石灰桩	1. 地层情况 2. 空桩长度、桩长 3. 桩径 4. 成孔方法 5. 掺和料种类、配合比		按设计图示尺寸以桩长（包括桩尖）计算	1. 成孔 2. 混合料制作、运输、夯填
010201014	灰土（土）挤密桩	1. 地层情况 2. 空桩长度、桩长 3. 桩径 4. 成孔方法 5. 灰土级配			1. 成孔 2. 灰土拌和、运输、填充、夯实
010201015	柱锤冲扩桩	1. 地层情况 2. 空桩长度、桩长 3. 桩径 4. 成孔方法 5. 桩体材料种类、配合比	m	按设计图示尺寸以桩长计算	1. 安、拔套管 2. 冲孔、填料、夯实 3. 桩体材料制作、运输
010201016	注浆地基	1. 地层情况 2. 空钻深度、注浆深度 3. 注浆间距 4. 浆液种类及配比 5. 注浆方法 6. 水泥强度等级	1. m 2. m³	1. 以米计量，按设计图示尺寸以钻孔深度计算 2. 以立方米计量，按设计图示尺寸以加固体积计算	1. 成孔 2. 注浆导管制作、安装 3. 浆液制作、压浆 4. 材料运输

续表 2-26

项目编码	项目名称	项目特征	计量单位	工程量计算规则	工作内容
010201017	褥垫层	1. 厚度 2. 材料品种及比例	1. m² 2. m³	1. 以平方米计量，按设计图示尺寸以铺设面积计算 2. 以立方米计量，按设计图示尺寸以体积计算	材料拌和、运输、铺设、压实

注：1. 地层情况按表 2-6 和表 2-12 的规定，并根据岩土工程勘察报告按单位工程各地层所占比例（包括范围值）进行描述。对无法准确描述的地层情况，可注明由投标人根据岩土工程勘察报告自行决定报价。

2. 项目特征中的桩长应包括桩尖，空桩长度＝孔深－桩长，孔深为自然地面至设计桩底的深度。

3. 高压喷射注浆类型包括旋喷、摆喷、定喷，高压喷射注浆方法包括单管法、双重管法、三重管法。

4. 如采用泥浆护壁成孔，工作内容包括土方、废泥浆外运，如采用沉管灌注成孔，工作内容包括桩尖制作、安装。

2. 基坑与边坡支护

工程量清单项目设置、项目特征描述的内容、计量单位及工程量计算规则，应按表 2-27 的规定执行。

表 2-27　基坑与边坡支护（编码：010202）

项目编码	项目名称	项目特征	计量单位	工程量计算规则	工作内容
010202001	地下连续墙	1. 地层情况 2. 导墙类型、截面 3. 墙体厚度 4. 成槽深度 5. 混凝土种类、强度等级 6. 接头形式	m³	按设计图示墙中心线长乘以厚度乘以槽深以体积计算	1. 导墙挖填、制作、安装、拆除 2. 挖土成槽、固壁、清底置换 3. 混凝土制作、运输、灌注、养护 4. 接头处理 5. 土方、废泥浆外运 6. 打桩场地硬化及泥浆池、泥浆沟
010202002	咬合灌注桩	1. 地层情况 2. 桩长 3. 桩径 4. 混凝土种类、强度等级 5. 部位	1. m 2. 根	1. 以米计量，按设计图示尺寸以桩长计算 2. 以根计量，按设计图示数量计算	1. 成孔、固壁 2. 混凝土制作、运输、灌注、养护 3. 套管压拔 4. 土方、废泥浆外运 5. 打桩场地硬化及泥浆池、泥浆沟

续表 2-27

项目编码	项目名称	项目特征	计量单位	工程量计算规则	工作内容
010202003	圆木桩	1. 地层情况 2. 桩长 3. 材质 4. 尾径 5. 桩倾斜度	1. m 2. 根	1. 以米计量，按设计图示尺寸以桩长（包括桩尖）计算 2. 以根计量，按设计图示数量计算	1. 工作平台搭拆 2. 桩机移位 3. 桩靴安装 4. 沉桩
010202004	预制钢筋混凝土板桩	1. 地层情况 2. 送桩深度、桩长 3. 桩截面 4. 混凝土强度等级			1. 工作平台搭拆 2. 桩机竖拆、移位 3. 沉桩 4. 板桩连接
010202005	型钢桩	1. 地层情况或部位 2. 送桩深度、桩长 3. 规格型号 4. 桩倾斜度 5. 防护材料种类 6. 是否拔出	1. t 2. 根	1. 以吨计量，按设计图示尺寸以质量计算 2. 以根计量，按设计图示数量计算	1. 工作平台搭拆 2. 桩机移位 3. 打（拔）桩 4. 接桩 5. 刷防护材料
010202006	钢板桩	1. 地层情况 2. 桩长 3. 板桩厚度	1. t 2. m²	1. 以吨计量，按设计图示尺寸以质量计算 2. 以平方米计量，按设计图示墙中心线长乘以桩长以面积计算	1. 工作平台搭拆 2. 桩机移位 3. 打拔钢板桩
010202007	预应力锚杆、锚索	1. 地层情况 2. 锚杆（索）类型、部位 3. 钻孔深度 4. 钻孔直径 5. 杆体材料品种、规格、数量 6. 预应力 7. 浆液种类、强度等级	1. m 2. 根	1. 以米计量，按设计图示尺寸以钻孔深度计算 2. 以根计量，按设计图示数量计算	1. 钻孔、浆液制作、运输、压浆 2. 锚杆（锚索）制作、安装 3. 张拉锚固 4. 锚杆、锚索施工平台搭设、拆除

续表 2-27

项目编码	项目名称	项目特征	计量单位	工程量计算规则	工作内容
010202008	土钉	1. 地层情况 2. 钻孔深度 3. 钻孔直径 4. 置入方法 5. 杆体材料品种、规格、数量 6. 浆液种类、强度等级	1. m 2. 根	1. 以米计量，按设计图示尺寸以钻孔深度计算 2. 以根计量，按设计图示数量计算	1. 钻孔、浆液制作、运输、压浆 2. 土钉制作、安装 3. 土钉施工平台搭设、拆除
010202009	喷射混凝土、水泥砂浆	1. 部位 2. 厚度 3. 材料种类 4. 混凝土（砂浆）类别、强度等级	m²	按设计图示尺寸以面积计算	1. 修整边坡 2. 混凝土（砂浆）制作、运输、喷射、养护 3. 钻排水孔、安装排水管 4. 喷射施工平台搭设、拆除
010202010	混凝土支撑	1. 部位 2. 混凝土种类 3. 混凝土强度等级	m³	按设计图示尺寸以体积计算	1. 模板（支架或支撑）制作、安装、拆除、堆放、运输及清理模内杂物、刷隔离剂等 2. 混凝土制作、运输、浇筑、振捣、养护
010202011	钢支撑	1. 部位 2. 钢材品种、规格 3. 探伤要求	t	按设计图示尺寸以质量计算。不扣除孔眼质量，焊条、铆钉、螺栓等不另增加质量	1. 支撑、铁件制作（摊销、租赁） 2. 支撑、铁件安装 3. 探伤 4. 刷漆 5. 拆除 6. 运输

注：1. 地层情况按表 2-6 和表 2-12 的规定，并根据岩土工程勘察报告按单位工程各地层所占比例（包括范围值）进行描述。对无法准确描述的地层情况，可注明由投标人根据岩土工程勘察报告自行决定报价。

2. 土钉置入方法包括钻孔置入、打入或射入等。

3. 混凝土种类：指清水混凝土、彩色混凝土等，如在同一地区既使用预拌（商品）混凝土，又允许现场搅拌混凝土时，也应注明（下同）。

4. 地下连续墙和喷射混凝土（砂浆）的钢筋网、咬合灌注桩的钢筋笼及钢筋混凝土支撑的钢筋制作、安装，按"混凝土及钢筋混凝土工程"中相关项目列项。本分部未列的基坑与边坡支护的排桩按"桩基工程"中相关项目列项。水泥土墙、坑内加固按表 2-26 中相关项目列项。砖、石挡土墙、护坡按"砌筑工程"中相关项目列项。混凝土挡土墙按"混凝土及钢筋混凝土工程"中相关项目列项。

2.5.2　地基处理与边坡支护工程工程量计算与清单编制实例

图 2-26　灰土挤密桩

【例 2-16】　某工程采用灰土挤密桩，桩如图 2-26 所示，$D=800mm$，共需打桩 42 根，计算桩清单工程量。

【解】

（1）清单工程量计算

灰土（土）挤密桩工程量：

$$(5.5+0.4) \times 42 = 247.8 \text{（m）}$$

（2）计价表格编制

分部分项工程和单项措施项目清单与计价表见表 2-28。

表 2-28　分部分项工程和单项措施项目清单与计价表

项目编码	项目名称	项目特征描述	计量单位	工程量	金额（元）		
					综合单价	合价	其中
							暂估价
010201014001	灰土（土）挤密桩	桩长 5.9m，桩截面为 $R=0.4m$ 的圆形截面	m	247.8			

【例 2-17】　某工程地基处理采用地下连续墙形式，如图 2-27 所示，墙体厚 280mm，埋深 5.5m，土质为二类土，计算其清单工程量。

图 2-27　地下连续墙平面图（mm）

【解】

（1）清单工程量计算

地下连续墙工程量：

$$[(18.5-0.28) + (6.5-0.28)] \times 2 \times 0.3 \times 5.5 \approx 80.65 \text{（m}^3\text{）}$$

（2）计价表格编制

分部分项工程和单项措施项目清单与计价表见表 2-29。

表 2-29　分部分项工程和单项措施项目清单与计价表

项目编号	项目名称	项目特征描述	计算单位	工程量	金额（元）		
					综合单价	合价	其中
							暂估价
010202001001	地下连接墙	1. 二类土 2. 墙体厚度 280mm 3. 成槽深度 5.5m 4. 混凝土强度等级 C30	m³	80.65			

【例 2-18】　某幢别墅工程基底为可塑黏土,不能满足设计承载力要求,采用水泥粉煤灰碎石桩进行地基处理,桩径为 400mm,桩体强度等级为 C20,桩数为 52 根,设计桩长为 10m,桩端进入硬塑黏土层不少于 1.5m,桩顶在地面以下 1.5m~2m,水泥粉煤灰碎石桩采用振动沉管灌注桩施工,桩顶采用 200mm 厚人工级配砂石(砂:碎石=3:7,最大粒径 30mm)作为褥垫层,如图 2-28 所示。试列出该工程地基处理分部分项工程量清单。

(a) 水泥粉煤灰碎石桩平面图

(b) 水泥粉煤灰碎石桩详图

图 2-28　某幢别墅水泥粉煤灰碎石桩平面图 (mm)

【解】

(1) 清单工程量计算

1) 水泥粉煤灰碎石桩:

$$L=52\times10=520\ (\text{m})$$

2）褥垫层：

①J-1　$1.8 \times 1.6 \times 1 = 2.88$（m²）

②J-2　$2.0 \times 2.0 \times 2 = 8.00$（m²）

③J-3　$2.2 \times 2.2 \times 3 = 14.52$（m²）

④J-4　$2.4 \times 2.4 \times 2 = 11.52$（m²）

⑤J-5　$2.9 \times 2.9 \times 4 = 33.64$（m²）

⑥J-6　$2.9 \times 3.1 \times 1 = 8.99$（m²）

$$S = 2.88 + 8.00 + 14.52 + 11.52 + 33.64 + 8.99 = 79.55 \ (\text{m}^2)$$

3）截（凿）桩头：52根

（2）计价表格编制

分部分项工程和单价措施项目清单与计价表见表 2-30。

表 2-30　分部分项工程和单价措施项目清单与计价表

工程名称：某工程

序号	项目编号	项目名称	项目特征描述	计算单位	工程量	金额（元）			
						综合单价	合价	其中	
								暂估价	
1	010201008001	水泥粉煤灰碎石桩	1. 地层情况：三类土 2. 空桩长度、桩长：1.5m～2m、10m 3. 桩径：400mm 4. 成孔方法：振动沉管 5. 混合料强度等级：C20	m	520				
2	010201017001	褥垫层	1. 厚度：200mm 2. 材料品种及比例：人工级配砂石（最大粒径30mm），砂：碎石＝3：7	m²	79.55				
3	010301004001	截（凿）桩头	1. 桩类型：水泥粉煤灰碎石桩 2. 桩头截面、高度：400mm、0.5m 3. 混凝土强度等级：C20 4. 有无钢筋：无	根	52				

注：根据规范规定，可塑黏土和硬塑黏土为三类土。

【例 2-19】　　某边坡工程采用土钉支护，根据岩土工程勘察报告，地层为带块石的碎石土，土钉成孔直径为 90mm，采用 1 根 HRB335、直径 25mm 的钢筋作为杆体，成孔深度均为 10.0m，土钉入射倾角为 15°，杆筋送入钻孔后，灌注 M30 水泥砂浆。混凝土面板采用 C20 喷射混凝土，厚度为 120mm，如图 2-29 所示。试列出该边坡分部分项工程量清单（不考虑挂网及锚杆、喷射平台等内容）。

图 2-29　AD 段边坡构造示意图（mm）

【解】

（1）清单工程量计算

1）土钉：91 根

2）喷射混凝土

①AB 段 $S_1 = 8 \div \sin\dfrac{\pi}{3} \times 15 \approx 138.56$（m²）

②BC 段 $S_2 = (10+8) \div 2 \div \sin\dfrac{\pi}{3} \times 4 \approx 41.57$（m²）

③CD 段 $S_3 = 10 \div \sin\dfrac{\pi}{3} \times 20 \approx 230.94$（m²）

$$S = 138.56 + 41.57 + 230.94 = 411.07 \text{（m}^2\text{）}$$

（2）计价表格编制

分部分项工程和单价措施项目清单与计价表见表 2-31。

表 2-31　分部分项工程和单价措施项目清单与计价表

工程名称：某工程

序号	项目编号	项目名称	项目特征描述	计算单位	工程量	综合单价	合价	暂估价
1	010202008001	土钉	1. 地层情况：四类土 2. 钻孔深度：10m 3. 钻孔直径：90mm 4. 置入方法：钻孔置入 5. 杆体材料品种、规格、数量：1 根 HRB335，直径 25mm 的钢筋 6. 浆液种类、强度等级：M30 水泥砂浆	根	91			
2	010202009001	喷射混凝土	1. 部位：AD 段边坡 2. 厚度：120mm 3. 材料种类：喷射混凝土 4. 混凝土（砂浆）种类、强度等级：C20	m²	411.07			

注：根据规范规定，碎石上为四类土。

2.6　桩基工程工程量计算及清单编制实例

2.6.1　桩基工程清单工程量计算规则

1. 打桩

打桩工程量清单项目设置、项目特征描述的内容、计量单位及工程量计算规则，应按表 2-32 的规定执行。

表 2-32　打桩（编码：010301）

项目编码	项目名称	项目特征	计量单位	工程量计算规则	工作内容
010301001	预制钢筋混凝土方桩	1. 地层情况 2. 送桩深度、桩长 3. 桩截面 4. 桩倾斜度 5. 沉桩方法 6. 接桩方式 7. 混凝土强度等级	1. m 2. m³ 3. 根	1. 以米计量，按设计图示尺寸以桩长（包括桩尖）计算	1. 工作平台搭拆 2. 桩机竖拆、移位 3. 沉桩 4. 接桩 5. 送桩

续表 2-32

项目编码	项目名称	项目特征	计量单位	工程量计算规则	工作内容
010301002	预制钢筋混凝土管桩	1. 地层情况 2. 送桩深度、桩长 3. 桩外径、壁厚 4. 桩倾斜度 5. 混凝土强度等级 6. 填充材料种类 7. 防护材料种类	1. m 2. m³ 3. 根	2. 以立方米计量，按设计图示截面积乘以桩长（包括桩尖）以实体积计算 3. 以根计量，按设计图示数量计算	1. 工作平台搭拆 2. 桩机竖拆、移位 3. 沉桩 4. 接桩 5. 送桩 6. 桩尖制作安装 7. 填充材料、刷防护材料
010301003	钢管桩	1. 地层情况 2. 送桩深度、桩长 3. 材质 4. 管径、壁厚 5. 桩倾斜度 6. 沉桩方法 7. 填充材料种类 8. 防护材料种类	1. t 2. 根	1. 以吨计量，按设计图示尺寸以质量计算 2. 以根计量，按设计图示数量计算	1. 工作平台搭拆 2. 桩机竖拆、移位 3. 沉桩 4. 接桩 5. 送桩 6. 切割钢管、精割盖帽 7. 管内取土 8. 填充材料、刷防护材料
010301004	截（凿）桩头	1. 桩类型 2. 桩头截面、高度 3. 混凝土强度等级 4. 有无钢筋	1. m³ 2. 根	1. 以立方米计量，按设计桩截面乘以桩头长度以体积计算 2. 以根计量，按设计图示数量计算	1. 截（切割）桩头 2. 凿平 3. 废料外运

注：1. 地层情况按表 2-6 和表 2-12 的规定，并根据岩土工程勘察报告按单位工程各地层所占比例（包括范围值）进行描述。对无法准确描述的地层情况，可注明由投标人根据岩土工程勘察报告自行决定报价。

2. 土壤级别按表 2-33 确定。

3. 项目特征中的桩截面、混凝土强度等级、桩类型等可直接用标准图代号或设计桩型进行描述。

4. 预制钢筋混凝土方桩、预制钢筋混凝土管桩项目以成品桩编制，应包括成品桩购置费，如果用现场预制，应包括现场预制桩的所有费用。

5. 打试验桩和打斜桩应按相应项目单独列项，并应在项目特征中注明试验桩或斜桩（斜率）。

6. 截（凿）桩头项目适用于"地基处理与边坡支护工程"、"桩基工程"所列桩的桩头截（凿）。

7. 预制钢筋混凝土管桩桩顶与承台的连接构造按"混凝土及钢筋混凝土工程"相关项目列项。

表2-33　土质鉴别表

内容		土壤级别	
		一级土	二级土
砂夹层	砂层连续厚度	＜1m	＞1m
	砂层中卵石含量	—	＜15％
物理性能	压缩系数	＞0.02	＜0.02
	孔隙比	＞0.7	＜0.7
力学性能	静力触探值	＜50	＞50
	动力触探系数	＜12	＞12
每米纯沉桩时间平均值		＜2min	＞2min
说明		桩经外力作用较易沉入的土，土壤中夹有较薄的砂层	桩经外力作用较难沉入的土，土壤中夹有不超过3m的连续厚度砂层

2. 灌注桩

灌注桩工程量清单项目设置、项目特征描述的内容、计量单位及工程量计算规则，应按表2-34的规定执行。

表2-34　灌注桩（编码：010302）

项目编码	项目名称	项目特征	计量单位	工程量计算规则	工作内容
010302001	泥浆护壁成孔灌注桩	1. 地层情况 2. 空桩长度、桩长 3. 桩径 4. 成孔方法 5. 护筒类型、长度 6. 混凝土类别、强度等级	1. m 2. m³ 3. 根	1. 以米计量，按设计图示尺寸以桩长（包括桩尖）计算 2. 以立方米计量，按不同截面在桩上范围内以体积计算 3. 以根计量，按设计图示数量计算	1. 护筒埋设 2. 成孔、固壁 3. 混凝土制作、运输、灌注、养护 4. 土方、废泥浆外运 5. 打桩场地硬化及泥浆池、泥浆沟
010302002	沉管、灌注桩	1. 地层情况 2. 空桩长度、桩长 3. 复打长度 4. 桩径 5. 沉管方法 6. 桩尖类型 7. 混凝土类别、强度等级			1. 打（沉）拔钢管 2. 桩尖制作、安装 3. 混凝土制作、运输、灌注、养护
010302003	干作业成孔灌注桩	1. 地层情况 2. 空桩长度、桩长 3. 桩径 4. 扩孔直径、高度 5. 成孔方法 6. 混凝土类别、强度等级			1. 成孔、扩孔 2. 混凝土制作、运输、灌注、振捣、养护

续表 2-34

项目编码	项目名称	项目特征	计量单位	工程量计算规则	工作内容
010302004	挖孔桩土（石）方	1. 土（石）类别 2. 挖孔深度 3. 弃土（石）运距	m³	按设计图示尺寸（含护壁）截面积乘以挖孔深度以立方米计算	1. 排地表水 2. 挖土、凿石 3. 基底钎探 4. 运输
010302005	人工挖孔灌注桩	1. 桩芯长度 2. 桩芯直径、扩底直径、扩底高度 3. 护壁厚度、高度 4. 护壁混凝土类别、强度等级 5. 桩芯混凝土类别、强度等级	1. m³ 2. 根	1. 以立方米计量，按桩芯混凝土体积计算 2. 以根计量，按设计图示数量计算	1. 护壁制作 2. 混凝土制作、运输、灌注、振捣、养护
010302006	钻孔压浆桩	1. 地层情况 2. 空钻长度、桩长 3. 钻孔直径 4. 水泥强度等级	1. m 2. 根	1. 以米计量，按设计图示尺寸以桩长计算 2. 以根计量，按设计图示数量计算	钻孔、下注浆管、投放骨料、浆液制作、运输、压浆
010302007	桩底注浆	1. 注浆导管材料、规格 2. 注浆导管长度 3. 单孔注浆量 4. 水泥强度等级	孔	按设计图示以注浆孔数计算	1. 注浆导管制作、安装 2. 浆液制作、运输、压浆

注：1. 地层情况按表 2-6 和表 2-12 的规定，并根据岩土工程勘察报告按单位工程各地层所占比例（包括范围值）进行描述。对无法准确描述的地层情况，可注明由投标人根据岩土工程勘察报告自行决定报价。

2. 项目特征中的桩长应包括桩尖，空桩长度＝孔深－桩长，孔深为自然地面至设计桩底的深度。

3. 项目特征中的桩截面（桩径）、混凝土强度等级、桩类型等可直接用标准图代号或设计桩型进行描述。

4. 泥浆护壁成孔灌注桩是指在泥浆护壁条件下成孔，采用水下灌注混凝土的桩。其成孔方法包括冲击钻成孔、冲抓锥成孔、回旋钻成孔、潜水钻成孔、泥浆护壁的旋挖成孔等。

5. 沉管灌注桩的沉管方法包括锤击沉管法、振动沉管法、振动冲击沉管法、内夯沉管法等。

6. 干作业成孔灌注桩是指不用泥浆护壁和套管护壁的情况下，用钻机成孔后，下钢筋笼，灌注混凝土的桩，适用于地下水位以上的土层使用。其成孔方法包括螺旋钻成孔、螺旋钻成孔扩底、干作业的旋挖成孔等。

7. 混凝土种类：指清水混凝土、彩色混凝土、水下混凝土等，如在同一地区既使用预拌（商品）混凝土，又允许现场搅拌混凝土时，也应注明（下同）。

8. 混凝土灌注桩的钢筋笼制作、安装，按"混凝土及钢筋混凝土工程"中相关项目编码列项。

2.6.2 桩基工程定额工程量计算规则

1. 定额工程量计算规则

1）计算打桩（灌注桩）工程量前应确定下列事项：

①确定土质级别：依工程地质资料中的土层构造，土的物理、化学性质及每米沉桩时间鉴别适用定额土质级别。

②确定施工方法、工艺流程，采用机型，桩、土的泥浆运距。

2）打预制钢筋混凝土桩的体积，按设计桩长（包括桩尖，不扣除桩尖虚体积）乘以桩截面面积计算。管桩的空心体积应扣除。如管桩的空心部分按设计要求灌注混凝土或其他填充材料时，应另行计算。

3）接桩：电焊接桩按设计接头，以个计算，硫黄胶泥接桩截面以平方米计算。

4）送桩：按桩截面面积乘以送桩长度（即打桩架底至桩顶面高度或自桩顶面至自然地坪面另加0.5m）计算。

5）打拔钢板桩按钢板桩重量以吨计算。

6）打孔灌注桩：

①混凝土桩、砂桩、碎石桩的体积，按设计规定的桩长（包括桩尖，不扣除桩尖虚体积）乘以钢管管箍外径截面面积计算。

②扩大桩的体积按单桩体积乘以次数计算。

③打孔后先埋入预制混凝土桩尖，再灌注混凝土者，桩尖按《全国统一建筑工程预算工程量计算规则》GJD$_{GZ}$—101—1995中的钢筋混凝土章节规定计算体积，灌注桩按设计长度（自桩尖顶面至桩顶面高度）乘以钢管管箍外径截面面积计算。

7）钻孔灌注桩，按设计桩长（包括桩尖，不扣除桩尖虚体积）增加0.25m乘以设计断面面积计算。

8）灌注混凝土桩的钢筋笼制作依设计规定，按《全国统一建筑工程预算工程量计算规则》GJD$_{GZ}$—101—1995中的钢筋混凝土章节相应项目以吨计算。

9）泥浆运输工程量按钻孔体积以立方米计算。

10）其他：

①安、拆导向夹具，按设计图纸规定的水平延长米计算。

②桩架90°调面适用轨道式、走管式、导杆、筒式柴油打桩机，以次计算。

2. 定额工程量计算说明

1）定额适用于一般工业与民用建筑工程的桩基础，不适用于水工建筑、公路桥梁工程。

2）定额中土壤级别划分应根据工程地质资料中的土层构造和土壤物理、力学性能的有关指标，参考纯沉桩时间确定。凡遇有砂夹层者，应首先按砂层情况确定土级。无砂层者，按土壤物理力学性能指标并参考每米平均纯沉桩时间确定。用土壤力学性能指标鉴别土的级别时，桩长在12m以内，相当于桩长的1/3的土层厚度应达到所规定的指标。12m以外，按5m厚度确定。

3）除静力压桩外，均未包括接桩，如需接桩，除按相应打桩定额项目计算外，按设计要求另计算接桩项目。

4）单位工程打（灌）桩工程量在表 2-35 规定数量以内时，其人工、机械量按相应定额项目乘以系数 1.25 计算。

表 2-35　单位工程打（灌）桩工程量

项目	单位工程的工程量	项目	单位工程的工程量
钢筋混凝土方桩	150m³	打孔灌注混凝土桩	60m³
钢筋混凝土管桩	50m³	打孔灌注砂、石桩	60m³
钢筋混凝土板桩	50m³	钻孔灌注混凝土桩	100m³
钢板桩	50t	潜水钻孔灌注混凝土桩	100m³

5）焊接桩接头钢材用量，设计与定额用量不同时，可按设计用量换算。

6）打试验桩按相应定额项目的人工、机械乘以系数 2 计算。

7）打桩、打孔，桩间净距小于 4 倍桩径（桩边长）的，按相应定额项目中的人工、机械乘以系数 1.13。

8）定额以打直桩为准，如打斜桩斜度在 1∶6 以内者，按相应定额项目乘以系数 1.25，如斜度大于 1∶6 者，按相应定额项目人工、机械乘以系数 1.43。

9）定额以平地（坡度小于 15°）打桩为准，如在堤坡上（坡度大于 15°）打桩时，按相应定额项目人工、机械乘以系数 1.15。如在基坑内（基坑深度大于 1.5m）打桩或在地坪上打坑槽内（坑槽深度大于 1m）桩时，按相应定额项目人工、机械乘以系数 1.11。

10）定额各种灌注的材料用量中，均已包括表 2-36 规定的充盈系数和材料损耗，其中灌注砂石桩除上述充盈系数和损耗率外，还包括级配密实系数 1.334。

表 2-36　定额各种灌注的材料用量

项目名称	打孔灌注混凝土桩	钻孔灌注混凝土桩	打孔灌注砂桩	打孔灌注砂石桩
充盈系数	1.25	1.30	1.30	1.30
损耗率（%）	1.5	1.5	3	3

11）在桩间补桩或强夯后的地基打桩时，按相应定额项目人工、机械乘以系数 1.15。

12）打送桩时可按相应打桩定额项目综合工日及机械台班乘以表 2-37 规定的送桩深度系数计算。

表 2-37　送桩深度系数

送桩深度	2m 以内	2～4m	4m 以上
系数	1.25	1.43	1.67

13）金属周转材料中包括桩帽、送桩器、桩帽盖、活瓣桩尖、钢管、料斗等属于周转性使用的材料。

2.6.3　桩基工程工程量计算与清单编制实例

【例 2-20】　某工程现场人工挖孔扩底桩，形状大致如图 2-30 所示，试计算其工程量。

【解】

(1) 圆台

$$V_1 = \frac{1}{3} \times 3.14 \times 1.1 \times (0.5^2 + 0.6^2 + 0.5 \times 0.6) \times 7 \approx 7.33 \ (m^3)$$

(2) 扩大圆台

$$V_2 = \frac{1}{3} \times 3.14 \times 1.5 \times (0.6^2 + 0.95^2 + 0.6 \times 0.95) \approx 2.88 \ (m^3)$$

(3) 圆柱

$$V_3 = 3.14 \times 0.95^2 \times 0.15 \approx 0.43 \ (m^3)$$

(4) 球缺

$$V_4 = \frac{1}{6} \times 3.14 \times 0.8 \times (3 \times 0.95^2 + 0.6^2) \approx 1.28 \ (m^3)$$

(5) 总工程量

$$V = V_1 + V_2 + V_3 + V_4 = 7.33 + 2.88 + 0.43 + 1.28 = 11.92 \ (m^3)$$

【例 2-21】　在高压旋喷桩的施工过程中，土质为一类土，桩成孔孔径 $D = 500mm$，形状如图 2-31 所示，共需此桩 55 根，求其工程量，并套用定额。

图 2-30　人工挖孔扩底桩

图 2-31　高压旋喷桩尺寸

【解】

(1) 成孔

$$3.14 \times \frac{1}{4} \times 0.5^2 \times 17 \times 55 \approx 183.49 \ (m^3)$$

(2) 桩尖

$$\frac{1}{3} \times 3.14 \times \frac{1}{4} \times 0.5^2 \times 0.45 \approx 0.03 \ (m^3)$$

套用基础定额 5-436。

(3) 水泥浆制作

$$3.14 \times \frac{1}{4} \times 0.5^2 \times 17 \times 55 \times 1.02 \approx 187.16 \ (\text{m}^3)$$

（4）水泥浆运输

$$3.14 \times \frac{1}{4} \times 0.5^2 \times 17 \times 55 \times 1.015 \approx 186.25 \ (\text{m}^3)$$

套用基础定额 2-63，2-97。

【例 2-22】 某工程采用人工挖孔桩基础，设计情况如图 2-32 所示，桩数 10 根，桩端进入中风化泥岩不少于 1.5m，护壁混凝土采用现场搅拌，强度等级为 C25，桩芯采用商品混凝土，强度等级为 C25，土方采用场内转运。

图 2-32 某桩基工程示意图（mm）

地层情况自上而下为：卵石层（四类土）厚 5m～7m，强风化泥岩（极软岩）厚 3m～5m，以下为中风化泥岩（软岩）。试列出该桩基础分部分项工程量清单。

【解】

（1）清单工程量计算

1）挖孔桩土（石）方：

①直芯：$V_1 = \pi \times \left(\frac{1.15}{2}\right)^2 \times 10.9 \approx 11.32 \ (\text{m}^3)$

②扩大头：$V_2 = \frac{1}{3} \times 1 \times (\pi \times 0.4^2 + \pi \times 0.6^2 + \pi \times 0.4 \times 0.6) \approx 0.80 \ (\text{m}^3)$

③扩大头球冠：$V_3 = \pi \times 0.2^2 \times \left(R - \frac{0.2}{3}\right)$

$$R = \frac{0.6^2 + 0.2^2}{2 \times 0.2} = 1 \ (\text{m})$$

$$V_3 = 3.14 \times 0.2^2 \times \left(1 - \frac{0.2}{3}\right) \approx 0.12 \ (\text{m}^3)$$

$$V = (V_1 + V_2 + V_3) \times 10 = (11.32 + 0.8 + 0.12) \times 10 = 122.40 \ (\text{m}^3)$$

2）人工挖孔灌注桩：

①护桩壁 C20 混凝土：$V = \pi \times \left[\left(\frac{1.15}{2}\right)^2 - \left(\frac{0.875}{2}\right)^2\right] \times 10.9 \times 10 \approx 47.65 \ (\text{m}^3)$

②桩芯混凝土：$V=122.4-47.65=74.75$（m³）

（2）计价表格编制

分部分项工程和单价措施项目清单与计价表见表 2-38。

表 2-38　分部分项工程和单价措施项目清单与计价表

工程名称：某工程

序号	项目编号	项目名称	项目特征描述	计算单位	工程量	金额（元）		
						综合单价	合价	其中
								暂估价
1	010302004001	挖孔桩土（石）方	1. 土石类别：四类土厚 5m～7m，极软岩厚 3m～5m，软岩厚 1.5m 2. 挖孔深度：12.1m 3. 弃土（石）运距：场内转运	m³	122.40			
2	010302005001	人工挖孔灌注桩	1. 桩芯长度：12.1m 2. 桩芯直径：800mm，扩底直径：1200mm，扩底高度：1000mm 3. 护壁厚度：175mm/100mm，护壁高度：10.9m 4. 护壁混凝土种类、强度等级：现场搅拌 C25 5. 桩芯混凝土种类、强度等级：商品混凝土 C25	m³	74.75			

【例 2-23】　某工程采用排桩进行基坑支护，排桩采用旋挖钻孔灌注桩进行施工。场地地面标高为 495.50m～496.10m，旋挖桩桩径为 1000mm，桩长为 20m，采用水下商品混凝土 C30，桩顶标高为 493.50m。桩数为 206 根，超灌高度不少于 1m。根据地质情况，采用 5mm 厚钢护筒，护筒长度不少于 3m。

根据地质资料和设计情况，一、二类土约占 25%，三类土约占 20%，四类土约占 55%。试列出该排桩分部分项工程量清单。

【解】

（1）清单工程量计算

1）泥浆护壁成孔灌注桩（旋挖桩）：206 根

2）截（凿）桩头：

$$\pi \times 0.5^2 \times 1 \times 206 \approx 161.79（m³）$$

（2）计价表格编制

分部分项工程和单价措施项目清单与计价表见表 2-39。

表 2-39 分部分项工程和单价措施项目清单与计价表

工程名称：某工程

序号	项目编号	项目名称	项目特征描述	计算单位	工程量	综合单价	合价	其中暂估价
1	010302001001	泥浆护壁成孔灌注桩（旋挖桩）	1. 地层情况：一、二类土约占 25%，三类土约占 20%，四类土约占 55% 2. 空桩长度：2m～2.6m，桩长：20m 3. 桩径：1000mm 4. 成孔方法：旋挖钻孔 5. 护筒类型、长度：5mm 厚钢护筒，不少于 3m 6. 混凝土种类、强度等级：水下商品混凝土 C30	根	206			
2	010301004001	截（凿）桩头	1. 桩类型：旋挖桩 2. 桩头截面、高度：1000mm，不少于 1m 3. 混凝土强度等级：C30 4. 有无钢筋：有	m³	161.79			

【例 2-24】 预制钢筋混凝土桩：已知某工程用打桩机打入如图 2-33 所示钢筋混凝土预制方桩，共 30 根，确定其工程清单合价。

图 2-33 预制钢筋混凝土方桩

【解】

（1）清单工程量计算

$$V = 0.45 \times 0.45 \times (21+0.5) \times 30 \approx 130.61 \ (m^3)$$

（2）消耗量定额工程量计算

1）打桩：$V = 130.61 m^3$

2）桩制作：$V = 130.61 m^3$

3）混凝土集中搅拌：$V=0.45\times0.45\times(21+0.5)\times30\times1.01\times1.015\approx133.90$（m³）

4）混凝土运输：$V=133.90\text{m}^3$

（3）打混凝土方桩 30m 内

1）人工费：$70.18\times130.61/10\approx916.62$（元）

2）材料费：$49.75\times130.61/10\approx649.78$（元）

3）机械费：$912.77\times130.61/10\approx11921.69$（元）

（4）C254 预制混凝土方桩、板桩

1）人工费：$175.56\times130.61/10\approx2292.99$（元）

2）材料费：$1467.33\times130.61/10\approx19164.80$（元）

3）机械费：$59.75\times130.61/10\approx780.39$（元）

（5）场外集中搅拌混凝土

1）人工费：$13.2\times133.90/10\approx176.75$（元）

2）材料费：$8.5\times133.90/10\approx113.82$（元）

3）机械费：$101.38\times133.90/10\approx1357.48$（元）

（6）机动翻斗车运混凝土 1km 内

机械费：$27.46\times133.90/10\approx367.69$（元）

（7）综合

1）直接费合计：37742.01 元

2）管理费：$37742.01\times35\%\approx13209.70$（元）

3）利润：$37742.01\times5\%\approx1887.10$（元）

4）合价：52838.81 元

5）综合单价：$52838.81\div130.61\approx404.55$（元）

分部分项工程和单价措施项目清单与计价表、综合单价分析表见表 2-40、表 2-41。

表 2-40　分部分项工程量清单计价表

工程名称：预制钢筋混凝桩工程　　　　　　标段：　　　　　　　第　页　共　页

序号	项目编号	项目名称	项目特征描述	计量单位	工程量	金额（元）		
						综合单价	合价	其中
								暂估价
1	010301001001	预制钢筋混凝土方桩	1. 三类土 2. 送桩深度为 30m；桩长 21m 3. 桩截面：450mm×450mm 4. C30 混凝土	m³	130.61	404.55	52838.81	
合　　计							52838.81	

表 2-41　分部分项工程量清单综合单价计算表

工程名称：预制钢筋混凝桩工程　　　　　　标段：　　　　　　　　　　第　页　共　页

| 项目编码 | 010301001001 | 项目名称 | 预制钢筋混凝土方桩 | 计量单位 | m³ | 工程量 | 130.61 |

<table>
<tr><td colspan="11" align="center">综合单价组成明细</td></tr>
<tr>
<td rowspan="2">定额
编号</td>
<td rowspan="2">定额名称</td>
<td rowspan="2">定额
单位</td>
<td rowspan="2">数量</td>
<td colspan="4" align="center">单价（元）</td>
<td colspan="4" align="center">合价（元）</td>
</tr>
<tr>
<td>人工费</td><td>材料费</td><td>机械费</td><td>管理费
和利润</td>
<td>人工费</td><td>材料费</td><td>机械费</td><td>管理费
和利润</td>
</tr>
<tr>
<td>2-3-3</td><td>打混凝土
方桩 30m 内</td><td>10m³</td><td>0.1</td>
<td>70.18</td><td>49.75</td><td>912.77</td><td>413.08</td>
<td>7.02</td><td>4.98</td><td>91.28</td><td>41.31</td>
</tr>
<tr>
<td>4-3-1</td><td>C30 预制混凝土
方桩、板桩</td><td>10m³</td><td>0.1</td>
<td>175.56</td><td>1467.33</td><td>59.75</td><td>681.06</td>
<td>17.56</td><td>146.73</td><td>5.98</td><td>68.11</td>
</tr>
<tr>
<td>4-4-1</td><td>场外集中搅拌
混凝土</td><td>10m³</td><td>0.103</td>
<td>13.2</td><td>8.5</td><td>101.38</td><td>49.23</td>
<td>1.35</td><td>0.87</td><td>10.43</td><td>5.07</td>
</tr>
<tr>
<td>4-4-5</td><td>机动翻斗车运
混凝土 1km 内</td><td>10m³</td><td>0.103</td>
<td>—</td><td>—</td><td>27.46</td><td>10.98</td>
<td>—</td><td>—</td><td>2.82</td><td>1.13</td>
</tr>
<tr>
<td colspan="11">　</td>
</tr>
<tr>
<td colspan="3" align="center">人工单价</td>
<td colspan="4" align="center">小　　计</td>
<td>25.93</td><td>152.58</td><td>110.51</td><td>115.62</td>
</tr>
<tr>
<td colspan="3" align="center">28 元/工日</td>
<td colspan="4" align="center">未计价材料费</td>
<td colspan="4" align="center">—</td>
</tr>
<tr>
<td colspan="7" align="center">清单项目综合单价</td>
<td colspan="4" align="center">404.55</td>
</tr>
</table>

2.7　砌筑工程工程量计算及清单编制实例

2.7.1　砌筑工程清单工程量计算规则

1. 砖砌体

工程量清单项目设置、项目特征描述的内容、计量单位及工程量计算规则，应按表 2-42 的规定执行。

表 2-42　砖砌体（编码：010401）

项目编码	项目名称	项目特征	计量单位	工程量计算规则	工作内容
010401001	砖基础	1. 砖品种、规格、强度等级 2. 基础类型 3. 砂浆强度等级 4. 防潮层材料种类		按设计图示尺寸以体积计算 包括附墙垛基础宽出部分体积，扣除地梁（圈梁）、构造柱所占体积，不扣除基础大放脚 T 形接头处的重叠部分及嵌入基础内的钢筋、铁件、管道、基础砂浆防潮层和单个面积小于或等于 0.3m² 的孔洞所占体积，靠墙暖气沟的挑檐不增加 基础长度：外墙按外墙中心线，内墙按内墙净长线计算	1. 砂浆制作、运输 2. 砌砖 3. 防潮层铺设 4. 材料运输
010401002	砖砌挖孔桩护壁	1. 砖品种、规格、强度等级 2. 砂浆强度等级	m³	按设计图示尺寸以立方米计算	1. 砂浆制作、运输 2. 砌砖 3. 材料运输
010401003	实心砖墙	1. 砖品种、规格、强度等级 2. 墙体类型 3. 砂浆强度等级、配合比		按设计图示尺寸以体积计算 扣除门窗洞口、过人洞、空圈、嵌入墙内的钢筋混凝土柱、梁、圈梁、挑梁、过梁及凹进墙内的壁龛、管槽、暖气槽、消火栓箱所占体积，不扣除梁头、板头、檩头、垫木、木楞头、沿缘木、木砖、门窗走头、砖墙内加固钢筋、木筋、铁件、钢管及单个面积小于或等于 0.3m² 的孔洞所占的体积。凸出墙面的腰线、挑檐、压顶、窗台线、虎头砖、门窗套的体积亦不增加。凸出墙面的砖垛并入墙体体积内计算	1. 砂浆制作、运输 2. 砌砖 3. 刮缝 4. 砖压顶砌筑 5. 材料运输

续表 2-42

项目编码	项目名称	项目特征	计量单位	工程量计算规则	工作内容
010401004	多孔砖墙	1. 砖品种、规格、强度等级 2. 墙体类型 3. 砂浆强度等级、配合比	m³	1. 墙长度：外墙按中心线、内墙按净长计算 2. 墙高度： 1) 外墙：斜（坡）屋面无檐口天棚者算至屋面板底；有屋架且室内外均有天棚者算至屋架下弦底另加200mm；无天棚者算至屋架下弦底另加300mm，出檐宽度超过600mm时按实砌高度计算；与钢筋混凝土楼板隔层者算至板顶。平屋顶算至钢筋混凝土板底 2) 内墙：位于屋架下弦者，算至屋架下弦底，无屋架者算至天棚底另加100mm；有钢筋混凝土楼板隔层者算至楼板顶；有框架梁时算至梁底 3) 女儿墙：从屋面板上表面算至女儿墙顶面（如有混凝土压顶时算至压顶下表面） 4) 内、外山墙：按其平均高度计算 3. 框架间墙：不分内外墙按墙体净尺寸以体积计算 4. 围墙：高度算至压顶上表面（如有混凝土压顶时算至压顶下表面），围墙柱并入围墙体积内	1. 砂浆制作、运输 2. 砌砖 3. 刮缝 4. 砖压顶砌筑 5. 材料运输
010401005	空心砖墙				
010401006	空斗墙	1. 砖品种、规格、强度等级 2. 墙体类型 3. 砂浆强度等级、配合比		按设计图示尺寸以空斗墙外形体积计算。墙角、内外墙交接处、门窗洞口立边、窗台砖、屋檐处的实砌部分体积并入空斗墙体积内	1. 砂浆制作、运输 2. 砌砖 3. 装填充料 4. 刮缝 5. 材料运输
010401007	空花墙			按设计图示尺寸以空花部分外形体积计算，不扣除空洞部分体积	

续表 2-42

项目编码	项目名称	项目特征	计量单位	工程量计算规则	工作内容
010404008	填充墙	1. 砖品种、规格、强度等级 2. 墙体类型 3. 填充材料种类及厚度 4. 砂浆强度等级、配合比	m³	按设计图示尺寸以填充墙外形体积计算	1. 砂浆制作、运输 2. 砌砖 3. 装填充料 4. 刮缝 5. 材料运输
010401009	实心砖柱	1. 砖品种、规格、强度等级 2. 柱类型 3. 砂浆强度等级、配合比		按设计图示尺寸以体积计算。扣除混凝土及钢筋混凝土梁垫、梁头、板头所占体积	1. 砂浆制作运输 2. 砌砖 3. 刮缝 4. 材料运输
010404010	多孔砖柱				
010404011	砖检查井	1. 井截面、深度 2. 砖品种、规格、强度等级 3. 垫层材料种类、厚度 4. 底板厚度 5. 井盖安装 6. 混凝土强度等级 7. 砂浆强度等级 8. 防潮层材料种类	座	按设计图示数量计算	1. 砂浆制作、运输 2. 铺设垫层 3. 底板混凝土制作、运输、浇筑、振捣、养护 4. 砌砖 5. 刮缝 6. 井池底、壁抹灰 7. 抹防潮层 8. 材料运输
010404012	零星砌砖	1. 零星砌砖名称、部位 2. 砂浆强度等级、配合比 3. 砂浆强度等级、配合比	1. m³ 2. m² 3. m 4. 个	1. 以立方米计量，按设计图示尺寸截面积乘以长度计算 2. 以平方米计量，按设计图示尺寸水平投影面积计算 3. 以米计量，按设计图示尺寸长度计算 4. 以个计量，按设计图示数量计算	1. 砂浆制作、运输 2. 砌砖 3. 刮缝 4. 材料运输

续表 2-42

项目编码	项目名称	项目特征	计量单位	工程量计算规则	工作内容
010404013	砖散水、地坪	1. 砖品种、规格、强度等级 2. 垫层材料种类、厚度 3. 散水、地坪厚度 4. 面层种类、厚度 5. 砂浆强度等级	m²	按设计图示尺寸以面积计算	1. 土方挖、运、填 2. 地基找平、夯实 3. 铺设垫层 4. 砌砖散水、地坪 5. 抹砂浆面层
010404014	砖地沟、明沟	1. 砖品种、规格、强度等级 2. 沟截面尺寸 3. 垫层材料种类、厚度 4. 混凝土强度等级 5. 砂浆强度等级	m	以米计量，按设计图示以中心线长度计算	1. 土方挖、运、填 2. 铺设垫层 3. 底板混凝土制作、运输、浇筑、振捣、养护 4. 砌砖 5. 刮缝、抹灰 6. 材料运输

注：1. "砖基础" 项目适用于各种类型砖基础：柱基础、墙基础、管道基础等。

2. 基础与墙（柱）身使用同一种材料时，以设计室内地面为界（有地下室者，以地下室室内设计地面为界），以下为基础，以上为墙（柱）身。基础与墙身使用不同材料时，位于设计室内地面高度小于或等于 ±300mm 时，以不同材料为分界线，高度大于 ±300mm 时，以设计室内地面为分界线。

3. 砖围墙以设计室外地坪为界，以下为基础，以上为墙身。

4. 框架外表面的镶贴砖部分，按零星项目编码列项。

5. 附墙烟囱、通风道、垃圾道应按设计图示尺寸以体积（扣除孔洞所占体积）计算并入所附的墙体体积内。当设计规定孔洞内需抹灰时，应按《房屋建筑与装饰工程工程量计算规范》GB 50854—2013 附录 M 中零星抹灰项目编码列项。

6. 空斗墙的窗间墙、窗台下、楼板下、梁头下等的实砌部分，按零星砌砖项目编码列项。

7. "空花墙" 项目适用于各种类型的空花墙，使用混凝土花格砌筑的空花墙，实砌墙体与混凝土花格应分别计算，混凝土花格按混凝土及钢筋混凝土中预制构件相关项目编码列项。

8. 台阶、台阶挡墙、梯带、锅台、炉灶、蹲台、池槽、池槽腿、砖胎模、花台、花池、楼梯栏板、阳台栏板、地垄墙、小于或等于 0.3m² 的孔洞填塞等，应按零星砌砖项目编码列项。砖砌锅台与炉灶可按外形尺寸以个计算，砖砌台阶可按水平投影面积以平方米计算，小便槽、地垄墙可按长度计算，其他工程以立方米计算。

9. 砖砌体内钢筋加固，应按 "混凝土及钢筋混凝土工程" 中相关项目编码列项。

10. 砖砌体勾缝按 "墙、柱面装饰与隔断幕墙工程" 中相关项目编码列项。

11. 检查井内的爬梯按 "混凝土及钢筋混凝土工程" 中相关项目编码列项；井内的混凝土构件按 "混凝土及钢筋混凝土工程" 中混凝土及钢筋混凝土预制构件编码列项。

12. 如施工图设计标注做法见标准图集时，应在项目特征描述中注明标注图集的编码、页号及节点大样。

2. 砌块砌体

砌块砌体工程量清单项目设置、项目特征描述的内容、计量单位及工程量计算规则，应按表 2-43 的规定执行。

表 2-43　砌块砌体（编码：010402）

项目编码	项目名称	项目特征	计量单位	工程量计算规则	工作内容
010402001	砌块墙	1. 砌块品种、规格、强度等级 2. 墙体类型 3. 砂浆强度等级	m³	按设计图示尺寸以体积计算 扣除门窗洞口、过人洞、空圈、嵌入墙内的钢筋混凝土柱、梁、圈梁、挑梁、过梁及凹进墙内的壁龛、管槽、暖气槽、消火栓箱所占体积，不扣除梁头、板头、檩头、垫木、木楞头、沿缘木、木砖、门窗走头、砌块墙内加固钢筋、木筋、铁件、钢管及单个面积小于或等于 0.3m² 的孔洞所占的体积。凸出墙面的腰线、挑檐、压顶、窗台线、虎头砖、门窗套的体积亦不增加。凸出墙面的砖垛并入墙体体积内计算 1. 墙长度：外墙按中心线、内墙按净长计算 2. 墙高度： 1）外墙：斜（坡）屋面无檐口天棚者算至屋面板底；有屋架且室内外均有天棚者算至屋架下弦底另加 200mm；无天棚者算至屋架下弦底另加 300mm，出檐宽度超过 600mm 时按实砌高度计算；与钢筋混凝土楼板隔层者算至板顶；平屋面算至钢筋混凝土板底 2）内墙：位于屋架下弦者，算至屋架下弦底；无屋架者算至天棚底另加 100mm；有钢筋混凝土楼板隔层者算至楼板顶；有框架梁时算至梁底	1. 砂浆制作、运输 2. 砌砖、砌块 3. 勾缝 4. 材料运输

续表 2-43

项目编码	项目名称	项目特征	计量单位	工程量计算规则	工作内容
010402001	砌块墙	1. 砌块品种、规格、强度等级 2. 墙体类型 3. 砂浆强度等级	m³	3）女儿墙：从屋面板上表面算至女儿墙顶面（如有混凝土压顶时算至压顶下表面） 4）内、外山墙：按其平均高度计算 3. 框架间墙：不分内外墙按墙体净尺寸以体积计算 4. 围墙：高度算至压顶上表面（如有混凝土压顶时算至压顶下表面），围墙柱并入围墙体积内	1. 砂浆制作、运输 2. 砌砖、砌块 3. 勾缝 4. 材料运输
010402002	砌块柱	1. 砖品种、规格、强度等级 2. 墙体类型 3. 砂浆强度等级	m³	按设计图示尺寸以体积计算 扣除混凝土及钢筋混凝土梁垫、梁头、板头所占体积	

注：1. 砌体内加筋、墙体拉结的制作、安装，应按"混凝土及钢筋混凝土工程"中相关项目编码列项。

2. 砌块排列应上、下错缝搭砌，如果搭错缝长度满足不了规定的压搭要求，应采取压砌钢筋网片的措施，具体构造要求按设计规定。若设计无规定时，应注明由投标人根据工程实际情况自行考虑；钢筋网片按"金属结构工程"中相应编码列项。

3. 砌体垂直灰缝宽大于 30mm 时，采用 C20 细石混凝土灌实。灌注的混凝土应按"混凝土及钢筋混凝土工程"相关项目编码列项。

3. 石砌体

工程量清单项目设置、项目特征描述的内容、计量单位及工程量计算规则，应按表 2-44 的规定执行。

表 2-44　石砌体（编码：010403）

项目编码	项目名称	项目特征	计量单位	工程量计算规则	工作内容
010403001	石基础	1. 石料种类、规格 2. 基础类型 3. 砂浆强度等级	m³	按设计图示尺寸以体积计算 包括附墙垛基础宽出部分体积，不扣除基础砂浆防潮层及单个面积小于或等于 0.3m² 的孔洞所占体积，靠墙暖气沟的挑檐不增加体积。基础长度：外墙按中心线，内墙按净长计算	1. 砂浆制作、运输 2. 吊装 3. 砌石 4. 防潮层铺设 5. 材料运输

续表 2-44

项目编码	项目名称	项目特征	计量单位	工程量计算规则	工作内容
010403002	石勒脚	1. 石料种类、规格 2. 石表面加工要求 3. 勾缝要求 4. 砂浆强度等级、配合比		按设计图示尺寸以体积计算，扣除单个面积大于0.3m²的孔洞所占的体积	1. 砂浆制作、运输 2. 吊装 3. 砌石 4. 石表面加工 5. 勾缝 6. 材料运输
010403003	石墙	1. 石料种类、规格 2. 石表面加工要求 3. 勾缝要求 4. 砂浆强度等级、配合比	m³	按设计图示尺寸以体积计算 扣除门窗洞口、过人洞、空圈、嵌入墙内的钢筋混凝土柱、梁、圈梁、挑梁、过梁及凹进墙内的壁龛、管槽、暖气槽、消火栓箱所占体积，不扣除梁头、板头、檩头、垫木、木楞头、沿缘木、木砖、门窗走头、石墙内加固钢筋、木筋、铁件、钢管及单个面积小于或等于0.3m²的孔洞所占的体积。凸出墙面的腰线、挑檐、压顶、窗台线、虎头砖、门窗套的体积亦不增加。凸出墙面的砖垛并入墙体体积内计算 1. 墙长度：外墙按中心线、内墙按净长计算 2. 墙高度： 1）外墙：斜（坡）屋面无檐口天棚者算至屋面板底；有屋架且室内外均有天棚者算至屋架下弦底另加200mm；无天棚者算至屋架下弦底另加300mm，出檐宽度超过600mm时按实砌高度计算；平屋顶算至钢筋混凝土板底 2）内墙：位于屋架下弦者，算至屋架下弦底；无屋架者算至天棚底另加100mm;	1. 砂浆制作、运输 2. 吊装 3. 砌石 4. 石表面加工 5. 勾缝 6. 材料运输

续表 2-44

项目编码	项目名称	项目特征	计量单位	工程量计算规则	工作内容
010403003	石墙	1. 石料种类、规格 2. 石表面加工要求 3. 勾缝要求 4. 砂浆强度等级、配合比	m³	有钢筋混凝土楼板隔层者算至楼板顶；有框架梁时算至梁底 3）女儿墙：从屋面板上表面算至女儿墙顶面（如有混凝土压顶时算至压顶下表面） 4）内、外山墙：按其平均高度计算 3. 围墙：高度算至压顶上表面（如有混凝土压顶时算至压顶下表面），围墙柱并入围墙体积内	1. 砂浆制作、运输 2. 吊装 3. 砌石 4. 石表面加工 5. 勾缝 6. 材料运输
010403004	挡土墙	1. 石料种类、规格 2. 石表面加工要求 3. 勾缝要求 4. 砂浆强度等级、配合比		按设计图示尺寸以体积计算	1. 砂浆制作、运输 2. 吊装 3. 砌石 4. 变形缝、泄水孔、压顶抹灰 5. 滤水层 6. 勾缝 7. 材料运输
010403005	石柱				1. 砂浆制作、运输 2. 吊装 3. 砌石 4. 石表面加工 5. 勾缝 6. 材料运输
010403006	石栏杆		m	按设计图示以长度计算	
010403007	石护坡	1. 垫层材料种类、厚度 2. 石料种类、规格 3. 护坡厚度、高度 4. 石表面加工要求 5. 勾缝要求 6. 砂浆强度等级、配合比	m³	按设计图示尺寸以体积计算	
010403008	石台阶				1. 铺设垫层 2. 石料加工 3. 砂浆制作、运输 4. 砌石 5. 石表面加工 6. 勾缝 7. 材料运输
010403009	石坡道		m²	按设计图示以水平投影面积计算	

续表 2-44

项目编码	项目名称	项目特征	计量单位	工程量计算规则	工作内容
010403010	石地沟、明沟	1. 沟截面尺寸 2. 土壤类别、运距 3. 垫层材料种类、厚度 4. 石料种类、规格 5. 石表面加工要求 6. 勾缝要求 7. 砂浆强度等级、配合比	m	按设计图示以中心线长度计算	1. 土方挖、运 2. 砂浆制作、运输 3. 铺设垫层 4. 砌石 5. 石表面加工 6. 勾缝 7. 回填 8. 材料运输

注：1. 石基础、石勒脚、石墙的划分：基础与勒脚应以设计室外地坪为界。勒脚与墙身应以设计室内地面为界。石围墙内外地坪标高不同时，应以较低地坪标高为界，以下为基础；内外标高之差为挡土墙时，挡土墙以上为墙身。

2. "石基础"项目适用于各种规格（粗料石、细料石等）、各种材质（砂石、青石等）和各种类型（柱基、墙基、直形、弧形等）基础。

3. "石勒脚"、"石墙"项目适用于各种规格（粗料石、细料石等）、各种材质（砂石、青石、大理石、花岗石等）和各种类型（直形、弧形等）勒脚和墙体。

4. "石挡土墙"项目适用于各种规格（粗料石、细料石、块石、毛石、卵石等）、各种材质（砂石、青石、石灰石等）和各种类型（直形、弧形、台阶形等）挡土墙。

5. "石柱"项目适用于各种规格、各种石质、各种类型的石柱。

6. "石栏杆"项目适用于无雕饰的一般石栏杆。

7. "石护坡"项目适用于各种石质和各种石料（粗料石、细料石、片石、块石、毛石、卵石等）。

8. "石台阶"项目包括石梯带（垂带），不包括石梯膀，石梯膀应按"桩基工程"石挡土墙项目编码列项。

9. 如施工图设计标注做法见标准图集时，应在项目特征描述中注明标注图集的编码、页号及节点大样。

4. 垫层

工程量清单项目设置、项目特征描述的内容、计量单位及工程量计算规则，应按表 2-45 的规定执行。

表 2-45　垫层（编码：010404）

项目编码	项目名称	项目特征	计量单位	工程量计算规则	工作内容
010404001	垫层	垫层材料种类、配合比、厚度	m³	按设计图示尺寸以立方米计算	1. 垫层材料的拌制 2. 垫层铺设 3. 材料运输

注：除混凝土垫层应按"混凝土及钢筋混凝土工程"中相关项目编码列项外，没有包括垫层要求的清单项目应按"垫层"项目编码列项。

5. 砌筑工程清单相关问题及说明

1）标准砖尺寸应为 240mm×115mm×53mm。

2）标准砖墙厚度应按表 2-46 计算。

表 2-46 标准墙计算厚度表

砖数（厚度）	1/4	1/2	3/4	1	$1\frac{1}{2}$	2	$2\frac{1}{2}$	3
计算厚度/mm	53	115	180	240	365	490	615	740

2.7.2 砌筑工程定额工程量计算规则

1. 定额工程量计算规则

(1) 砖基础

1）基础与墙身（柱身）的划分：

①基础与墙（柱）身使用同一种材料时，以设计室内地面为界（有地下室者，以地下室室内设计地面为界），以下为基础，以上为墙（柱）身。

②基础与墙身使用不同材料时，位于设计室内地面±300mm 以内时，以不同材料为分界线，超过±300mm 时，以设计室内地面为分界线。

③砖、石围墙，以设计室外地坪为界线，以下为基础，以上为墙身。

2）基础长度：

①外墙墙基按外墙中心线长度计算；内墙墙基按内墙净长计算。基础大放脚 T 形接头处的重叠部分以及嵌入基础的钢筋、铁件、管道、基础防潮层及单个面积在 0.3m² 以内孔洞所占体积不予扣除，但靠墙暖气沟的挑檐也不增加。附墙垛基础宽出部分体积应并入基础工程量内。

②砖砌挖孔桩护壁工程量按实砌体积计算。

(2) 砖砌体

1）一般规则：

①计算墙体时，应扣除门窗洞口、过人洞、空圈、嵌入墙身的钢筋混凝土柱、梁（包括过梁、圈梁、挑梁）、砖砌平拱和暖气包壁龛及内墙板头的体积，不扣除梁头、外墙板头、檩头、垫木、木楞头、沿椽木、木砖、门窗走头、砖墙内的加固钢筋、木筋、铁件、钢管及每个面积在 0.3m² 以下的孔洞等所占的体积，突出墙面的窗台虎头砖、压顶线、山墙泛水、烟囱根、门窗套及三皮砖以内的腰线和挑檐等体积也不增加。

②砖垛、三皮砖以上的腰线和挑檐等体积，并入墙身体积内计算。

③附墙烟囱（包括附墙通风道、垃圾道）按其外形体积计算，并入所依附的墙体积内，不扣除每一个孔洞横截面在 0.1m² 以下的体积，但孔洞内的抹灰工程量也不增加。

④女儿墙高度，自外墙顶面至图示女儿墙顶面高度，分别按不同墙厚并入外墙计算。

⑤砖平拱、平砌砖过梁按图示尺寸以立方米计算。如设计无规定时，砖砌平拱按门窗洞口宽度两端共加 100mm，乘以高度（门窗洞口宽小于 1500mm 时，高度为 240mm；大于 1500mm 时，高度为 365mm）计算；平砌砖过梁按门窗洞口宽度两端共加 500mm，高

度按 440mm 计算。

2）砌体厚度计算：

①标准砖以 240mm×115mm×53mm 为准，砌体计算厚度，按表 2-46 采用。

②使用非标准砖时，其砌体厚度应按砖实际规格和设计厚度计算。

3）墙的长度计算。外墙长度按外墙中心线长度计算，内墙长度按内墙净长线计算。

4）墙身高度的计算：

①外墙墙身高度：斜（坡）屋面无檐口顶棚者算至屋面板底，如图 2-34 所示；有屋架，且室内外均有顶棚者，算至屋架下弦底面另加 200mm，如图 2-35 所示；无顶棚者算至屋架下弦底加 300mm；出檐宽度超过 600mm 时，应按实砌高度计算；平屋面算至钢筋混凝土板底，如图 2-36 所示。

图 2-34　斜坡屋面无檐口顶棚者墙身高度计算　　**图 2-35　有屋架，且室内外均有顶棚者墙身高度计算**

图 2-36　无顶棚者墙身高度计算

②内墙墙身高度：位于屋架下弦者，其高度算至屋架底；无屋架者算至顶棚底另加 100mm；有钢筋混凝土楼板隔层者算至板底；有框架梁时算至梁底面。

③内、外山墙，墙身高度：按其平均高度计算。

5）框架间砌体工程量的计算。框架间砌体工程量分别按内外墙以框架间的净空面积乘以墙厚计算，框架外表镶贴砖部分也并入框架间砌体工程量内计算。

6）空花墙。空花墙按空花部分外形体积以立方米计算，空花部分不予扣除，其中实体部分以立方米另行计算。

7）空斗墙。空斗墙按外形尺寸以立方米计算。

墙角、内外墙交接处，门窗洞口立边，窗台砖及屋檐处的实砌部分已包括在定额内，不另行计算，但窗间墙、窗台下、楼板下、梁头下等实砌部分，应另行计算，套零星砌体定额项目。

8）多孔砖、空心砖。多孔砖、空心砖按图示厚度以立方米计算，不扣除其孔、空心部分体积。

9）填充墙。填充墙按外形尺寸计算，以立方米计，其中实砌部分已包括在定额内，不另计算。

10) 加气混凝土墙。硅酸盐砌块墙、小型空心砌块墙，按图示尺寸以立方米计算。按设计规定需要镶嵌砖砌体部分已包括在定额内，不另计算。

11) 其他砖砌体：

①砖砌锅台、炉灶，不分大小，均按图示外形尺寸以立方米计算，不扣除各种空洞的体积。

②砖砌台阶（不包括梯带）按水平投影面积以立方米计算。

③厕所蹲台、水槽腿、灯箱、垃圾箱、台阶挡墙或梯带、花台、花池、地垄墙及支撑地楞的砖墩，房上烟囱、屋面架空隔热层砖墩及毛石墙的门窗立边，窗台虎头砖等实砌体积，以立方米计算，套用零星砌体定额项目。

④检查井及化粪池不分壁厚均以立方米计算，洞口上的砖平拱碹等并入砌体体积内计算。

⑤砖砌地沟不分墙基、墙身合并以立方米计算。石砌地沟按其中心线长度以延长米计算。

(3) 砖构筑物

1) 砖烟囱：

①筒身，圆形、方形均按图示筒壁平均中心线周长乘以厚度并扣除筒身各种孔洞、钢筋混凝土圈梁、过梁等体积，以立方米计算，其筒壁周长不同时可按下式分段计算：

$$V = \sum H \times C \times \pi D \tag{2-3}$$

式中 V——筒身体积；

H——每段筒身垂直高度；

C——每段筒壁厚度；

D——每段筒壁中心线的平均直径。

②烟道、烟囱内衬按不同内衬材料并扣除孔洞后，以图示实体积计算。

③烟囱内壁表面隔热层，按筒身内壁并扣除各种孔洞后的面积以立方米计算；填料按烟囱内衬与筒身之间的中心线平均周长乘以图示宽度和筒高，并扣除各种孔洞所占体积（但不扣除连接横砖及防沉带的体积）后以立方米计算。

④烟道砌砖：烟道与炉体的划分以第一道闸门为界，炉体内的烟道部分列入炉体工程量计算。

2) 砖砌水塔：

①水塔基础与塔身划分：以砖砌体的扩大部分顶面为界，以上为塔身，以下为基础，分别套相应基础砌体定额。

②塔身以图示实砌体积计算，并扣除门窗洞口和混凝土构件所占的体积，砖平拱碹及砖出檐等并入塔身体积内计算，套水塔砌筑定额。

③砖水箱内外壁，不分壁厚，均以图示实砌体积计算，套相应的内外砖墙定额。

3) 砌体内钢筋加固。砌体内钢筋加固应按设计规定，以吨计算，套钢筋混凝土中相应项目。

2. 定额工程量计算说明

(1) 砌砖、砌块

1) 定额中砖的规格，是按标准砖编制的；砌块、多孔砖规格是按常用规格编制的。

规格不同时，可以换算。

2）砖墙定额中已包括先立门窗框的调直用工以及腰线、窗台线、挑檐等一般出线用工。

3）砖砌体均包括了原浆勾缝用工，加浆勾缝时，另按相应定额计算。

4）填充墙以填炉渣、炉渣混凝土为准，如实际使用材料与定额不同时允许换算，其他不变。

5）墙体必需放置的拉接钢筋，应按《全国统一建筑工程基础定额》GJD—101—1995中的钢筋混凝土章节另行计算。

6）硅酸盐砌块、加气混凝土砌块墙，是按水泥混合砂浆编制的，如设计使用水玻璃矿渣等黏结剂为胶合料时，应按设计要求另行换算。

7）圆形烟囱基础按砖基础定额执行，人工乘以系数 1.2。

8）砖砌挡土墙，2 砖以上执行砖基础定额；2 砖以内执行砖墙定额。

9）零星项目是指砖砌小便池槽、明沟、暗沟、隔热板带砖墩、地板墩等。

10）项目中砂浆是按常用规格、强度等级列出，如与设计不同时，可以换算。

(2) 砌石

1）定额中粗、细料石（砌体）墙按 400mm×220mm×200mm，柱按 450mm×220mm×200mm，踏步石按 400mm×200mm×100mm 规格编制的。

2）毛石墙镶砖墙身按内背镶 1/2 砖编制的，墙体厚度为 600mm。

3）毛石护坡高度超过 4m 时，定额人工乘以系数 1.15。

4）砌筑圆弧形石砌体基础、墙（含砖石混合砌体）按定额项目人工乘以系数 1.1。

2.7.3 砌筑工程工程量计算与清单编制实例

【例 2-25】 如图 2-37 所示，试求球形、圆锥形塔顶的工程量。

(a) 球形塔顶   (b) 圆锥形塔顶

图 2-37 球形、圆锥形塔顶示意图

【解】 水箱壁按图示尺寸以立方米计算，依附于水箱壁的柱、挑檐梁等均并入水箱壁的体积内计算。水箱壁的高度按塔顶圈梁下皮至水箱底圈梁上皮计算。

（1）球形

$$V = \pi (a^2 + H^2) t = 3.14 \times (2.55^2 + 2^2) \times 0.5 \approx 16.49 \ (m^3)$$

（2）圆锥形

$$V = \pi r K t = 3.14 \times 1.5 \times 2 \times 0.4 \approx 3.77 \ (m^3)$$

式中，r 为圆锥底面半径；a 为球形底面半径；H 为高；t 为厚度；K 为圆锥斜高。

【例 2-26】 某空花墙示意图如图 2-38 所示，试计算其砖基础工程量。

图 2-38 某空花墙示意图（mm）

【解】

（1）清单工程量计算

1）实心砖墙：

$$V_{实砌} = (2\times0.24+0.0625\times2\times0.24+0.0625\times0.365)\times110\approx58.61\ (m^3)$$

2）空花墙：

$$V_{空花墙} = 0.24\times0.24\times110\approx6.34\ (m^3)$$

（2）计价表格编制

分部分项工程和单价措施项目清单与计价表见表 2-47。

表 2-47 分部分项工程和单价措施项目清单与计价表

工程名称：某工程

序号	项目编号	项目名称	项目特征描述	计算单位	工程量	金额（元）		
						综合单价	合价	其中
								暂估价
1	010401003001	实心砖墙	实心砖墙，外墙厚365mm，内墙厚240mm	m³	58.61			
2	010401007001	空花墙	空花墙，墙厚240mm，墙高240mm	m³	6.34			

（3）定额工程量

定额工程量与清单工程量相同。

$$V_{实砌} = 58.61\ (m^3)$$

套用基础定额 3-4。

$$V_{空花墙}=6.34（\text{m}^3）$$

套用基础定额 3-28。

【**例 2-27**】　某剁斧石花岗岩坡道，如图 2-39 所示，试编制工程量清单计价表及综合单价计算表。

图 2-39　剁斧石花岗岩坡道

【**解**】

（1）清单工程量计算

$$S=（2.8+4.3）\times2\times0.5=7.1（\text{m}^2）$$

（2）消耗量定额工程量计算

1）剁斧石坡道：$S=7.1（\text{m}^2）$

2）混凝土现场搅拌：$V=7.1\times0.1\times1.01\approx0.72（\text{m}^3）$

3）翻斗车运混凝土：$V=0.72（\text{m}^3）$

（3）剁斧石坡道

1）人工费：$102.08\times7.1/10\approx72.48（元）$

2）材料费：$2094.05\times7.1/10\approx1486.78（元）$

3）机械费：$7.77\times7.1/10\approx5.52（元）$

（4）混凝土现场搅拌

1）人工费：$50.38\times0.72/10\approx3.63（元）$

2）材料费：$13.91\times0.72/10\approx1.00（元）$

3）机械费：$34.99\times0.72/10\approx2.52（元）$

（5）翻斗车运混凝土

机械费：$27.46\times0.72/10\approx1.98（元）$

（6）综合

1）直接费：1574.45（元）

2）管理费：$1574.45\times35\%\approx551.06（元）$

3）利润：$1574.45\times5\%\approx78.72（元）$

4）合价：$1574.45+551.06+78.72=2204.23（元）$

5）综合单价：$2204.23\div7.1\approx310.45（元）$

分部分项工程量清单计价表见表 2-48。分部分项工程量清单综合单价计算表见表 2-49。

表 2-48　分部分项工程量清单计价表

序号	项目编号	项目名称	项目特征描述	计算单位	工程数量	综合单价	合价	其中 暂估价
1	010403009001	石坡道	剁斧石花岗岩坡道，C10 混凝土垫层厚100mm	m²	7.1	310.45	2204.23	
			合　计				2204.23	

表 2-49　分部分项工程量清单综合单价计算表

项目编码	010403009001		项目名称	石坡道	计量单位	m²	工程量	7.1

综合单价组成明细

定额编号	定额名称	定额单位	数量	单价（元）				合价（元）			
				人工费	材料费	机械费	管理费和利润	人工费	材料费	机械费	管理费和利润
8-7-59	剁斧石坡道	10m²	0.1	102.08	2094.05	7.77	881.56	10.21	209.41	0.78	88.16
4-4-15	混凝土现场搅拌	10m³	0.01	50.38	13.91	34.99	39.71	0.50	0.14	0.35	0.40
4-4-5	混凝土运输	10m³	0.01	—	—	27.46	10.98	—	—	0.27	0.11
人工单价		小　计						10.71	209.55	1.40	88.67
28元/工日		未计价材料费						—			
清单项目综合单价								310.45			

【例 2-28】　某工程±0.00 以下条形基础平面、剖面大样图详图如图 2-40 所示，室内外高差为 150mm。基础垫层为原槽浇注，清条石 1000mm×300mm×300mm，基础使用水泥砂浆 M7.5 砌筑，页岩标砖，砖强度等级 MU7.5，基础为 M5 水泥砂浆砌筑。室外标高为 -0.15m。垫层为 3∶7 灰土，现场拌和。试列出该工程基础垫层、石基础、砖基础的分部分项工程量清单。

(a) 基础平面图

(b) 基础剖面大样图

图 2-40　某基础工程示意图 (mm)

【解】

(1) 清单工程量计算

1) 垫层:

$$L_{外} = (27.2+12.1) \times 2 = 78.6 \text{ (m)}$$

$$L_{内} = 8-1.54 = 6.46 \text{ (m)}$$

$$V = (78.6+6.46) \times 1.54 \times 0.15 \approx 19.65 \text{ (m}^3)$$

2) 石基础:

$$L_{外} = 78.6 \text{ (m)}$$

$$L_{内1} = 8-1.14 = 6.86 \text{ (m)}$$

$$L_{内2} = 8-0.84 = 7.16 \text{ (m)}$$

$$L_{内3} = 8-0.54 = 7.46 \text{ (m)}$$

$$V = (78.6+6.86) \times 1.14 \times 0.35 + (78.6+7.16) \times 0.84 \times 0.35 + (78.6+7.46) \times 0.54 \times 0.35 \approx 75.58 \text{ (m}^3)$$

3) 砖基础:

$$L_{外} = 78.6 \text{ (m)}$$

$$L_{内} = 8-0.24 = 7.76 \text{ (m)}$$

$$V = (78.6+7.76) \times 0.24 \times 0.85 \approx 17.62 \text{ (m}^3)$$

（2）计价表格编制

分部分项工程和单价措施项目清单与计价表见表 2-50。

表 2-50 分部分项工程和单价措施项目清单与计价表

工程名称：某工程

序号	项目编号	项目名称	项目特征描述	计算单位	工程量	金额（元）		
						综合单价	合价	其中 暂估价
1	010404001001	垫层	垫层材料种类、配合比、厚度：3∶7 灰土，150mm 厚	m³	19.65			
2	010403001001	石基础	1. 石料种类、规格：清条石、1000mm×300mm×300mm 2. 基础类型：条形基础 3. 砂浆强度等级：M7.5 水泥砂浆	m³	75.58			
3	010401001001	砖基础	1. 砖品种、规格、强度等级：页岩砖、240mm×115mm×53mm、MU7.5 2. 基础类型：条形 3. 砂浆强度等级：M5 水泥砂浆	m³	17.62			

2.8 混凝土及钢筋混凝土工程工程量计算及清单编制实例

2.8.1 混凝土及钢筋混凝土工程清单工程量计算规则

1. 现浇混凝土基础

现浇混凝土基础工程量清单项目设置、项目特征描述的内容、计量单位、工程量计算规则应按表 2-51 的规定执行。

表 2-51 现浇混凝土基础（编码：010501）

项目编码	项目名称	项目特征	计量单位	工程量计算规则	工程内容
010501001	垫层	1. 混凝土种类 2. 混凝土强度等级	m³	按设计图示尺寸以体积计算。不扣除伸入承台基础的桩头所占体积	1. 模板及支撑制作、安装、拆除、堆放、运输及清理模内杂物、刷隔离剂等
010501002	带形基础				
010501003	独立基础				
010501004	满堂基础				
010501005	桩承台基础				

续表 2-51

项目编码	项目名称	项目特征	计量单位	工程量计算规则	工程内容
010501006	设备基础	1. 混凝土种类 2. 混凝土强度等级 3. 灌浆材料及其强度等级	m³	按设计图示尺寸以体积计算。不扣除伸入承台基础的桩头所占体积	2. 混凝土制作、运输、浇筑、振捣、养护

注：1. 有肋带形基础、无肋带形基础应按"现浇混凝土"中相关项目列项，并注明肋高。
　　2. 箱式满堂基础中柱、梁、墙、板按"现浇混凝土柱"、"现浇混凝土梁"、"现浇混凝土墙"、"现浇混凝土板"相关项目分别编码列项；箱式满堂基础底板按"现浇混凝土基础"的满堂基础项目列项。
　　3. 框架式设备基础中柱、梁、墙、板分别按"现浇混凝土柱"、"现浇混凝土梁"、"现浇混凝土墙"、"现浇混凝土板"相关项目编码列项；基础部分按"现浇混凝土基础"相关项目编码列项。
　　4. 如为毛石混凝土基础，项目特征应描述毛石所占比例。

2. 现浇混凝土柱

现浇混凝土柱工程量清单项目设置、项目特征描述的内容、计量单位、工程量计算规则应按表 2-52 的规定执行。

表 2-52　现浇混凝土柱（编码：010502）

项目编码	项目名称	项目特征	计量单位	工程量计算规则	工作内容
010502001	矩形柱	1. 混凝土类别 2. 混凝土强度等级	m³	按设计图示尺寸以体积计算。不扣除构件内钢筋，预埋铁件所占体积。型钢混凝土柱扣除构件内型钢所占体积 柱高： 1. 有梁板的柱高，应自柱基上表面（或楼板上表面）至上一层楼板上表面之间的高度计算	1. 模板及支架（撑）制作、安装、拆除、堆放、运输及清理模内杂物、刷隔离剂等 2. 混凝土制作、运输、浇筑、振捣、养护
010502002	构造柱	1. 混凝土类别 2. 混凝土强度等级		2. 无梁板的柱高，应自柱基上表面（或楼板上表面）至柱帽下表面之间的高度计算 3. 框架柱的柱高应自柱基上表面至柱顶高度计算	
010502003	异形柱	1. 柱形状 2. 混凝土类别 3. 混凝土强度等级		4. 构造柱按全高计算，嵌接墙体部分（马牙槎）并入柱身体积 5. 依附柱上的牛腿和升板的柱帽，并入柱身体积计算	

注：混凝土种类：指清水混凝土、彩色混凝土等，如在同一地区既使用预拌（商品）混凝土，又允许现场搅拌混凝土时，也应注明。下同。

3. 现浇混凝土梁

现浇混凝土梁工程量清单项目设置、项目特征描述的内容、计量单位、工程量计算规则应按表 2-53 的规定执行。

表 2-53 现浇混凝土梁（编码：010503）

项目编码	项目名称	项目特征	计量单位	工程量计算规则	工作内容
010503001	基础梁			按设计图示尺寸以体积计算。伸入墙内的梁头、梁垫并入梁体积内 梁长： 1. 梁与柱连接时，梁长算至柱侧面 2. 主梁与次梁连接时，次梁长算至主梁侧面	1. 模板及支架（撑）制作、安装、拆除、堆放、运输及清理模内杂物、刷隔离剂等 2. 混凝土制作、运输、浇筑、振捣、养护
010503002	矩形梁	1. 混凝土类别 2. 混凝土强度等级	m³		
010503003	异形梁				
010503004	圈梁				
010503005	过梁				
010503006	弧形、拱形梁				

4. 现浇混凝土墙

现浇混凝土墙工程量清单项目设置、项目特征描述的内容、计量单位、工程量计算规则应按表 2-54 的规定执行。

表 2-54 现浇混凝土墙（编码：010504）

项目编码	项目名称	项目特征	计量单位	工程量计算规则	工作内容
010504001	直形墙			按设计图示尺寸以体积计算 扣除门窗洞口及单个面积大于 0.3m² 的孔洞所占体积，墙垛及突出墙面部分并入墙体体积内计算	1. 模板及支架（撑）制作、安装、拆除、堆放、运输及清理模内杂物、刷隔离剂等 2. 混凝土制作、运输、浇筑、振捣、养护
010504002	弧形墙	1. 混凝土类别 2. 混凝土强度等级	m³		
010504003	短肢剪力墙				
010504004	挡土墙				

注：短肢剪力墙是指截面厚度不大于 300mm，各肢截面高度与厚度之比的最大值大于 4 但不大于 8 的剪力墙；各肢截面高度与厚度之比的最大值不大于 4 的剪力墙按柱项目编码列项。

5. 现浇混凝土板

现浇混凝土板工程量清单项目设置、项目特征描述的内容、计量单位、工程量计算规则应按表 2-55 的规定执行。

表 2-55 现浇混凝土板（编码：010505）

项目编码	项目名称	项目特征	计量单位	工程量计算规则	工作内容
010505001	有梁板			按设计图示尺寸以体积计算。不扣除构件内钢筋、预埋铁件及单个面积小于或等于 0.3m² 的柱、垛以及孔洞所占体积 压形钢板混凝土楼板扣除构件内压形钢板所占体积 有梁板（包括主、次梁与板）按梁、板体积之和计算，无梁板按板和柱帽体积之和计算，各类板伸入墙内的板头并入板体积内，薄壳板的肋、基梁并入薄壳体积内计算	
010505002	无梁板				
010505003	平板				
010505004	拱板		1. 混凝土种类 2. 混凝土强度等级		1. 模板及支架（撑）制作、安装、拆除、堆放、运输及清理模内杂物、刷隔离剂等 2. 混凝土制作、运输、浇筑、振捣、养护
010505005	薄壳板				
010505006	栏板				
010505007	天沟（檐沟）、挑檐板		m³	按设计图示尺寸以体积计算	
010505008	雨篷、悬挑板、阳台板			按设计图示尺寸以墙外部分体积计算。包括伸出墙外的牛腿和雨篷反挑檐的体积	
010505009	空心板			按设计图示尺寸以体积计算。空心板（GBF 高强薄壁蜂巢芯板等）应扣除空心部分体积	
010505010	其他板			按设计图示尺寸以体积计算	

注：现浇挑檐、天沟板、雨篷、阳台与板（包括屋面板、楼板）连接时，以外墙外边线为分界线；与圈梁（包括其他梁）连接时，以梁外边线为分界线。外边线以外为挑檐、天沟、雨篷或阳台。

6. 现浇混凝土楼梯

现浇混凝土楼梯工程量清单项目设置、项目特征描述的内容、计量单位、工程量计算规则应按表 2-56 的规定执行。

表 2-56 现浇混凝土楼梯（编码：010506）

项目编码	项目名称	项目特征	计量单位	工程量计算规则	工程内容
010506001	直形楼梯	1. 混凝土类别 2. 混凝土强度等级	1. m² 2. m³	1. 以平方米计量，按设计图示尺寸以水平投影面积计算。不扣除宽度小于或等于500mm的楼梯井，伸入墙内部分不计算 2. 以立方米计量，按设计图示尺寸以体积计算	1. 模板及支架（撑）制作、安装、拆除、堆放、运输及清理模内杂物、刷隔离剂等 2. 混凝土制作、运输、浇筑、振捣、养护
010506002	弧形楼梯				

注：整体楼梯（包括直形楼梯、弧形楼梯）水平投影面积包括休息平台、平台梁、斜梁和楼梯的连接梁。当整体楼梯与现浇楼板无梯梁连接时，以楼梯的最后一个踏步边缘加300mm为界。

7. 现浇混凝土其他构件

现浇混凝土其他构件工程量清单项目设置、项目特征描述的内容、计量单位、工程量计算规则应按表2-57的规定执行。

表 2-57 现浇混凝土其他构件（编码：010507）

项目编码	项目名称	项目特征	计量单位	工程量计算规则	工程内容
010507001	散水、坡道	1. 垫层材料种类、厚度 2. 面层厚度 3. 混凝土种类 4. 混凝土强度等级 5. 变形缝填塞材料种类	m²	以平方米计量，按设计图示尺寸以面积计算 不扣除单个小于或等于0.3m²的孔洞所占面积	1. 地基夯实 2. 铺设垫层 3. 模板及支撑制作、安装、拆除、堆放、运输及清理模内杂物、刷隔离剂等 4. 混凝土制作、运输、浇筑、振捣、养护 5. 变形缝填塞
010507002	室外地坪	1. 地坪厚度 2. 混凝土强度等级			
010507003	电缆沟、地沟	1. 土壤类别 2. 沟截面净空尺寸 3. 垫层材料种类、厚度 4. 混凝土类别	m	按设计图示以中心线长度计算	1. 挖填、运土石方 2. 铺设垫层 3. 模板及支撑制作、安装、拆除、堆放、运输及清理模内杂物、刷隔离剂等

续表 2-57

项目编码	项目名称	项目特征	计量单位	工程量计算规则	工程内容
010507003	电缆沟、地沟	5. 混凝土强度等级 6. 防护材料种类	m	按设计图示以中心线长度计算	4. 混凝土制作、运输、浇筑、振捣、养护 5. 刷防护材料
010507004	台阶	1. 踏步高、宽 2. 混凝土种类 3. 混凝土强度等级	1. m² 2. m³	1. 以平方米计量，按设计图示尺寸水平投影面积计算 2. 以立方米计量，按设计图示尺寸以体积计算	1. 模板及支撑制作、安装、拆除、堆放、运输及清理模内杂物、刷隔离剂等 2. 混凝土制作、运输、浇筑、振捣、养护
010507005	扶手、压顶	1. 断面尺寸 2. 混凝土种类 3. 混凝土强度等级	1. m 2. m³	1. 以米计量，按设计图示的中心线延长米计算 2. 以立方米计量，按设计图示尺寸以体积计算	1. 模板及支架（撑）制作、安装、拆除、堆放、运输及清理模内杂物、刷隔离剂等 2. 混凝土制作、运输、浇筑、振捣、养护
010507006	化粪池、检查井	1. 断面尺寸 2. 混凝土强度等级 3. 防水、抗渗要求	1. m³ 2. 座	1. 按设计图示尺寸以体积计算 2. 以座计量，按设计图示数量计算	1. 模板及支架（撑）制作、安装、拆除、堆放、运输及清理模内杂物、刷隔离剂等 2. 混凝土制作、运输、浇筑、振捣、养护
01050707	其他构件	1. 构件的类型 2. 构件规格 3. 部位 4. 混凝土种类 5. 混凝土强度等级	1. m³ 2. 座	1. 按设计图示尺寸以体积计算 2. 以座计量，按设计图示数量计算	1. 模板及支架（撑）制作、安装、拆除、堆放、运输及清理模内杂物、刷隔离剂等 2. 混凝土制作、运输、浇筑、振捣、养护

注：1. 现浇混凝土小型池槽、垫块、门框等，应按"现浇混凝土其他构件"中其他构件项目编码列项。
　　2. 架空式混凝土台阶，按现浇楼梯计算。

8. 后浇带

后浇带工程量清单项目设置、项目特征描述的内容、计量单位、工程量计算规则应按表 2-58 的规定执行。

表 2-58 后浇带（编码：010508）

项目编码	项目名称	项目特征	计量单位	工程量计算规则	工程内容
010508001	后浇带	1. 混凝土种类 2. 混凝土强度等级	m³	按设计图示尺寸以体积计算	1. 模板及支架（撑）制作、安装、拆除、堆放、运输及清理模内杂物、刷隔离剂等 2. 混凝土制作、运输、浇筑、振捣、养护及混凝土交接面、钢筋等的清理

9. 预制混凝土柱

预制混凝土柱工程量清单项目设置、项目特征描述的内容、计量单位、工程量计算规则应按表 2-59 的规定执行。

表 2-59 预制混凝土柱（编码：010509）

项目编码	项目名称	项目特征	计量单位	工程量计算规则	工程内容
010509001	矩形柱	1. 图代号 2. 单件体积 3. 安装高度 4. 混凝土强度等级 5. 砂浆（细石混凝土）强度等级、配合比	1. m³ 2. 根	1. 以立方米计量，按设计图示尺寸以体积计算 2. 以根计量，按设计图示尺寸以数量计算	1. 模板制作、安装、拆除、堆放、运输及清理模内杂物、刷隔离剂等 2. 混凝土制作、运输、浇筑、振捣、养护 3. 构件运输、安装 4. 砂浆制作、运输 5. 接头灌缝、养护
010509002	异形柱				

注：以根计量，必须描述单件体积。

10. 预制混凝土梁

预制混凝土梁工程量清单项目设置、项目特征描述的内容、计量单位、工程量计算规则应按表 2-60 的规定执行。

表 2-60　预制混凝土梁（编码：010510）

项目编码	项目名称	项目特征	计量单位	工程量计算规则	工程内容
010510001	矩形梁	1. 图代号 2. 单件体积 3. 安装高度 4. 混凝土强度等级 5. 砂浆（细石混凝土）强度等级、配合比	1. m³ 2. 根	1. 以立方米计量，按设计图示尺寸以体积计算 2. 以根计量，按设计图示尺寸以数量计算	1. 模板制作、安装、拆除、堆放、运输及清理模内杂物、刷隔离剂等 2. 混凝土制作、运输、浇筑、振捣、养护 3. 构件运输、安装 4. 砂浆制作、运输 5. 接头灌缝、养护
010510002	异形梁				
010510003	过梁				
010510004	拱形梁				
010510005	鱼腹式吊车梁				
010510006	其他梁				

注：以根计量，必须描述单件体积。

11. 预制混凝土屋架

预制混凝土屋架工程量清单项目设置、项目特征描述的内容、计量单位、工程量计算规则应按表 2-61 的规定执行。

表 2-61　预制混凝土屋架（编码：010511）

项目编码	项目名称	项目特征	计量单位	工程量计算规则	工程内容
010511001	折线型	1. 图代号 2. 单件体积 3. 安装高度 4. 混凝土强度等级 5. 砂浆（细石混凝土）强度等级、配合比	1. m³ 2. 榀	1. 以立方米计量，按设计图示尺寸以体积计算 2. 以榀计量，按设计图示尺寸以数量计算	1. 模板制作、安装、拆除、堆放、运输及清理模内杂物、刷隔离剂等 2. 混凝土制作、运输、浇筑、振捣、养护 3. 构件运输、安装 4. 砂浆制作、运输 5. 接头灌缝、养护
010511002	组合				
010511003	薄腹				
010511004	门式刚架				
010511005	天窗架				

注：1. 以榀计量，必须描述单件体积。
　　2. 三角形屋架应按"预制混凝土屋架"中折线型屋架项目编码列项。

12. 预制混凝土板

预制混凝土板工程量清单项目设置、项目特征描述的内容、计量单位、工程量计算规则应按表 2-62 的规定执行。

表 2-62　预制混凝土板（编码：010512）

项目编码	项目名称	项目特征	计量单位	工程量计算规则	工程内容
010512001	平板	1. 图代号 2. 单件体积 3. 安装高度 4. 混凝土强度等级 5. 砂浆（细石混凝土）强度等级、配合比	1. m³ 2. 块	1. 以立方米计量，按设计图示尺寸以体积计算。不扣除单个面积小于或等于 300mm×300mm 的孔洞所占体积，扣除空心板空洞体积 2. 以块计量，按设计图示尺寸以数量计算	1. 模板制作、安装、拆除、堆放、运输及清理模内杂物、刷隔离剂等 2. 混凝土制作、运输、浇筑、振捣、养护 3. 构件运输、安装 4. 砂浆制作、运输 5. 接头灌缝、养护
010512002	空心板				
010512003	槽形板				
010512004	网架板				
010512005	折线板				
010512006	带肋板				
010512007	大型板				
010512008	沟盖板、井盖板、井圈	1. 单件体积 2. 安装高度 3. 混凝土强度等级 4. 砂浆强度等级、配合比	1. m³ 2. 块（套）	1. 以立方米计量，按设计图示尺寸以体积计算 2. 以块计量，按设计图示尺寸以数量计算	

注：1. 以块、套计量，必须描述单件体积。
　　2. 不带肋的预制遮阳板、雨篷板、挑檐板、拦板等，应按"预制混凝土板"中平板项目编码列项。
　　3. 预制 F 形板、双 T 形板、单肋板和带反挑檐的雨篷板、挑檐板、遮阳板等，应按"预制混凝土板"中带肋板项目编码列项。
　　4. 预制大型墙板、大型楼板、大型屋面板等，应按"预制混凝土板"中大型板项目编码列项。

13. 预制混凝土楼梯

预制混凝土楼梯工程量清单项目设置及工程量计算规则，应按表 2-63 的规定执行。

表 2-63　预制混凝土楼梯（编码：010513）

项目编码	项目名称	项目特征	计量单位	工程量计算规则	工程内容
010513001	楼梯	1. 楼梯类型 2. 单件体积 3. 混凝土强度等级 4. 砂浆（细石混凝土）强度等级	1. m³ 2. 段	1. 以立方米计量，按设计图示尺寸以体积计算。扣除空心踏步板空洞体积 2. 以段计量，按设计图示数量计算	1. 模板制作、安装、拆除、堆放、运输及清理模内杂物、刷隔离剂等 2. 混凝土制作、运输、浇筑、振捣、养护 3. 构件运输、安装 4. 砂浆制作、运输 5. 接头灌缝、养护

注：以块计量，必须描述单件体积。

14. 其他预制构件

其他预制构件工程量清单项目设置、项目特征描述的内容、计量单位、工程量计算规则应按表 2-64 的规定执行。

表 2-64　其他预制构件（编码：010514）

项目编码	项目名称	项目特征	计量单位	工程量计算规则	工程内容
010514001	垃圾道、通风道、烟道	1. 单件体积 2. 混凝土强度等级 3. 砂浆强度等级	1. m³ 2. m² 3. 根（块、套）	1. 以立方米计量，按设计图示尺寸以体积计算。不扣除单个面积小于或等于300mm×300mm 的孔洞所占体积，扣除烟道、垃圾道、通风道的孔洞所占体积 2. 以平方米计量，按设计图示尺寸以面积计算。不扣除单个面积小于或等于300mm×300mm 的孔洞所占面积	1. 模板制作、安装、拆除、堆放、运输及清理模内杂物、刷隔离剂等 2. 混凝土制作、运输、浇筑、振捣、养护 3. 构件运输、安装
010514002	其他构件	1. 单件体积 2. 构件的类型 3. 混凝土强度等级 4. 砂浆强度等级			

续表 2-64

项目编码	项目名称	项目特征	计量单位	工程量计算规则	工程内容
010514003	水磨石构件	1. 构件的类型 2. 单件体积 3. 水磨石面层厚度 4. 混凝土强度等级 5. 水泥石子浆配合比 6. 石子品种、规格、颜色 7. 酸洗、打蜡要求	1. m³ 2. m² 3. 根（块、套）	3. 以根计量，按设计图示尺寸以数量计算	4. 砂浆制作、运输 5. 接头灌缝、养护

注: 1. 以块、根计量，必须描述单件体积。
2. 预制钢筋混凝土小型池槽、压顶、扶手、垫块、隔热板、花格等，按"其他预制构件"中其他构件项目编码列项。

15. 钢筋工程

钢筋工程工程量清单项目设置、项目特征描述的内容、计量单位、工程量计算规则应按表 2-65 的规定执行。

表 2-65　钢筋工程（编码：010515）

项目编码	项目名称	项目特征	计量单位	工程量计算规则	工程内容
010515001	现浇混凝土钢筋	钢筋种类、规格	t	按设计图示钢筋（网）长度（面积）乘单位理论质量计算	1. 钢筋制作、运输 2. 钢筋安装 3. 焊接
010515002	预制构件钢筋	钢筋种类、规格		按设计图示钢筋（网）长度（面积）乘单位理论质量计算	1. 钢筋网制作、运输 2. 钢筋网安装 3. 焊接
010515003	钢筋网片				
040416004	钢筋笼	钢筋种类、规格		按设计图示钢筋（网）长度（面积）乘单位理论质量计算	1. 钢筋笼制作、运输 2. 钢筋笼安装 3. 焊接
010515005	先张法预应力钢筋	1. 钢筋种类、规格 2. 锚具种类		按设计图示钢筋长度乘单位理论质量计算	1. 钢筋制作、运输 2. 钢筋张拉

续表 2-65

项目编码	项目名称	项目特征	计量单位	工程量计算规则	工程内容
010515006	后张法预应力钢筋			按设计图示钢筋（丝束、绞线）长度乘单位理论质量计算 　1. 低合金钢筋两端均采用螺杆锚具时，钢筋长度按孔道长度减 0.35m 计算，螺杆另行计算 　2. 低合金钢筋一端采用镦头插片，另一端采用螺杆锚具时，钢筋长度按孔道长度计算，螺杆另行计算 　3. 低合金钢筋一端采用镦头插片，另一端采用帮条锚具时，钢筋增加 0.15m 计算；两端均采用帮条锚具时，钢筋长度按孔道长度增加 0.3m 计算 　4. 低合金钢筋采用后张混凝土自锚时，钢筋长度按孔道长度增加 0.35m 计算 　5. 低合金钢筋（钢绞线）采用 JM、XM、QM 型锚具，孔道长度小于或等于 20m 时，钢筋长度增加 1m 计算，孔道长度大于 20m 时，钢筋长度增加 1.8m 计算 　6. 碳素钢丝采用锥形锚具，孔道长度小于或等于 20m 时，钢丝束长度按孔道长度增加 1m 计算，孔道长度大于 20m 时，钢丝束长度按孔道长度增加 1.8m 计算 　7. 碳素钢丝采用镦头锚具时，钢丝束长度按孔道长度增加 0.35m 计算	
010515007	预应力钢丝				
010515008	预应力钢绞线	1. 钢筋种类、规格 2. 钢丝种类、规格 3. 钢绞线种类、规格 4. 锚具种类 5. 砂浆强度等级	t		1. 钢筋、钢丝、钢绞线制作、运输 2. 钢筋、钢丝、钢绞线安装 3. 预埋管孔道铺设 4. 锚具安装 5. 砂浆制作、运输 6. 孔道压浆、养护

续表 2-65

项目编码	项目名称	项目特征	计量单位	工程量计算规则	工程内容
010515009	支撑钢筋（铁马）	1. 钢筋种类 2. 规格	t	按钢筋长度乘单位理论质量计算	钢筋制作、焊接、安装
01051510	声测管	1. 材质 2. 规格型号		按设计图示尺寸质量计算	1. 检测管截断、封头 2. 套管制作、焊接 3. 定位、固定

注：1. 现浇构件中伸出构件的锚固钢筋应并入钢筋工程量内。除设计（包括规范规定）标明的搭接外，其他施工搭接不计算工程量，在综合单价中综合考虑。

　　2. 现浇构件中固定位置的支撑钢筋、双层钢筋用的"铁马"在编制工程量清单时，如果设计未明确，其工程数量可为暂估量，结算时按现场签证数量计算。

16. 螺栓、铁件

螺栓、铁件工程量清单项目设置及工程量计算规则，应按表 2-66 的规定执行。

表 2-66　螺栓、铁件（编码：010516）

项目编码	项目名称	项目特征	计量单位	工程量计算规则	工程内容
010516001	螺栓	1. 螺栓种类 2. 规格	t	按设计图示尺寸以质量计算	1. 螺栓、铁件制作、运输 2. 螺栓、铁件安装
010516002	预埋铁件	1. 钢材种类 2. 规格 3. 铁件尺寸			
010516003	机械连接	1. 连接方式 2. 螺纹套筒种类 3. 规格	个	按数量计算	1. 钢筋套丝 2. 套筒连接

注：编制工程量清单时，如果设计未明确，其工程数量可为暂估量，实际工程量按现场签证数量计算。

17. 混凝土及钢筋混凝土工程其他相关问题及说明

预制混凝土构件或预制钢筋混凝土构件，如施工图设计标注做法见标准图集时，项目特征注明标准图集的编码、页号及节点大样即可。

现浇或预制混凝土和钢筋混凝土构件，不扣除构件内钢筋、螺栓、预埋铁件、张拉孔道所占体积，但应扣除劲性骨架的型钢所占体积。

2.8.2　混凝土及钢筋混凝土工程定额工程量计算规则

1. 定额工程量计算规则

（1）现浇混凝土及钢筋混凝土工程

1）一般规定。除遵循"定额工程量计算说明"中"（3）混凝土"的内容外，还应符合以下两条规定：

①承台桩基础定额中已考虑了凿桩头用工。

②集中搅拌、运输、泵输送混凝土参考定额中，当输送高度超过 30m 时，输送泵台班用量乘以系数 1.10，输送高度超过 50m 时，输送泵台班用量乘以系数 1.25。

2）现浇混凝土及钢筋混凝土模板：

①现浇混凝土及钢筋混凝土模板工程量，除另有规定者外，均应区别模板的不同材质，按混凝土与模板接触面的面积，以平方米计算。

②现浇钢筋混凝土柱、梁、板、墙的支模高度（即室外地坪至板底或板面至板底之间的高度）以 3.6m 以内为准，超过 3.6m 以上部分，另按超过部分计算增加支撑工程量。

③现浇钢筋混凝土墙、板上单孔面积在 0.3m² 以内的孔洞，不予扣除，洞侧壁模板也不增加；单孔面积在 0.3m² 以外时，应予扣除，洞侧壁模板面积并入墙、板模板工程量之内计算。

④现浇钢筋混凝土框架分别按梁、板、柱、墙有关规定计算，附墙柱并入墙内工程量计算。

⑤杯形基础杯口高度大于杯口大边长度的，套高杯基础定额项目。

⑥柱与梁、柱与墙、梁与梁等连接的重叠部分以及伸入墙内的梁头、板头部分，均不计算模板面积。

⑦构造柱外露面均应按图示外露部分计算模板面积。构造柱与墙接触面不计算模板面积。

⑧现浇钢筋混凝土悬挑板（雨篷、阳台）按图示外挑部分尺寸的水平投影面积计算。挑出墙外的牛腿梁及板边模板不另计算。

⑨现浇钢筋混凝土楼梯，以图示露明面尺寸的水平投影面积计算，不扣除小于 500mm 楼梯井所占面积。楼梯的踏步、踏步板、平台梁等侧面模板，不另计算。

⑩混凝土台阶不包括梯带，按图示台阶尺寸的水平投影面积计算，台阶端头两侧不另计算模板面积。

⑪现浇混凝土小型池槽按构件外围体积计算，池槽内、外侧及底部的模板不应另计算。

3）现浇混凝土：

①混凝土工程量除另有规定者外，均按图示尺寸实体体积以立方米计算。不扣除构件内钢筋、预埋铁件及墙、板中 0.3m² 内的孔洞所占体积。

②基础：

a. 有肋带形混凝土基础，其肋高与肋宽之比在 4∶1 以内的按有肋带形基础计算；超过 4∶1 时，其基础底按板式基础计算，以上部分按墙计算。

b. 箱式满堂基础应分别按无梁式满堂基础、柱、墙、梁、板有关规定计算，套相应定额项目。

c. 设备基础除块体以外，其他类型设备基础分别按基础、梁、柱、板、墙等有关规定计算，套相应的定额项目计算。

③柱：按图示断面尺寸乘以柱高以立方米计算。柱高按下列规定确定：

a. 有梁板的柱高，应自柱基上表面（或楼板上表面）至上一层楼板上表面之间的高度计算。

b. 无梁板的柱高，应自柱基上表面（或楼板上表面）至柱帽下表面之间的高度计算。

c. 框架柱的柱高应自柱基上表面至柱顶高度计算。

d. 构造柱按全高计算，与砖墙嵌接部分的体积并入柱身体积内计算。

e. 依附柱上的牛腿，并入柱身体积内计算。

④梁：按图示断面尺寸乘以梁长以立方米计算，梁长按下列规定确定：

a. 梁与柱连接时，梁长算至柱侧面。

b. 主梁与次梁连接时，次梁长算至主梁侧面。

伸入墙内梁头，梁垫体积并入梁体积内计算。

⑤板：按图示面积乘以板厚以立方米计算，其中：

a. 有梁板包括主、次梁与板，按梁、板体积之和计算。

b. 无梁板按板和柱帽体积之和计算。

c. 平板按板实体体积计算。

d. 现浇挑檐天沟与板（包括屋面板、楼板）连接时，以外墙为分界线，与圈梁（包括其他梁）连接时，以梁外边线为分界线。外墙边线以外或梁外边线以外为挑檐天沟。

e. 各类板伸入墙内的板头并入板体积内计算。

⑥墙：按图示中心线长度乘以墙高及厚度以立方米计算，应扣除门窗洞口及 $0.3m^2$ 以外孔洞的体积，墙垛及突出部分并入墙体积内计算。

⑦整体楼梯包括休息平台，平台梁、斜梁及楼梯的连接梁，按水平投影面积计算，不扣除宽度小于 500mm 的楼梯井，伸入墙内部分不另增加。

⑧阳台、雨篷（悬挑板），按伸出外墙的水平投影面积计算，伸出外墙的牛腿不另计算。带反挑檐的雨篷按展开面积并入雨篷内计算。

⑨栏杆按净长度以延长米计算。伸入墙内的长度已综合在定额内。栏板以立方米计算，伸入墙内的栏板，合并计算。

⑩预制板补现浇板缝时，按平板计算。

⑪预制钢筋混凝土框架柱现浇接头（包括梁接头），按设计规定的断面和长度以立方米计算。

4）钢筋混凝土构件接头灌缝：

①钢筋混凝土构件接头灌缝：包括构件坐浆、灌缝、堵板孔、塞板梁缝等。均按预制钢筋混凝土构件实体体积以立方米计算。

②柱与柱基的灌缝，按首层柱体积计算；首层以上柱灌缝按各层柱体积计算。

③空心板堵孔的人工材料，已包括在定额内。如不堵孔时，每 $10m^3$ 空心板体积应扣除 $0.23m^3$ 预制混凝土块和 2.2 工日。

（2）预制混凝土及钢筋混凝土工程

1）预制钢筋混凝土构件模板

①预制钢筋混凝土模板工程量，除另有规定者外均按混凝土实体体积以立方米计算。

②小型池槽按外形体积以立方米计算。

③预制桩尖按虚体积（不扣除桩尖虚体积部分）计算。

2）预制混凝土：

①混凝土工程量均按图示尺寸实体体积以立方米计算，不扣除构件内钢筋、铁件及小于 300mm×300mm 以内的孔洞面积。

②预制桩按桩全长（包括桩尖）乘以桩断面（空心桩应扣除孔洞体积）以立方米计算。

③混凝土与钢杆件组合的构件，混凝土部分按构件实体积以立方米计算，钢构件部分按吨计算，分别套相应的定额项目。

（3）构筑物钢筋混凝土工程

1）构筑物钢筋混凝土模板：

①构筑物工程的模板工程量，除另有规定者外，区别现浇、预制和构件类别，分别按现浇和预制混凝土及钢筋混凝土模板工程量计算规定中有关的规定计算。

②大型池槽等分别按基础、墙、板、梁、柱等有关规定计算并套相应定额项目。

③液压滑升钢模板施工的烟筒、水塔塔身、贮仓等，均按混凝土体积，以立方米计算。预制倒圆锥形水塔罐壳模板按混凝土体积，以立方米计算。

④预制倒圆锥形水塔罐壳组装、提升、就位，按不同容积以座计算。

2）构筑物钢筋混凝土：

①构筑物混凝土除另规定者外，均按图示尺寸扣除门窗洞口及 $0.3m^2$ 以外孔洞所占体积以实体体积计算。

②水塔：

a. 筒身与槽底以槽底连接的圈梁底为界，以上为槽底，以下为筒身。

b. 筒式塔身及依附于筒身的过梁、雨篷挑檐等并入筒身体积内计算；柱式塔身，柱、梁合并计算。

c. 塔顶及槽底，塔顶包括顶板和圈梁，槽底包括底板挑出的斜壁板和圈梁等合并计算。

③贮水池不分平底、锥底、坡底均按池底计算，壁基梁、池壁不分圆形壁和矩形壁，均按池壁计算；其他项目均按现浇混凝土部分相应项目计算。

（4）钢筋工程

1）一般规定：

①钢筋工程，应区别现浇、预制构件、不同钢种和规格，分别按设计长度乘以单位重量，以吨计算。

②计算钢筋工程量时，设计已规定钢筋搭接长度的，按规定搭接长度计算；设计未规定搭接长度的，已包括在钢筋的损耗率之内，不另计算搭接长度。钢筋电渣压力焊接、套筒挤压等接头，以个计算。

③先张法预应力钢筋，按构件外形尺寸计算长度，后张法预应力钢筋按设计图规定的

预应力钢筋预留孔道长度，并区别不同的锚具类型，分别按下列规定计算：

a. 低合金钢筋两端采用螺杆锚具时，预应力的钢筋按预留孔道的长度减 0.35m，螺杆另行计算。

b. 低合金钢筋一端采用镦头插片，另一端螺杆锚具时，预应力钢筋长度按预留孔道长度计算，螺杆另行计算。

c. 低合金钢筋一端采用镦头插片，另一端帮条锚具时，预应力钢筋增加 0.15m，两端均采用帮条锚具时，预应力钢筋共增加 0.3m 计算。

d. 低合金钢筋采用后张混凝土自锚时，预应力钢筋长度增加 0.35m 计算。

e. 低合金钢筋或钢绞线采用 JM、XM、QM 型锚具，孔道长度在 20m 以内时，预应力钢筋长度增加 1m；孔道长度在 20m 以上时，预应力钢筋长度增加 1.8m 计算。

f. 碳素钢丝采用锥形锚具，孔道长在 20m 以内时，预应力钢筋长度增加 1m；孔道长在 20m 以上时，预应力钢筋长度增加 1.8m。

g. 碳素钢丝两端采用镦粗头时，预应力钢丝长度增加 0.35m 计算。

2）其他规定：

①钢筋混凝土构件预埋铁件工程量按设计图示尺寸，以吨计算。

②固定预埋螺栓、铁件的支架，固定双层钢筋的铁马凳、垫铁件，按审定的施工组织设计规定计算，套相应定额项目。

2. 定额工程量计算说明

(1) 模板

1）现浇混凝土模板按不同构件，分别以组合钢模板、钢支撑、木支撑，复合木模板、钢支撑、木支撑，木模板、木支撑配制，模板不同时，可以编制补充定额。

2）预制钢筋混凝土模板，按不同构件分别以组合钢模板、复合木模板、木模板、定型钢模、长线台钢拉模，并配置相应的砖地模，砖胎模、长线台混凝土地模编制的，使用其他模板时，可以换算。

3）定额中框架轻板项目，只适用于全装配式定型框架轻板住宅工程。

4）模板工作内容包括：清理、场内运输、安装、刷隔离剂、浇灌混凝土时模板维护、拆模、集中堆放、场外运输。木模板包括制作（预制包括刨光，现浇不刨光），组合钢模板、复合木模板包括装箱。

5）现浇混凝土梁、板、柱、墙是按支模高度（地面至板底）3.6m 编制的，超过 3.6m 时按超过部分工程量另按超高的项目计算。

6）用钢滑升模板施工的烟囱、水塔及贮仓是按无井架施工计算的，并综合了操作平台，不再计算脚手架及竖井架。

7）用钢滑升模板施工的烟囱、水塔、提升模板使用的钢爬杆用量是按 100% 摊销计算的，贮仓是按 50% 摊销计算的，设计要求不同时，另行计算。

8）倒锥壳水塔塔身钢滑升模板项目，也适用于一般水塔塔身滑升模板工程。

9）烟囱钢滑升模板项目均已包括烟囱筒身、牛腿、烟道口；水塔钢滑升模板均已包括直筒、门窗洞口等模板用量。　　.

10）组合钢模板、复合木模板项目，未包括回库维修费用。应按定额项目中所列摊销量的模板、零星夹具材料价格的 8% 计入模板预算价格之内。回库维修费的内容包括：模板的运输费、维修的人工、机械、材料费用等。

(2) 钢筋

1) 钢筋工程按钢筋的不同品种、不同规格，按现浇构件钢筋、预制构件钢筋、预应力钢筋及箍筋分别列项。

2) 预应力构件中的非预应力钢筋按预制钢筋相应项目计算。

3) 设计图纸未注明的钢筋接头和施工损耗的，已综合在定额项目内。

4) 绑扎铁丝、成型点焊和接头焊接用的电焊条已综合在定额项目内。

5) 钢筋工程内容包括：制作、绑扎、安装以及浇灌混凝土时维护钢筋用工。

6) 现浇构件钢筋以手工绑扎，预制构件钢筋以手工绑扎、点焊分别列项，实际施工与定额不同时，不再换算。

7) 非预应力钢筋不包括冷加工，如设计要求冷加工时，另行计算。

8) 预应力钢筋如设计要求人工时效处理时，应另行计算。

9) 预制构件钢筋，如用不同直径钢筋点焊在一起时，按直径最小的定额项目计算，如粗细筋直径比在两倍以上时，其人工乘以系数 1.25。

10) 后张法钢筋的锚固是按钢筋帮条焊、U 型插垫编制的，如采用其他方法锚固时，应另行计算。

11) 表 2-67 所列的构件，其钢筋可按表列系数调整人工、机械用量。

表 2-67　钢筋调整人工、机械系数表

项目	预制钢筋		现浇钢筋		构筑物			
系数范围	拱梯形屋架	托架梁	小型构件	小型池槽	烟囱	水塔	贮仓	
							矩形	圆形
人工、机械调整系数	1.16	1.05	2	2.52	1.7	1.7	1.25	1.50

(3) 混凝土

1) 混凝土的工作内容包括：筛沙子、筛洗石子、后台运输、搅拌，前台运输、清理、润湿模板、浇灌、捣固、养护。

2) 毛石混凝土，是按毛石占混凝土体积 20% 计算的。如设计要求不同时，可以换算。

3) 小型混凝土构件，是指每件体积在 0.05m³ 以内的未列出定额项目的构件。

4) 预制构件厂生产的构件，在混凝土定额项目中考虑了预制厂内构件运输、堆放、码垛、装车运出等的工作内容。

5) 构筑物混凝土按构件选用相应的定额项目。

6) 轻板框架的混凝土梅花柱按预制异型柱；叠合梁按预制异型梁；楼梯段和整间大楼板按相应预制构件定额项目计算。

7) 现浇钢筋混凝土柱、墙定额项目，均按规范规定综合了底部灌注 1：2 水泥砂浆的用量。

8) 混凝土已按常用列出强度等级，如与设计要求不同时，可以换算。

2.8.3　混凝土及钢筋混凝土工程工程量计算与清单编制实例

【例 2-29】　某预制槽形板示意图如图 2-41 所示，试计算槽形板工程量。

图 2-41　预制槽形板示意图

【解】

（1）清单工程量计算

$$V=0.09\times0.05\times(3.7\times2+0.65\times2)+0.05\times0.75\times3.6\approx0.17（m^3）$$

（2）计价表格编制

分部分项工程和单价措施项目清单与计价表见表 2-68。

表 2-68　分部分项工程和单价措施项目清单与计价表

项目编号	项目名称	项目特征描述	计算单位	工程量	金额（元）		
					综合单价	合价	其中 暂估价
010512003001	槽形板	槽形板尺寸如图 2-41 所示	m³	0.17			

（3）定额工程量

$$V=0.17\times1.015\approx0.17（m^3）$$

套用基础定额 5-454，5-174。

说明：定额计算中，预制构件的吊装机械不包括在项目内，应列入措施项目费。

【例 2-30】　已知如图 2-42 所示，预制 T 形梁，计算其工程量。

图 2-42　预制 T 形梁及配筋示意图（mm）

【解】

(1) 清单工程量计算

1) 异形梁：

$$V = (0.2 \times 0.6 + 0.3 \times 0.35) \times 4.1 \approx 0.92 \ (m^3)$$

2) $\Phi16$ 预制构件钢筋：

$$\Phi16: \rho = 1.578 \ (kg/m)$$

$$(4.1 - 0.05) \times 2 \times 1.578 \approx 12.78 \ (kg) \approx 0.013 \ (t)$$

3) $\Phi12$ 预制构件钢筋：

$$\Phi12: \rho = 0.888 \ (kg/m)$$

$$(4.1 - 0.05) \times 2 \times 0.888 \approx 7.19 \ (kg) \approx 0.007 \ (t)$$

4) $\Phi20$ 预制构件钢筋：

$$\Phi20: \rho = 2.466 \ (kg/m)$$

$$(4.1 - 0.05 + 6.25 \times 0.02 \times 2) \times 4 \times 2.466 \approx 42.42 \ (kg) \approx 0.04 \ (t)$$

5) $\Phi6$ 预制构件钢筋

$$\Phi6: \rho = 0.222 \ (kg/m)$$

① $[(4.1 - 0.05) \div 0.2 + 1] \times 1.704 \times 0.222 \approx 8.04 \ (kg)$

② $[(4.1 - 0.05) \div 0.2 + 1] \times 1.604 \times 0.222 \approx 7.74 \ (kg)$

①+②$= 8.04 + 7.74 \approx 15.78 \ (kg) \approx 0.16 \ (t)$

(2) 计价表格编制

分部分项工程和单价措施项目清单与计价表见表 2-69。

表 2-69　分部分项工程和单价措施项目清单与计价表

工程名称：某工程

序号	项目编号	项目名称	项目特征描述	计算单位	工程量	金额（元）		
						综合单价	合价	其中 暂估价
1	010410002001	异形梁	预制 T 型梁	m³	0.92			
2	010416002001	预制构件钢筋	$\Phi16$	t	0.013			
3	010416002002	预制构件钢筋	$\Phi12$	t	0.007			
4	010416002003	预制构件钢筋	$\Phi20$	T	0.04			
5	010416002004	预制构件钢筋	$\Phi6$	t	0.16			

(3) 定额工程量

1) 混凝土工程量：

$V=0.92\times1.015\approx0.93$（m³），套用基础定额 5—440。

2）钢筋用量：

①$\Phi16$：12.78kg，套用基础定额 5—299。

②$\Phi12$：7.19kg，套用基础定额 5—297。

③$\Phi20$：42.42kg，套用基础定额 5—301。

④$\Phi6$：8.04kg，套用基础定额 5—355。

⑤$\Phi6$：7.74kg，套用基础定额 5—355。

【例 2-31】   如图 2-43 所示钢筋混凝土直形墙：混凝土强度等级 C25（石子小于 31.5mm），现场搅拌混凝土，钢筋及模板计算略。试编制工程量清单计价表及综合单价计算表。

图 2-43   钢筋混凝土直形墙

【解】

（1）清单工程量计算

直形墙工程量：

$$(5\times3.3-1.0\times2.2-1.6\times1.6)\times0.24\approx2.82\ (\text{m}^3)$$

（2）消耗量定额工程量计算

1）现浇混凝土墙 C25：2.82（m³）

2）现场搅拌混凝土：2.82（m³）

（3）现浇混凝土墙 C25

1）人工费：375.32×2.82/10≈105.84（元）

2）材料费：1585.02×2.82/10≈446.98（元）

3）机械费：8.51×2.82/10≈2.40（元）

（4）现场搅拌混凝土

1）人工费：50.38×2.82/10≈14.21（元）

2）材料费：13.91×2.82/10≈3.92（元）

3）机械费：56.52×2.82/10≈15.94（元）

（5）综合

1）直接费：589.29（元）

2）管理费：589.29×35%≈206.25（元）

3）利润：589.29×5%≈29.46（元）

4) 合价：589.29＋206.25＋29.46＝825（元）

5) 综合单价：825÷2.82≈292.55（元）

分部分项工程量清单计价表见表2-70。分部分项工程量清单综合单价计算表见表2-71。

表 2-70　分部分项工程量清单计价表

序号	项目编号	项目名称	项目特征描述	计算单位	工程数量	金额（元）		
						综合单价	合价	其中 暂估价
1	010504001001	直形墙	现浇混凝土直形墙 C25	m³	2.82	292.55	825	
合　计							825	

表 2-71　分部分项工程量清单综合单价计算表

项目编码	010504001001		项目名称	直形墙		计量单位	m³	工程量	2.82	
综合单价组成明细										
定额编号	定额名称	定额单位	工程数量	单价（元）				合价（元）		
				人工费	材料费	机械费	管理费和利润	人工费	材料费	机械费	管理费和利润
4-2-30	现浇混凝土墙 C25	10m³	0.1	375.32	1585.02	8.51	787.54	37.53	158.50	0.85	78.75
4-4-16	现场搅拌混凝土	10m³	0.1	50.38	13.91	56.52	48.32	5.04	1.39	5.65	4.83
人工单价		小　计						42.57	159.89	6.50	83.58
28元/工日		未计价材料费						—			
清单项目综合单价								292.55			

【例 2-32】　某工程钢筋混凝土框架（KJ₁）2 根，尺寸如图 2-44 所示，混凝土强度等级柱为 C40，梁为 C30，混凝土采用泵送商品混凝土，由施工企业自行采购，根据招标文件要求，现浇混凝土构件实体项目包含模板工程。试列出该钢筋混凝土框架（KJ₁）柱、梁的分部分项工程量清单。

【解】

(1) 清单工程量计算

1) 矩形柱：

$$V = (0.4 \times 0.4 \times 4 \times 3 + 0.4 \times 0.25 \times 0.8 \times 2) \times 2 \approx 4.16 （m^3）$$

2) 矩形梁：

$$V_1 = (4.6 \times 0.25 \times 0.5 + 6.6 \times 0.25 \times 0.50) \times 2 \approx 2.8 （m^3）$$

图 2-44　某工程钢筋混凝土框架示意图（mm）

$$V_2 = \frac{1}{3} \times 1.8 \times (0.4 \times 0.25 + 0.25 \times 0.3 + \sqrt{0.4 \times 0.25 \times 0.25 \times 0.3}) \times 2$$

$$\approx 0.31 \ (\text{m}^3)$$

$$V = 2.8 + 0.31 \approx 3.11 \ (\text{m}^3)$$

（2）计价表格编制

分部分项工程和单价措施项目清单与计价表见表 2-72。

表 2-72　分部分项工程和单价措施项目清单与计价表

工程名称：某工程

序号	项目编号	项目名称	项目特征描述	计算单位	工程量	金额（元）		
						综合单价	合价	其中
								暂估价
1	010502001001	矩形柱	1. 混凝土种类：商品混凝土 2. 混凝土强度等级：C40	m³	4.16			
2	010503002001	矩形梁	1. 混凝土种类：商品混凝土 2. 混凝土强度等级：C30	m³	3.11			

注：根据《房屋建筑与装饰工程工程量计算规范》GB 50854—2013 要求，现浇混凝土模板项目不单列，现浇混凝土工程项目的综合单价中应包括模板工程费用。

【例 2-33】   某现浇混凝土板如图 2-45 所示，其中：板厚 240mm，混凝土强度等级 C25（石子<20mm），现场搅拌混凝土，钢筋及模板计算从略。试编制工程量清单计价表及综合单价计算表。

图 2-45   现浇混凝土平板

【解】

依据某省建筑工程消耗量定额价目表计取有关费用。

（1）清单工程量计算

平板工程量：

$$V=4.4×2.8×0.24≈2.96 （m^3）$$

（2）消耗量定额工程量

平板工程量：

$$V=4.4×2.8×0.24≈2.96 （m^3）$$

（3）现浇混凝土平板 C25

1）人工费：242.44×2.96/10≈71.76 （元）

2）材料费：1691.50×2.96/10≈500.68 （元）

3）机械费：8.07×2.96/10≈2.39 （元）

（4）现场搅拌混凝土

1）人工费：50.38×2.96/10≈14.91 （元）

2）材料费：13.91×2.96/10≈4.12 （元）

3）机械费：56.52×2.96/10≈16.73 （元）

（5）综合

1）直接费合计：610.59 元

2）管理费：610.59×35％≈213.71 （元）

3）利润：610.59×5％≈30.53 （元）

4）合价：610.59＋213.71＋30.53＝854.83 （元）

5）综合单价：854.83÷2.96≈288.79 （元）

分部分项工程量清单计价表见表 2-73。分部分项工程量清单综合单价计算表见表 2-74。

表 2-73　分部分项工程和单价措施项目清单与计价表

序号	项目编号	项目名称	项目特征描述	计量单位	工程量	综合单价	合价	其中 暂估价
1	010505003001	平板	1. 现浇混凝土平板，板厚240mm 2. 混凝土强度等级 C25（石子＜20mm） 3. 现场搅拌混凝土	m³	2.96	288.79	854.83	
			合　　计				854.83	

表 2-74　综合单价分析表

项目编码	010505003001	项目名称	平板	计量单位	m³	工程量	2.96

清单综合单价组成明细

定额编号	定额项目名称	定额单位	数量	人工费	材料费	机械费	管理费和利润	人工费	材料费	机械费	管理费和利润
3-2-38	现浇混凝土平板 C25	10m³	0.1	242.44	1691.50	8.07	776.80	24.24	169.15	0.81	77.68
3-3-16	现场搅拌混凝土	10m³	0.1	50.38	13.91	56.52	48.32	5.04	1.39	5.65	4.83
人工单价		小　　计						29.24	170.54	6.46	82.51
28 元/工日		未计价材料费						—			
清单项目综合单价								288.79			

2.9　金属结构工程工程量计算及清单编制实例

2.9.1　金属结构工程清单工程量计算规则

1. 钢网架

钢网架工程量清单项目设置、项目特征描述、计量单位及工程量计算规则应按表2-75的规定执行。

表 2-75　钢网架（编码：010601）

项目编码	项目名称	项目特征	计量单位	工程量计算规则	工程内容
010601001	钢网架	1. 钢材品种、规格 2. 网架节点形式、连接方式 3. 网架跨度、安装高度 4. 探伤要求 5. 防火要求	t	按设计图示尺寸以质量计算不扣除孔眼的质量，焊条、铆钉、螺栓等不另增加质量	1. 拼装 2. 安装 3. 探伤 4. 补刷油漆

2. 钢屋架、钢托架、钢桁架、钢架桥

钢屋架、钢托架、钢桁架、钢架桥工程量清单项目设置、项目特征描述、计量单位及工程量计算规则应按表 2-76 的规定执行。

表 2-76　钢屋架、钢托架、钢桁架、钢架桥（编码：010602）

项目编码	项目名称	项目特征	计量单位	工程量计算规则	工程内容
010602001	钢屋架	1. 钢材品种、规格 2. 单榀质量 3. 屋架跨度、安装高度 4. 螺栓种类 5. 探伤要求 6. 防火要求	1. 榀 2. t	1. 以榀计量，按设计图示数量计算 2. 以吨计量，按设计图示尺寸以质量计算。不扣除孔眼的质量，焊条、铆钉、螺栓等不另增加质量	1. 拼装 2. 安装 3. 探伤 4. 补刷油漆
010602002	钢托架	1. 钢材品种、规格 2. 单榀质量 3. 安装高度 4. 螺栓种类 5. 探伤要求 6. 防火要求	t	按设计图示尺寸以质量计算不扣除孔眼的质量，焊条、铆钉、螺栓等不另增加质量	
010602003	钢桁架				
010602004	钢桥架	1. 桥架类型 2. 钢材品种、规格 3. 单榀质量 4. 安装高度 5. 螺栓种类 6. 探伤要求			

注：以榀计量，按标准图设计的应注明标准图代号，按非标准图设计的项目特征必须描述单榀屋架的质量。

3. 钢柱

钢柱工程量清单项目设置、项目特征描述、计量单位及工程量计算规则应按表 2-77 的规定执行。

表 2-77 钢柱（编码：010603）

项目编码	项目名称	项目特征	计量单位	工程量计算规则	工程内容
010603001	实腹钢柱	1. 柱类型 2. 钢材品种、规格 3. 单根柱质量 4. 螺栓种类 5. 探伤要求 6. 防火要求	t	按设计图示尺寸以质量计算。不扣除孔眼的质量，焊条、铆钉、螺栓等不另增加质量，依附在钢柱上的牛腿及悬臂梁等并入钢柱工程量内	1. 拼装 2. 安装 3. 探伤 4. 补刷油漆
010603002	空腹钢柱				
010603003	钢管柱	1. 钢材品种、规格 2. 单根柱质量 3. 螺栓种类 4. 探伤要求 5. 防火要求		按设计图示尺寸以质量计算。不扣除孔眼的质量，焊条、铆钉、螺栓等不另增加质量，钢管柱上的节点板、加强环、内衬管、牛腿等并入钢管柱工程量内	

注：1. 实腹钢柱类型指十字、T、L、H形等。
2. 空腹钢柱类型指箱形、格构等。
3. 型钢混凝土柱浇筑钢筋混凝土，其混凝土和钢筋应按"混凝土及钢筋混凝土工程"中相关项目编码列项。

4. 钢梁

钢梁工程量清单项目设置、项目特征描述、计量单位及工程量计算规则应按表 2-78 的规定执行。

表 2-78 钢梁（编码：010604）

项目编码	项目名称	项目特征	计量单位	工程量计算规则	工程内容
010604001	钢梁	1. 梁类型 2. 钢材品种、规格 3. 单根质量 4. 螺栓种类 5. 安装高度 6. 探伤要求 7. 防火要求	t	按设计图示尺寸以质量计算，不扣除孔眼的质量，焊条、铆钉、螺栓等不另增加质量，制动梁、制动板、制动桁架、车挡并入钢吊车梁工程量内	1. 拼装 2. 安装 3. 探伤 4. 补刷油漆
010604002	钢吊车梁	1. 钢材品种、规格 2. 单根质量 3. 螺栓种类 4. 安装高度 5. 探伤要求 6. 防火要求	t	按设计图示尺寸以质量计算，不扣除孔眼的质量，焊条、铆钉、螺栓等不另增加质量，制动梁、制动板、制动桁架、车挡并入钢吊车梁工程量内	

注：1. 梁类型指 H、L、T形、箱形、格构式等。
2. 型钢混凝土梁浇筑钢筋混凝土，其混凝土和钢筋应按"混凝土及钢筋混凝土工程"中相关项目编码列项。

5. 钢板楼板、墙板

钢板楼板、墙板工程量清单项目设置、项目特征描述、计量单位及工程量计算规则应按表2-79的规定执行。

表2-79 钢板楼板、墙板（编码：010605）

项目编码	项目名称	项目特征	计量单位	工程量计算规则	工程内容
010605001	钢板楼板	1. 钢材品种、规格 2. 钢板厚度 3. 螺栓种类 4. 防火要求	m²	按设计图示尺寸以铺设水平投影面积计算不扣除单个面积小于或等于 0.3m² 柱、垛及孔洞所占面积	1. 制作 2. 运输 3. 安装 4. 刷油漆
010605002	钢板墙板	1. 钢材品种、规格 2. 钢板厚度、复合板厚度 3. 螺栓种类 4. 复合板夹芯材料种类、层数、型号、规格 5. 防火要求		按设计图示尺寸以铺挂面积计算不扣除单个面积小于或等于 0.3m² 的梁、孔洞所占面积，包角、包边、窗台泛水等不另加面积	

注：1. 钢板楼板上浇筑钢筋混凝土，其混凝土和钢筋应按"混凝土及钢筋混凝土工程"中相关项目编码列项。
2. 压型钢楼板按"钢板楼板、墙板"中钢板楼板项目编码列项。

6. 钢构件

钢构件工程量清单项目设置、项目特征描述、计量单位及工程量计算规则应按表2-80的规定执行。

表2-80 钢构件（编码：010606）

项目编码	项目名称	项目特征	计量单位	工程量计算规则	工程内容
010606001	钢支撑、钢拉条	1. 钢材品种、规格 2. 构件类型 3. 安装高度 4. 螺栓种类 5. 探伤要求 6. 防火要求	t	按设计图示尺寸以质量计算，不扣除孔眼的质量，焊条、铆钉、螺栓等不另增加质量	1. 拼装 2. 安装 3. 探伤 4. 补刷油漆
010606002	钢檩条	1. 钢材品种、规格 2. 构件类型 3. 单根质量 4. 安装高度 5. 螺栓种类 6. 探伤要求 7. 防火要求			

续表 2-80

项目编码	项目名称	项目特征	计量单位	工程量计算规则	工程内容
010606003	钢天窗架	1. 钢材品种、规格 2. 单榀质量 3. 安装高度 4. 螺栓种类 5. 探伤要求 6. 防火要求			
010606004	钢挡风架	1. 钢材品种、规格 2. 单榀质量 3. 螺栓种类		按设计图示尺寸以质量计算，不扣除孔眼的质量，焊条、铆钉、螺栓等不另增加质量	
010606005	钢墙架	4. 探伤要求 5. 防火要求			
010606006	钢平台	1. 钢材品种、规格 2. 螺栓种类 3. 防火要求			
010606007	钢走道				
010606008	钢梯	1. 钢材品种、规格 2. 钢梯形式 3. 螺栓种类 4. 防火要求	t		1. 拼装 2. 安装 3. 探伤 4. 补刷油漆
010606009	钢栏杆	1. 钢材品种、规格 2. 防火要求			
010606010	钢漏斗	1. 钢材品种、规格 2. 漏斗、天沟形式 3. 安装高度 4. 探伤要求		按设计图示尺寸以质量计算，不扣除孔眼的质量，焊条、铆钉、螺栓等不另增加质量，依附漏斗或天沟的型钢并入漏斗或天沟工程量内	
010606011	钢板天沟				
010606012	钢支架	1. 钢材品种、规格 2. 安装高度 3. 防火要求		按设计图示尺寸以质量计算，不扣除孔眼的质量，焊条、铆钉、螺栓等不另增加质量	
010606013	零星钢构件	1. 构件名称 2. 钢材品种、规格			

注：1. 钢墙架项目包括墙架柱、墙架梁和连接杆件。

　　2. 钢支撑、钢拉条类型指单式、复式；钢檩条类型指型钢式、格构式；钢漏斗形式指方形、圆形；天沟形式指矩形沟或半圆形沟。

　　3. 加工铁件等小型构件，按"钢构件"中零星钢构件项目编码列项。

7. 金属制品

金属制品工程量清单项目设置、项目特征描述、计量单位及工程量计算规则应按表2-81的规定执行。

表2-81 金属制品（编码：010607）

项目编码	项目名称	项目特征	计量单位	工程量计算规则	工程内容
010607001	成品空调金属百页护栏	1. 材料品种、规格 2. 边框材质	m²	按设计图示尺寸以框外围展开面积计算	1. 安装 2. 校正 3. 预埋铁件及安螺栓
010607002	成品栅栏	1. 材料品种、规格 2. 边框及立柱型钢品种、规格			1. 安装 2. 校正 3. 预埋铁件 4. 安螺栓及金属立柱
010607003	成品雨篷	1. 材料品种、规格 2. 雨篷宽度 3. 晾衣竿品种、规格	1. m 2. m²	1. 以米计量，按设计图示接触边以米计算 2. 以平方米计量，按设计图示尺寸以展开面积计算	1. 安装 2. 校正 3. 预埋铁件及安螺栓
010607004	金属网栏	1. 材料品种、规格 2. 边框及立柱型钢品种、规格	m²	按设计图示尺寸以框外围展开面积计算	1. 安装 2. 校正 3. 安螺栓及金属立柱
010607005	砌块墙钢丝网加固	1. 材料品种、规格 2. 加固方式	m²	按设计图示尺寸以面积计算	1. 铺贴 2. 铆固
010607006	后浇带金属网				

注：抹灰钢丝网加固按"金属制品"中砌块墙钢丝网加固项目编码列项。

8. 金属结构工程其他相关问题及说明

1）金属构件的切边，不规则及多边形钢板发生的损耗在综合单价中考虑。

2）防火要求指耐火极限，钢结构耐火极限见表2-82。

表2-82 钢结构耐火极限

构件名称		耐火极限（h）	燃烧性能
柱	无保护层的钢柱	0.25	不燃烧体
	有保护层的钢柱： 1）用普通黏土砖作保护层，其厚度为120mm	2.85	不燃烧体

续表 2-82

构件名称	耐火极限（h）	燃烧性能
2）用陶粒混凝土作保护层，其厚度为 100mm	3.00	不燃烧体
3）用 200 号混凝土作保护层，其厚度为： 100mm	2.85	不燃烧体
50mm	2.00	不燃烧体
25mm	0.80	不燃烧体
4）用加气混凝土作保护层，其厚度为： 40mm	1.00	不燃烧体
50mm	1.40	不燃烧体
70mm	2.00	不燃烧体
80mm	2.30	不燃烧体
5）用金属网抹 50 号砂浆作保护层，其厚度为： 25mm	0.80	不燃烧体
50mm	1.30	不燃烧体
6）用薄涂型钢结构防火涂料作保护层，其厚度为： 5.5mm	1.00	不燃烧体
7.0mm	1.50	不燃烧体
7）用厚涂型钢结构防火涂料作保护层，其厚度为： 15mm	1.00	不燃烧体
20mm	1.50	不燃烧体
30mm	2.00	不燃烧体
40mm	2.50	不燃烧体
50mm	3.00	不燃烧体
无保护层的钢梁、楼梯	0.25	不燃烧体
1）用厚涂型钢结构防火涂料保护的钢梁，保护层厚度为： 15mm	1.00	不燃烧体
20mm	1.50	不燃烧体
30mm	2.00	不燃烧体
40mm	2.50	不燃烧体
50mm	3.00	不燃烧体
2）用薄涂型钢结构防火涂料保护的钢梁，保护层厚度为： 5.5mm	1.00	不燃烧体
7.0mm	1.50	不燃烧体
3）用防火板包裹保护的钢梁，保护层厚度为： 20mm	1.00	不燃烧体
9mm（板内侧衬 50mm 岩棉（100kg/m³））	1.50	不燃烧体
20mm（钢梁表面涂刷 8mm 高温胶）	2.00	不燃烧体

柱（第一大段左侧标注）

梁（第二大段左侧标注）

2.9.2 金属结构工程定额工程量计算规则

1. 定额工程量计算规则

1) 金属结构制作按图示钢材尺寸以吨计算，不扣除孔眼、切边的重量，焊条、铆钉、螺栓等重量，已包括在定额内不另计算。在计算不规则或多边形钢板重量时均以其最大对角线乘最大宽度的矩形面积计算。

2) 实腹柱、吊车梁、H形钢按图示尺寸计算，其中腹板及翼板宽度按每边增加25mm计算。

3) 制动梁的制作工程量包括制动梁、制动桁梁、制动板重量；墙架的制作工程量包括墙架柱、墙架梁及连接柱杆重量；钢柱制作工程量包括依附于柱上的牛腿及悬臂梁重量。

4) 轨道制作工程量，只计算轨道本身重量，不包括轨道垫板、压板、斜垫、夹板及连接角钢等重量。

5) 铁栏杆制作，仅适用于工业厂房中平台、操作台的钢栏杆。民用建筑中铁栏杆等按《全国统一建筑工程基础定额》GJD—101—1995中的其他章节有关项目计算。

6) 钢漏斗制作工程量，矩形按图示分片，圆形按图示展开尺寸，并依钢板宽度分段计算，每段均以其上口长度（圆形以分段展开上口长度）与钢板宽度，按矩形计算，依附漏斗的型钢并入漏斗重量内计算。

2. 定额工程量计算说明

1) 定额适用于现场加工制作，也适用于企业附属加工厂制作的构件。

2) 定额的制作，均是按焊接编制的。

3) 构件制作，包括分段制作和整体预装配的人工材料及机械台班用量，整体预装配用的螺栓及锚固杆件用的螺栓，已包括在定额内。

4) 定额除注明者外，均包括现场内（工厂内）的材料运输，号料、加工、组装及成品堆放、装车出厂等全部工序。

5) 定额未包括加工点至安装点的构件运输，应另按构件运输定额相应项目计算。

6) 定额构件制作项目中，均已包括刷一遍防锈漆工料。

7) 钢筋混凝土组合屋架钢拉杆，按屋架钢支撑计算。

8) 定额编号12—1至12—45项，其他材料费（以 * 表示）均以下列材料组成；木脚手板0.03m³；木垫块0.01m³；铁丝8号0.40kg；砂轮片0.2g片；铁砂布0.07张；机油0.04kg；汽油0.03kg；铅油0.80kg；棉纱头0.11kg。其他机械费（以 * 表示）由下列机械组成；座式砂轮机0.56台班；手动砂轮机件0.56台班；千斤顶0.56台班；手动葫芦0.56台班；手电钻0.56台班。各部门、地区编制价格表时以此计入。

2.9.3 金属结构工程工程量计算与清单编制实例

【例 2-34】 某钢直梯如图2-46所示，试求该钢直梯的工程量。

【解】

(1) 清单工程量计算

1) 扶手工程量：

6mm厚钢板的理论质量为 47.1kg/m²。

$47.1 \times (0.05 \times 2 + 0.04 \times 2) \times 4.5 \times 2$

≈ 76.30（kg）≈ 0.076（t）

2）梯板工程量：

5mm 厚钢板的理论质量为 39.2kg/m^2。

$39.2 \times 0.5 \times 0.05 \times 12 \approx 11.76$（kg）$\approx 0.012$（t）

3）总的预算工程量：

$0.076 + 0.012 = 0.088$（t）

（2）计价表格编制

分部分项工程和单价措施项目清单与计价表见表2-83。

（3）定额工程量

定额工程量同清单工程量。

套用基础定额12—38。

注：钢梯在清单和定额工程量计算中，只计算扶手和梯板的工程量，不计算焊条及焊缝的工程量。

图 2-46 钢梯示意图（mm）

表 2-83 分部分项工程和单价措施项目清单与计价表

工程名称：某工程

序号	项目编号	项目名称	项目特征描述	计算单位	工程量	综合单价	合价	其中暂估价
						金额（元）		
1	010606008001	钢梯	5mm 厚钢板，钢直梯	t	0.088			

【例 2-35】 某工程钢支撑如图 2-47 所示，钢屋架刷一遍防锈漆，一遍防火漆，试编制工程量清单综合单价及合价。

图 2-47 某工程钢支撑图（mm）

【解】

（1）工程量计算

1）角钢（L140×12）：$3.6 \times 2 \times 2 \times 25.552 \approx 367.95$（kg）

2）钢板（δ10）：0.8×0.28×78.5≈17.58（kg）

3）钢板（δ10）：0.16×0.07×3×2×78.5≈5.28（kg）

4）钢板（δ12）：（0.16+0.38）×0.49×2×94.2≈49.85（kg）

5）工程量合计：440.66（kg）≈0.441（t）

（2）钢支撑

1）钢屋架支撑制作安装：

①人工费：165.19×0.441≈72.85（元）

②材料费：4716.47×0.441≈2079.96（元）

③机械费：181.84×0.441≈80.19（元）

2）钢支撑刷一遍防锈漆：

①人工费：26.34×0.441≈11.62（元）

②材料费：69.11×0.441≈30.48（元）

③机械费：2.86×0.441≈1.26（元）

3）钢屋架支撑刷二遍防火漆：

①人工费：49.23×0.441≈21.71（元）

②材料费：133.64×0.441≈58.94（元）

③机械费：5.59×0.441≈2.47（元）

4）钢屋架支撑刷防火漆刷一遍：

①人工费：25.48×0.441≈11.24（元）

②材料费：67.71×0.441≈29.86（元）

③机械费：2.85×0.441≈1.26（元）

（3）综合

①直接费合计：2401.84元

②管理费：2401.84×34%≈816.63（元）

③利润：2401.84×8%≈192.15（元）

④总计：2401.84+816.63+192.15=3410.62（元）

⑤综合单价：3410.62÷0.441≈7733.83（元）

分部分项工程和单价措施项目清单与计价表见表2-84，综合单价分析表见表2-85。

表 2-84　分部分项工程和单价措施项目清单与计价表

序号	项目编号	项目名称	项目特征描述	计算单位	工程量	金额（元）		
						综合单价	合价	其中
								暂估价
1	010606001001	钢支撑、钢拉条	钢材品种，规格为：角钢∟140×12；钢板厚10mm：0.80×0.28；钢板厚10mm：0.16×0.07；钢板厚12mm：（0.16+0.38）×0.49；钢支撑刷一遍防锈漆、防火漆	t	0.441	7733.83	3410.62	

表 2-85　综合单价分析表

项目编码	010606001001		项目名称	钢支撑、钢拉条		计量单位	t	工程量		0.441
清单综合单价组成明细										
定额编号	定额项目名称	定额单位	数量	单价				合价			
				人工费	材料费	机械费	管理费和利润	人工费	材料费	机械费	管理费和利润
—	钢屋架支撑制作安装	t	1	165.19	4716.47	181.84	2126.67	165.19	4716.47	181.84	2126.67
—	钢支撑刷一遍防锈漆	t	1	26.34	69.11	2.86	41.29	26.34	69.11	2.86	41.29
—	钢屋架支撑刷两遍防火漆	t	1	49.23	133.64	5.59	79.15	49.23	133.64	5.59	79.15
—	钢屋架支撑刷防火漆，减一遍	t	1	25.48	67.71	2.85	40.34	25.48	67.71	2.85	40.34
人工单价			小　计					266.24	4986.93	193.14	2287.45
22.47 元/工日			未计价材料费								
清单项目综合单价								7733.83			

【**例 2-36**】　某工程空腹钢柱如图 2-48 所示（最底层钢板为 12mm 厚），共 2 根，加工厂制作，运输到现场拼装、安装、超声波探伤、耐火极限为二级。钢材单位理论质量见表 2-86。试列出该工程空腹钢柱的分部分项工程量清单。

【**解**】

(1) 清单工程量计算

1) ⌐100b×（320×90）钢板：

$$G_1 = 2.97 \times 2 \times 43.25 \times 2 \approx 513.81 \ (\text{kg})$$

2) ∟100×1130×8 钢板：

$$G_2 = (0.29 \times 6 + \sqrt{0.8^2 + 0.29^2} \times 6) \times 12.28 \times 2 \approx 168.13 \ (\text{kg})$$

3) ∟140×140×10 钢板：

$$G_3 = (0.32 + 0.14 \times 2) \times 4 \times 21.49 \times 2 \approx 103.15 \ (\text{kg})$$

4) -12 钢板：

$$G_4 = 0.75 \times 0.75 \times 94.20 \times 2 \approx 105.98 \ (\text{kg})$$

5) 总空腹钢柱工程量：

$$G = G_1 + G_2 + G_3 + G_4 = 513.81 + 168.13 + 103.15 + 105.98 = 891.07 \ (\text{kg}) \approx 0.89 \ (\text{t})$$

图 2-48　空腹钢柱示意图（mm）

表 2-86　钢材单位理论质量表

规　格	单位质量	备　注
[100b×（320×90）	43.25kg/m	槽钢
L 100×100×8	12.28kg/m	角钢
L 140×140×10	21.49kg/m	角钢
—12	94.20kg/m²	钢板

（2）计价表格编制

分部分项工程和单价措施项目清单与计价表见表 2-87。

表 2-87　分部分项工程和单价措施项目清单与计价表

工程名称：某工程

项目编号	项目名称	项目特征描述	计量单位	工程量	金额（元）		
					综合单价	合价	其中
							暂估价
010603002001	空腹钢柱	1. 柱类型：简易箱形 2. 钢材品种、规格：槽钢、角钢、钢板，规格详见图 2-48 3. 单根柱质量：0.45t 4. 螺栓种类：普通螺栓 5. 探伤要求：超声波探伤 6. 防火要求：耐火极限为二级	t	0.89			

2.10 木结构工程工程量计算及清单编制实例

2.10.1 木结构工程清单工程量计算规则

1. 木屋架

木屋架工程量清单项目设置、项目特征描述、计量单位及工程量计算规则应按表2-88的规定执行。

表 2-88 木屋架（编码：010701）

项目编码	项目名称	项目特征	计量单位	工程量计算规则	工程内容
010702001	木屋架	1. 跨度 2. 材料品种、规格 3. 刨光要求 4. 拉杆及夹板种类 5. 防护材料种类	1. 榀 2. m³	1. 以榀计量，按设计图示数量计算 2. 以立方米计量，按设计图示的规格尺寸以体积计算	1. 制作 2. 运输 3. 安装 4. 刷防护材料
010702002	钢木屋架	1. 跨度 2. 木材品种、规格 3. 刨光要求 4. 钢材品种、规格 5. 防护材料种类	榀	以榀计量，按设计图示数量计算	

注：1. 屋架的跨度应以上、下弦中心线两交点之间的距离计算。
2. 带气楼的木屋架和马尾、折角以及正交部分的半屋架，按相关屋架项目编码列项。
3. 以榀计量，按标准图设计的应注明标准图代号，按非标准图设计的项目特征必须按本表要求予以描述。

2. 木构件

木构件工程量清单项目设置、项目特征描述、计量单位及工程量计算规则应按表2-89的规定执行。

表 2-89 木构件（编码：010702）

项目编码	项目名称	项目特征	计量单位	工程量计算规则	工程内容
010702001	木柱	1. 构件规格尺寸 2. 木材种类 3. 刨光要求 4. 防护材料种类	m³	按设计图示尺寸以体积计算	1. 制作 2. 运输 3. 安装 4. 刷防护材料
010702002	木梁		m³	按设计图示尺寸以体积计算	
010702003	木檩		1. m³ 2. m	1. 以立方米计量，按设计图示尺寸以体积计算 2. 以米计量，按设计图示尺寸以长度计算	
010702004	木楼梯	1. 楼梯形式 2. 木材种类 3. 刨光要求 4. 防护材料种类	m²	按设计图示尺寸以水平投影面积计算。不扣除宽度≤300mm的楼梯井，伸入墙内部分不计算	

续表 2-89

项目编码	项目名称	项目特征	计量单位	工程量计算规则	工程内容
010702005	其他木构件	1. 构件名称 2. 构件规格尺寸 3. 木材种类 4. 刨光要求 5. 防护材料种类	1. m³ 2. m	1. 以立方米计量，按设计图示尺寸以体积计算 2. 以米计量，按设计图示尺寸以长度计算	1. 制作 2. 运输 3. 安装 4. 刷防护材料

注：1. 木楼梯的栏杆（栏板）、扶手，应按"其他装饰工程"相关项目编码列项。

2. 以米计算，项目特征必须描述构件规格尺寸。

3. 屋面木基层

屋面木基层工程量清单项目设置、项目特征描述、计量单位及工程量计算规则应按表 2-90 的规定执行。

表 2-90　屋面木基层（编码：010703）

项目编码	项目名称	项目特征	计量单位	工程量计算规则	工程内容
010703001	屋面木基层	1. 椽子断面尺寸及椽距 2. 望板材料种类、厚度 3. 防护材料种类	m²	按设计图示尺寸以斜面积计算 不扣除房上烟囱、风帽底座、风道、小气窗、斜沟等所占面积。小气窗的出檐部分不增加面积	1. 椽子制作、安装 2. 望板制作、安装 3. 顺水条和挂瓦条制作、安装 4. 刷防护材料

2.10.2　木结构工程定额工程量计算规则

1. 定额工程量计算规则

木屋架的制作安装工程量，按以下规定计算：

1）木屋架制作安装均按设计断面竣工木料以立方米计算，其后备长度及配制损耗均不另外计算。

2）方木屋架一面刨光时增加 3mm，两面刨光时增加 5mm，圆木屋架按屋架刨光时木材体积每立方米增加 0.05m³ 计算。附属于屋架的夹板、垫木等已并入相应的屋架制作项目中，不另计算；与屋架连接的挑檐木、支撑等，其工程量并入屋架竣工木料体积内计算。

3）屋架的制作安装应区别不同跨度，其跨度应以屋架上下弦杆的中心线交点之间的长度为准。带气楼的屋架并入所依附屋架的体积内计算。

4）屋架的马尾、折角和正交部分半屋架，应并入相连接屋架的体积内计算。

5）钢木屋架区分圆、方木，按竣工木料以立方米计算。

6）圆木屋架连接的挑檐木、支撑等如为方木时，其方木部分应乘以系数 1.7，折合成圆木并入屋架竣工木料内，单独的方木挑檐，按矩形檩木计算。

7）檩木按竣工木料以立方米计算。简支檩条长度按设计规定计算，如设计无规定者，按屋架或山墙中距增加 200mm 计算，如两端出山，檩条长度算至博风板；连续檩条的长度按设计长度计算，其接头长度按全部连续檩木总体积的 5% 计算。檩条托木已计入相应的檩木制作项目中，不另计算。

2. 定额工程量计算说明

1）定额是按机械和手工操作综合编制的，所以不论实际采取何种操作方法，均按定额执行。

2）定额中木材木种分类如下：

一类：红松、水桐木、樟子松。

二类：白松（方杉、冷杉）、杉木、杨木、柳木、椴木。

三类：青松、黄花松、秋子木、马尾松、东北榆木、柏木、苦楝木、梓木、黄菠萝、椿木、楠木、柚木、樟木。

四类：栎木（柞木）、檀木、色木、槐木、荔木、麻栗木（麻栎、青刚）、桦木、荷木、水曲柳、华北榆木。

3）定额中木材以自然干燥条件下含水率为准编制的，需人工干燥时，其费用可列入木材价格内由各地区另行确定。

4）定额中板材、方材规格，见表 2-91。

表 2-91　板材、方材规格表

项目	按宽厚尺寸比例分类	按板材厚度、方材宽、厚乘积				
板材	宽≥3×厚	名称	薄板	中板	厚板	特厚板
		厚度/mm	<18	19~35	36~65	≥66
方材	宽<3×厚	名称	小方	中方	大方	特大方
		宽×厚/cm²	<54	55~100	101~225	≥225

5）定额中所注明的木材断面或厚度均以毛料为准。如设计图纸注明的断面或厚度为净料时，应增加刨光损耗；板、方材一面刨光增加 3mm；两面刨光增加 5mm；圆木每 $1m^3$ 材积增加 $0.05m^3$。

2.10.3　木结构工程工程量计算与清单编制实例

【例 2-37】　某钢木屋架尺寸如图 2-49 所示，上弦、斜撑采用木材，下弦、中柱采用钢材，跨度 8m，共 10 榀，屋架刷调和漆两遍，计算钢木屋架工程量。

【解】

（1）清单工程量计算

钢木屋架工程量：10 榀。

（2）计价表格编制

分部分项工程和单价措施项目清单与计价表见表 2-92。

图 2-49 某钢屋架示意图 (mm)

表 2-92 分部分项工程和单价措施项目清单与计价表

项目编号	项目名称	项目特征描述	计量单位	工程量	金额（元）		
					综合单价	合价	其中
							暂估价
010701002001	钢木屋架	跨度 8m，上弦木材截面 120mm×180mm，斜撑木材截面 120mm×180mm，刷底调和漆两遍	榀	10			

（3）定额工程量

1）上弦：

$$4.472×0.12×0.18×2≈0.19 （m^3）$$

2）斜撑：

$$\sqrt{2.0^2+\left(\frac{2.0}{2}\right)^2}×0.1×0.18×2≈0.08 （m^3）$$

钢木屋架套用基础定额 7-334。

【例 2-38】 某厂房，方木屋架如图 2-50 所示，共 4 榀，现场制作，不刨光，拉杆为 Φ10 的圆钢，铁件刷防锈漆一遍，轮胎式起重机安装，安装高度 6m。试列出该工程方木屋架以立方米计量的分部分项工程量清单。

【解】

（1）清单工程量计算

1）下弦杆：

$$V_1=0.15×0.18×6.6×4≈0.713 （m^3）$$

图 2-50 方木屋架示意图 (mm)

2) 上弦杆:

$$V_2 = 0.10 \times 0.12 \times 3.354 \times 2 \times 4 \approx 0.322 \text{ (m}^3\text{)}$$

3) 斜撑:

$$V_3 = 0.06 \times 0.08 \times 1.677 \times 2 \times 4 \approx 0.064 \text{ (m}^3\text{)}$$

4) 元宝垫木:

$$V_4 = 0.30 \times 0.10 \times 0.08 \times 4 \approx 0.010 \text{ (m}^3\text{)}$$

5) 方木屋架工程量:

$$V = V_1 + V_2 + V_3 + V_4 = 0.713 + 0.322 + 0.064 + 0.010 \approx 1.11 \text{ (m}^3\text{)}$$

(2) 计价表格编制

分部分项工程和单价措施项目清单与计价表见表 2-93。

表 2-93 分部分项工程和单价措施项目清单与计价表

项目编号	项目名称	项目特征描述	计量单位	工程量	金额（元）		
					综合单价	合价	其中
							暂估价
010701001001	方木屋架	1. 跨度: 6.00m 2. 材料品种、规格: 方木、规格详图 3. 刨光要求: 不刨光 4. 拉杆种类: Φ10 圆钢 5. 防护材料种类: 铁件刷防锈漆一遍	m³	1.11			

注: 依据《房屋建筑与装饰工程工程量计算规范》GB 50854—2013 规定, 屋架的跨度以上、下弦中心线两交点之间的距离计算。

2.11　门窗工程工程量计算及清单编制实例

2.11.1　门窗工程清单工程量计算规则

1. 木门

木门工程量清单项目设置、项目特征描述、计量单位及工程量计算规则应按表 2-94 中的规定执行。

表 2-94　木门（编码：010801）

项目编码	项目名称	项目特征	计量单位	工程量计算规则	工程内容
010801001	木质门	1. 门代号及洞口尺寸 2. 镶嵌玻璃品种、厚度	1. 樘 2. m²	1. 以樘计量，按设计图示数量计算 2. 以平方米计量，按设计图示洞口尺寸以面积计算	1. 门安装 2. 玻璃安装 3. 五金安装
010801002	木质门带套				
010801003	木质连窗门				
010801004	木质防火门				
010801005	木门框	1. 门代号及洞口尺寸 2. 框截面尺寸 3. 防护材料种类	1. 樘 2. m	1. 以樘计量，按设计图示数量计算 2. 以米计量，按设计图示框的中心线以延长米计算	1. 木门框制作、安装 2. 运输 3. 刷防护材料
010801006	门锁安装	1. 锁品种 2. 锁规格	个（套）	按设计图示数量计算	安装

注：1. 木质门应区分镶板木门、企口木板门、实木装饰门、胶合板门、夹板装饰门、木纱门、全玻门（带木质扇框）、木质半玻门（带木质扇框）等项目，分别编码列项。

2. 木门五金应包括：折页、插销、门碰珠、弓背拉手、搭机、木螺丝、弹簧折页（自动门）、管子拉手（自由门、地弹门）、地弹簧（地弹门）、角铁、门轧头（地弹门、自由门）等。

3. 木质门带套计量按洞口尺寸以面积计算，不包括门套的面积，但门套应计算在综合单价中。

4. 以樘计量，项目特征必须描述洞口尺寸；以平方米计量，项目特征可不描述洞口尺寸。

5. 单独制作安装木门框按木门框项目编码列项。

2. 金属门

金属门工程量清单项目设置、项目特征描述、计量单位及工程量计算规则应按表2-95 中的规定执行。

表 2-95　金属门（编码：010802）

项目编码	项目名称	项目特征	计量单位	工程量计算规则	工程内容
010802001	金属（塑钢）门	1. 门代号及洞口尺寸 2. 门框或扇外围尺寸 3. 门框、扇材质 4. 玻璃品种、厚度	1. 樘 2. m²	1. 以樘计量，按设计图示数量计算 2. 以平方米计，按设计图示洞口尺寸以面积计算	1. 门安装 2. 五金安装 3. 玻璃安装

续表 2-95

项目编码	项目名称	项目特征	计量单位	工程量计算规则	工程内容
010802002	彩板门	1. 门代号及洞口尺寸 2. 门框或扇外围尺寸	1. 樘 2. m²	1. 以樘计量，按设计图示数量计算 2. 以平方米计，按设计图示洞口尺寸以面积计算	1. 门安装 2. 五金安装 3. 玻璃安装
010802003	钢质防火门	1. 门代号及洞口尺寸 2. 门框或扇外围尺寸			1. 门安装 2. 五金安装
010802004	防盗门	3. 门框、扇材质			

注：1. 金属门应区分金属平开门、金属推拉门、金属地弹门、全玻门（带金属扇框）、金属半玻门（带扇框）等项目，分别编码列项。
   2. 铝合金门五金包括：地弹簧、门锁、拉手、门插、门铰、螺丝等。
   3. 金属门五金包括 L 型执手插锁（双舌）、执手锁（单舌）、门轨头、地锁、防盗门机、门眼（猫眼）、门碰珠、电子锁（磁卡锁）、闭门器、装饰拉手等。
   4. 以樘计量，项目特征必须描述洞口尺寸，没有洞口尺寸必须描述门框或扇外围尺寸，以平方米计量，项目特征可不描述洞口尺寸及框、扇的外围尺寸。
   5. 以平方米计量，无设计图示洞口尺寸，按门框、扇外围以面积计算。

3. 金属卷帘（闸）门

金属卷帘（闸）门工程量清单项目设置、项目特征描述、计量单位及工程量计算规则应按表 2-96 中的规定执行。

表 2-96 金属卷帘（闸）门（编码：010803）

项目编码	项目名称	项目特征	计量单位	工程量计算规则	工程内容
010803001	金属卷帘（闸）门	1. 门代号及洞口尺寸 2. 门材质 3. 启动装置品种、规格	1. 樘 2. m²	1. 以樘计量，按设计图示数量计算 2. 以平方米计量，按设计图示洞口尺寸以面积计算	1. 门运输、安装 2. 启动装置、活动小门、五金安装
010803002	防火卷帘（闸）门				

注：以樘计量，项目特征必须描述洞口尺寸；以平方米计量，项目特征可不描述洞口尺寸。

4. 厂库房大门、特种门

厂库房大门、特种门工程量清单项目设置、项目特征描述、计量单位及工程量计算规则应按表 2-97 的规定执行。

5. 其他门

其他门工程量清单项目设置、项目特征描述、计量单位及工程量计算规则应按表2-98 中的规定执行。

表 2-97　厂库房大门、特种门（编码：010804）

项目编码	项目名称	项目特征	计量单位	工程量计算规则	工程内容
010804001	木板大门	1. 门代号及洞口尺寸 2. 门框或扇外围尺寸	1. 樘 2. m²	1. 以樘计量，按设计图示数量计算 2. 以平方米计量，按设计图示洞口尺寸以面积计算	1. 门（骨架）制作、运输 2. 门、五金配件安装 3. 刷防护涂料
010804002	钢木大门				
010804003	全钢板大门				
010804004	防护铁丝门	3. 门框、扇材质 4. 五金种类、规格 5. 防护材料种类		1. 以樘计量，按设计图示数量计算 2. 以平方米计量，按设计图示门框或扇以面积计算	
010804005	金属格栅门	1. 门代号及洞口尺寸 2. 门框或扇外围尺寸 3. 门框、扇材质 4. 启动装置的品种、规格		1. 以樘计量，按设计图示数量计算 2. 以平方米计量，按设计图示洞口尺寸以面积计算	1. 门安装 2. 启动装置、五金配件安装
010804006	钢质花饰大门	1. 门代号及洞口尺寸 2. 门框或扇外围尺寸 3. 门框、扇材质		1. 以樘计量，按设计图示数量计算 2. 以平方米计量，按设计图示门框或扇以面积计算	1. 门安装 2. 五金配件安装
010804007	特种门	1. 门代号及洞口尺寸 2. 门框或扇外围尺寸 3. 门框、扇材质		1. 以樘计量，按设计图示数量计算 2. 以平方米计量，按设计图示洞口尺寸以面积计算	

注：1. 特种门应区分冷藏门、冷冻间门、保温门、变电室门、隔音门、防射线门、人防门、金库门等项目，分别编码列项。

2. 以樘计量，项目特征必须描述洞口尺寸，没有洞口尺寸必须描述门框或扇外围尺寸；以平方米计量，项目特征可不描述洞口尺寸及框、扇的外围尺寸。

3. 以平方米计量，无设计图示洞口尺寸，按门框、扇外围以面积计算。

表 2-98 其他门（编码：010805）

项目编码	项目名称	项目特征	计量单位	工程量计算规则	工程内容
010805001	电子感应门	1. 门代号及洞口尺寸 2. 门框或扇外围尺寸 3. 门框、扇材质 4. 玻璃品种、厚度 5. 启动装置的品种、规格 6. 电子配件品种、规格	1. 樘 2. m²	1. 以樘计量，按设计图示数量计算 2. 以平方米计量，按设计图示洞口尺寸以面积计算	1. 门安装 2. 启动装置、五金电子配件安装
010805002	旋转门				
010805003	电子对讲门	1. 门代号及洞口尺寸 2. 门框或扇外围尺寸 3. 门材质 4. 玻璃品种、厚度 5. 启动装置的品种、规格 6. 电子配件品种、规格			
010805004	电动伸缩门				
010805005	全玻自由门	1. 门代号及洞口尺寸 2. 门框或扇外围尺寸 3. 框材质 4. 玻璃品种、厚度			
010805006	镜面不锈钢饰面门	1. 门代号及洞口尺寸 2. 门框或扇外围尺寸 3. 框、扇材质 4. 玻璃品种、厚度			
010805007	复合材料门				

注：1. 以樘计量，项目特征必须描述洞口尺寸，没有洞口尺寸必须描述门框或扇外围尺寸；以平方米计量，项目特征可不描述洞口尺寸及框、扇的外围尺寸。

2. 以平方米计量，无设计图示洞口尺寸，按门框、扇外围以面积计算。

6. 木窗

木窗工程量清单项目设置、项目特征描述、计量单位及工程量计算规则应按表 2-99 中的规定执行。

7. 金属窗

金属窗工程量清单项目设置及工程量计算规则应按表 2-100 中的规定执行。

表 2-99　木窗（编码：010806）

项目编码	项目名称	项目特征	计量单位	工程量计算规则	工程内容
010806001	木质窗	1. 窗代号及洞口尺寸 2. 玻璃品种、厚度 3. 防护材料种类	1. 樘 2. m²	1. 以樘计量，按设计图示数量计算 2. 以平方米计量，按设计图示洞口尺寸以面积计算	1. 窗安装 2. 五金、玻璃安装
010806003	木飘（凸）窗				
010806002	木橱窗	1. 窗代号 2. 框截面及外围展开面积 3. 玻璃品种、厚度 4. 防护材料种类		1. 以樘计量，按设计图示数量计算 2. 以平方米计量，按设计图示尺寸以框外围展开面积计算	1. 窗制作、运输、安装 2. 五金、玻璃安装 3. 刷防护材料
010806004	木纱窗	1. 窗代号及框的外围尺寸 2. 纱窗材料品种、规格		1. 以樘计量，按设计图示数量计算 2. 以平方米计量，按框的外围尺寸以面积计算	1. 窗安装 2. 五金安装

注：1. 木质窗应区分木百叶窗、木组合窗、木天窗、木固定窗、木装饰空花窗等项目，分别编码列项。
　　2. 以樘计量，项目特征必须描述洞口尺寸，没有洞口尺寸必须描述窗框外围尺寸；以平方米计量，项目特征可不描述洞口尺寸及框的外围尺寸。
　　3. 以平方米计量，无设计图示洞口尺寸，按窗框外围以面积计算。
　　4. 木橱窗、木飘（凸）窗以樘计量，项目特征必须描述框截面及外围展开面积。
　　5. 木窗五金包括：折页、插销、风钩、木螺丝、滑轮滑轨（推拉窗）等。

表 2-100　金属窗（编码：010807）

项目编码	项目名称	项目特征	计量单位	工程量计算规则	工程内容
010807001	金属（塑钢、断桥）窗	1. 窗代号及洞口尺寸 2. 框、扇材质 3. 玻璃品种、厚度	1. 樘 2. m²	1. 以樘计量，按设计图示数量计算 2. 以平方米计量，按设计图示洞口尺寸以面积计算	1. 窗安装 2. 五金、玻璃安装
010807002	金属防火窗				
010807003	金属百叶窗	1. 窗代号及洞口尺寸 2. 框、扇材质 3. 玻璃品种、厚度			1. 窗安装 2. 五金安装

续表 2-100

项目编码	项目名称	项目特征	计量单位	工程量计算规则	工程内容
010807004	金属纱窗	1. 窗代号及洞口尺寸 2. 框材质 3. 窗纱材料品种、规格		1. 以樘计量，按设计图示数量计算 2. 以平方米计量，按框的外围尺寸以面积计算	1. 窗安装 2. 五金安装
010807005	金属格栅窗	1. 窗代号及洞口尺寸 2. 框外围尺寸 3. 框、扇材质		1. 以樘计量，按设计图示数量计算 2. 以平方米计量，按设计图示洞口尺寸以面积计算	
010807006	金属（塑钢、断桥）橱窗	1. 窗代号 2. 框外围展开面积 3. 框、扇材质 4. 玻璃品种、厚度 5. 防护材料种类	1. 樘 2. m²	1. 以樘计量，按设计图示数量计算 2. 以平方米计量，按设计图示尺寸以框外围展开面积计算	1. 窗制作、运输、安装 2. 五金、玻璃安装 3. 刷防护材料
010807007	金属（塑钢、断桥）飘（凸）窗	1. 窗代号 2. 框外围展开面积 3. 框、扇材质 4. 玻璃品种、厚度			1. 窗安装 2. 五金、玻璃安装
010807008	彩板窗	1. 窗代号及洞口尺寸 2. 框外围尺寸 3. 框、扇材质 4. 玻璃品种、厚度		1. 以樘计量，按设计图示数量计算 2. 以平方米计量，按设计图示洞口尺寸或框外围以面积计算	
010807009	复合材料窗				

注：1. 金属窗应区分金属组合窗、防盗窗等项目，分别编码列项。

2. 以樘计量，项目特征必须描述洞口尺寸，没有洞口尺寸必须描述窗框外围尺寸；以平方米计量，项目特征可不描述洞口尺寸及框的外围尺寸。

3. 以平方米计量，无设计图示洞口尺寸，按窗框外围以面积计算。

4. 金属橱窗、飘（凸）窗以樘计量，项目特征必须描述框外围展开面积。

5. 金属窗五金包括：折页、螺丝、执手、卡锁、铰拉、风撑、滑轮、滑轨、拉把、拉手、角码、牛角制等。

8. 门窗套

门窗套工程量清单项目设置、项目特征描述、计量单位及工程量计算规则应按表
2-101中的规定执行。

表 2-101　门窗套（编码：010808）

项目编码	项目名称	项目特征	计量单位	工程量计算规则	工程内容
010808001	木门窗套	1. 窗代号及洞口尺寸 2. 门窗套展开宽度 3. 基层材料种类 4. 面层材料品种、规格 5. 线条品种、规格 6. 防护材料种类	1. 樘 2. m² 3. m	1. 以樘计量，按设计图示数量计算 2. 以平方米计量，按设计图示尺寸以展开面积计算 3. 以米计量，按设计图示中心以延长米计算	1. 清理基层 2. 立筋制作、安装 3. 基层板安装 4. 面层铺贴 5. 线条安装 6. 刷防护材料
010808002	木筒子板	1. 筒子板宽度 2. 基层材料种类 3. 面层材料品种、规格 4. 线条品种、规格 5. 防护材料种类			
010808003	饰面夹板筒子板				
010808004	金属门窗套	1. 窗代号及洞口尺寸 2. 门窗套展开宽度 3. 基层材料种类 4. 面层材料品种、规格 5. 防护材料种类			1. 清理基层 2. 立筋制作、安装 3. 基层板安装 4. 面层铺贴 5. 刷防护材料
010808005	石材门窗套	1. 窗代号及洞口尺寸 2. 门窗套展开宽度 3. 黏结层厚度、砂浆配合比 4. 面层材料品种、规格 5. 线条品种、规格			1. 清理基层 2. 立筋制作、安装 3. 基层抹灰 4. 面层铺贴 5. 线条安装
010808006	门窗木贴脸	1. 门窗代号及洞口尺寸 2. 贴脸板宽度 3. 防护材料种类	1. 樘 2. m	1. 以樘计量，按设计图示数量计算 2. 以米计量，按设计图示尺寸以延长米计算	安装
010808007	成品木门窗套	1. 窗代号及洞口尺寸 2. 门窗套展开宽度 3. 门窗套材料品种、规格	1. 樘 2. m² 3. m	1. 以樘计量，按设计图示数量计算 2. 以平方米计量，按设计图示尺寸以展开面积计算 3. 以米计量，按设计图示中心以延长米计算	1. 清理基层 2. 立筋制作、安装 3. 板安装

注：1. 以樘计量，项目特征必须描述洞口尺寸、门窗套展开宽度。

　　2. 以平方米计量，项目特征可不描述洞口尺寸、门窗套展开宽度。

　　3. 以米计量，项目特征必须描述门窗套展开宽度、筒子板及贴脸宽度。

　　4. 木门窗套适用于单独门窗套的制作、安装。

9. 窗台板

窗台板工程量清单项目设置、项目特征描述、计量单位及工程量计算规则应按表2-102中的规定执行。

表 2-102 窗台板（编码：010809）

项目编码	项目名称	项目特征	计量单位	工程量计算规则	工程内容
010809001	木窗台板	1. 基层材料种类 2. 窗台面板材质、规格、颜色 3. 防护材料种类	m²	按设计图示尺寸以展开面积计算	1. 基层清理 2. 基层制作、安装 3. 窗台板制作、安装 4. 刷防护材料
010809002	铝塑窗台板				
010809003	金属窗台板				
010809004	石材窗台板	1. 黏结层厚度、砂浆配合比 2. 窗台板材质、规格、颜色			1. 基层清理 2. 抹找平层 3. 窗台板制作、安装

10. 窗帘、窗帘盒、轨

窗帘、窗帘盒、轨工程量清单项目设置、项目特征描述、计量单位及工程量计算规则应按表2-103中的规定执行。

表 2-103 窗帘、窗帘盒、轨（编码：010810）

项目编码	项目名称	项目特征	计量单位	工程量计算规则	工程内容
010810001	窗帘（杆）	1. 窗帘材质 2. 窗帘高度、宽度 3. 窗帘层数 4. 带幔要求	m	1. 以米计量，按设计图示尺寸以成活后长度计算 2. 以平方米计量，按图示尺寸以成活后展开面积计算	1. 制作、运输 2. 安装
010810002	木窗帘盒	1. 窗帘盒材质、规格 2. 防护材料种类		按设计图示尺寸以长度计算	1. 制作、运输、安装 2. 刷防护材料
010810003	饰面夹板、塑料窗帘盒				
010810004	铝合金窗帘盒				
010810005	窗帘轨	1. 窗帘轨材质、规格 2. 轨的数量 3. 防护材料种类			

注：1. 窗帘若是双层，项目特征必须描述每层材质。
    2. 窗帘以米计量，项目特征必须描述窗帘高度和宽。

2.11.2　门窗工程定额工程量计算规则

1. 定额工程量计算规则

1）各类门、窗制作、安装工程量均按门、窗洞口面积计算。

①门、窗盖口条、贴脸、披水条，按图示尺寸以延长米计算，执行木装修项目。

②普通窗上部带有半圆窗的工程量应分别按半圆窗和普通窗计算。其分界线以普通窗和半圆窗之间的横框上裁口线为分界线。

③门窗扇包镀锌铁皮，按门、窗洞口面积以平方米计算；门窗框包镀锌铁皮，钉橡皮条、钉毛毡按图示门窗洞口尺寸以延长米计算。

2）铝合金门窗制作、安装，铝合金、不锈钢门窗、彩板组角钢门窗、塑料门窗、钢门窗安装，均按设计门窗洞口面积计算。

3）卷闸门安装按洞口高度增加 600mm 乘以门实际宽度，以平方米计算。电动装置安装以套计算，小门安装以个计算。

4）不锈钢片包门框，按框外表面面积以平方米计算；彩板组角钢门窗附框安装，按延长米计算。

2. 定额工程量计算说明

1）木门窗用木材的要求应符合"木结构工程"的要求。

2）门窗及木结构工程中的木材木种均以一、二类木种为准，如采用三、四类木种时，分别乘以下列系数：木门窗制作，按相应项目人工和机械乘系数 1.3；木门窗安装，按相应项目的人工和机械乘系数 1.16；其他项目按相应项目人工和机械乘系数 1.35。

3）定额中木门窗框、扇断面取定如下：

无纱镶板门框：60mm×100mm；有纱镶板门框：60mm×120mm；无纱窗框：60mm×90mm；有纱窗框：60mm×110mm；无纱镶板门扇：45mm×100mm；有纱镶板门扇：45mm×100mm+35mm×100mm；无纱窗扇：45mm×60mm；有纱窗扇：45mm×60mm+35mm×60mm；胶合板门窗：38mm×60mm。

定额取定的断面与设计规定不同时，应按比例换算。框断面以边框断面为准（框裁口如为钉条者加贴条的断面）；扇料以主梃断面为准。换算公式为：

$$\frac{设计断面（加刨光损耗）}{定额断面} \times 定额材积 \tag{2-4}$$

4）定额所附普通木门窗小五金表，仅作备料参考。

5）弹簧门、厂库大门、钢木大门及其他特种门，定额所附五金铁件表均按标准图用量计算列出，仅作备料参考。

6）保温门的填充料与定额不同时，可以换算，其他工料不变。

7）厂库房大门及特种门的钢骨架制作，以钢材重量表示，已包括在定额项目中，不再另列项目计算。定额中不包括固定铁件的混凝土垫块及门樘或梁柱内的预埋铁件。

8）木门窗不论现场或附属加工厂制作，均执行《全国统一建筑工程基础定额》GJD—101—1995，现场外制作点至安装地点的运输另行计算。

9）定额中普通木门窗、天窗、按框制作、框安装、扇制作、扇安装分列项目；厂库房大门，钢木大门及其他特种门按扇制作、扇安装分列项目。

10) 定额中普通木窗、钢窗、铝合金窗、塑料窗、彩板组角钢窗等适用于平开式、推拉式、中转式，上、中、下悬式。双层玻璃窗小五金按普通木窗不带纱窗乘 2 计算。

11) 铝合金门窗制作兼安装项目，是按施工企业附属加工厂制作编制的。加工厂至现场堆放点的运输，另行计算。木骨架枋材 40mm×45mm，设计与定额不符时可以换算。

12) 铝合金地弹门制作（框料）型材是按 101.6mm×44.5mm、厚 1.5mm 方管编制的；单扇平开门、双扇平开窗是按 38 系列编制的；推拉窗按 90 系列编制的。如型材断面尺寸及厚度与定额规定不同时，可按《全国统一建筑工程基础定额》GJD—101—1995 中附表调整铝合金型材用量，附表中"（　）"内数量为定额取定量。地弹门、双扇全玻地弹门包括不锈钢上下帮地弹簧、玻璃门、拉手、玻璃胶及安装所需的辅助材料。

13) 铝合金卷闸门（包括卷筒、导轨）、彩板组角钢门窗、塑料门窗、钢门窗安装以成品安装编制的。由供应地至现场的运杂费，应计入预算价格中。

14) 玻璃厚度、颜色、密封油膏、软填料，如设计与定额不同时可以调整。

15) 铝合金门窗、彩板组角钢门窗、塑料门窗和钢门窗成品安装，如每 100m² 门窗实际用量超过定额含量 1% 以上时，可以换算，但人工、机械用量不变。门窗成品包括五金配件在内。采用附框安装时，扣除门窗安装子目中的膨胀螺栓、密封膏用量及其他材料费。

16) 钢门，钢材含量与定额不同时，钢材用量可以换算，其他不变。

① 钢门窗安装按成品件考虑（包括五金配件和铁脚在内）。

② 钢天窗安装角铁横挡及连接件，设计与定额用量不同时，可以调整，损耗按 6%。

③ 实腹式或空腹式钢门窗均执行《全国统一建筑工程基础定额》GJD—101—1995。

④ 组合窗、钢天窗为拼装缝需满刮油灰时，每 100m² 洞口面积增加人工 5.54 工日，油灰 58.5kg。

⑤ 钢门窗安玻璃，如采用塑料、橡胶条，按门窗安装工程量每 100m² 计算压条 736m。

17) 铝合金门窗制作、安装（7—259～283 项）综合机械台班是以机械折旧费 68.26 元、大修理费 5 元、经常修理费 12.83 元、电力 183.94kW·h 组成。

38 系列，外框 0.408kg/m，中框 0.676kg/m，压线 0.176kg/m。

76.2×44.5×1.5 方管 0.975kg/m，压线 15kg/m。

2.11.3　门窗工程工程量计算与清单编制实例

【例 2-39】　某工程某户居室门窗布置如图 2-51 所示，分户门为成品钢质防盗门，室内门为成品实木门代套，⑥轴上Ⓑ轴至Ⓒ轴间为成品塑钢门代窗（无门套）；①轴上Ⓒ轴至Ⓔ轴间为塑钢门，框边安装成品门套，展开宽度为 350mm；所有窗为成品塑钢窗，具体尺寸详见表 2-104。试列出该户居室的门窗、门窗套的分部分项工程量清单。

【解】

(1) 清单工程量计算

1) 成品钢质防盗门：

$$S=0.8×2.1=1.68（m²）$$

图 2-51　某户居室门窗平面布置图（mm）

表 2-104　某户居室门窗表

名　　　称	代号	洞口尺寸（mm）	备　　　注
成品钢质防盗门	FDM-1	800×2100	含锁、五金
成品实木门带套	M-2	800×2100	含锁、普通五金
	M-4	700×2100	
成品平开塑钢窗	C-9	1500×1500	夹胶玻璃（6＋2.5＋6），型材为钢塑90系列，普通五金
	C-12	1000×1500	
	C-15	600×1500	
成品塑钢门带窗	SMC-2	门（700×2100）、窗（600×1500）	
成品塑钢门	SM-1	2400×2100	

2）成品实木门带套：

$$S=0.8×2.1×2+0.7×2.1×1=4.83（m^2）$$

3）成品平开塑钢窗：

$$S=1.5×1.5+1×1.5+0.6×1.5×2=5.55（m^2）$$

4）成品塑钢门：

$$S=0.7×2.1+2.4×2.1=6.51（m^2）$$

5）成品门套：1 樘

（2）计价表格编制

分部分项工程和单价措施项目清单与计价表见表 2-105。

表 2-105 分部分项工程和单价措施项目清单与计价表

工程名称：某工程

序号	项目编号	项目名称	项目特征描述	计算单位	工程量	综合单价	合价	其中暂估价
1	010702004001	成品钢质防盗门	1. 门代号及洞口尺寸：FDM—1（800mm×2100mm） 2. 门框、扇材质：钢质	m²	1.68			
2	010801002001	成品实木门带套	门代号及洞口尺寸：M—2（800mm×2100mm）、M—4（700mm×2100mm）	m²	4.83			
3	010207001001	成品平开塑钢窗	1. 窗代号及洞口尺寸：C—9（1500mm×1500mm）C—12（1000mm×1500mm）C—15（600mm×1500mm） 2. 框扇材质：塑钢 90 系列 3. 玻璃品种、厚度：夹胶玻璃（6+2.5+6）	m²	5.55			
4	010802001001	成品塑钢门	1. 门代号及洞口尺寸：SM—1、SMC—2：洞口尺寸详门窗表 2. 门框、扇材质：塑钢 90 系列 3. 玻璃品种、厚度：夹胶玻璃（6+2.5+6）	m²	6.51			
5	010808007001	成品门套	1. 门代号及洞口尺寸：SM—1（2400mm×2100mm） 2. 门套展开宽度：350mm 3. 门套材料品种：成品实木门套	樘	1			

【例 2-40】 某冷藏门尺寸如图 2-52 所示，其中，保温层厚 150mm，试编制工程量清单计价表及综合单价计算表。

【解】

（1）清单工程量计算

冷藏库门：1 樘

图 2-52　冷藏门（mm）

（2）冷藏库门

1）人工费：98.87×1＝98.87（元）

2）材料费：616.44×1＝616.44（元）

3）机械费：无

（3）综合

1）直接费：715.31 元

2）管理费：715.31×35％≈250.36（元）

3）利润：715.31×5％≈35.77（元）

4）合价：715.31＋250.36＋35.77＝1001.44（元）

5）综合单价：1001.44÷1＝1001.44（元）

分部分项工程量清单计价表见表 2-106。分部分项工程量清单综合单价计算表见表 2-107。

表 2-106　分部分项工程量清单与计价表

工程名称：某门窗安装工程　　　　　　　　标段：　　　　　　　　　第　页　共　页

序号	项目编号	项目名称	项目特征描述	计算单位	工程量	金额（元）		
						综合单价	合价	其中 暂估价
1	010804007001	冷藏门	开启方式：推拉式有框、一扇门	樘	1	1001.44	1001.44	
			合　　计				1001.44	

表 2-107　工程量清单综合单价分析表

工程名称：某门窗安装工程　　　　　　　　标段：　　　　　　　　　第　页　共　页

项目编码	010804007001		项目名称		冷藏门	计量单位		m²	工程量		1
清单综合单价组成明细											
定额编号	定额名称	定额单位	数量	单　价				合　价			
				人工费	材料费	机械费	管理费和利润	人工费	材料费	机械费	管理费和利润
—	冷藏门	樘	1	98.87	616.44	—	286.12	98.87	616.44	—	286.12
人工单价		小　计						98.87	616.44	—	286.12
22.47 元/工日		未计价材料费									
清单项目综合单价								1001.44			

2.12 屋面及防水工程工程量计算及清单编制实例

2.12.1 屋面及防水工程清单工程量计算规则

1. 瓦、型材及其他屋面

瓦、型材及其他屋面工程量清单项目设置、项目特征描述、计量单位及工程量计算规则应按表 2-108 的规定执行。

表 2-108 瓦、型材及其他屋面（编码：010901）

项目编码	项目名称	项目特征	计量单位	工程量计算规则	工程内容
010901001	瓦屋面	1. 瓦品种、规格 2. 黏结层砂浆的配合比		按设计图示尺寸以斜面积计算 不扣除房上烟囱、风帽底座、风道、小气窗、斜沟等所占面积。小气窗的出檐部分不增加面积	1. 砂浆制作、运输、摊铺、养护 2. 安瓦、作瓦脊
010901002	型材屋面	1. 型材品种、规格 2. 金属檩条材料品种、规格 3. 接缝、嵌缝材料种类			1. 檩条制作、运输、安装 2. 屋面型材安装 3. 接缝、嵌缝
010901003	阳光板屋面	1. 阳光板品种、规格 2. 骨架材料品种、规格 3. 接缝、嵌缝材料种类 4. 油漆品种、刷漆遍数	m²	按设计图示尺寸以斜面积计算 不扣除屋面面积≤0.3m²孔洞所占面积	1. 骨架制作、运输、安装、刷防护材料、油漆 2. 玻璃钢制作、安装 3. 接缝、嵌缝
010901004	玻璃钢屋面	1. 玻璃钢品种、规格 2. 骨架材料品种、规格 3. 玻璃钢固定方式 4. 接缝、嵌缝材料种类 5. 油漆品种、刷漆遍数			

续表 2-108

项目编码	项目名称	项目特征	计量单位	工程量计算规则	工程内容
010901005	膜结构屋面	1. 膜布品种、规格 2. 支柱（网架）钢材品种、规格 3. 钢丝绳品种、规格 4. 锚固基座做法 5. 油漆品种、刷漆遍数	m²	按设计图示尺寸以需要覆盖的水平投影面积计算	1. 膜布热压胶接 2. 支柱（网架）制作、安装 3. 膜布安装 4. 穿钢丝绳、锚头锚固 5. 锚固基座挖土、回填 6. 刷防护材料，油漆

注：1. 瓦屋面若是在木基层上铺瓦，项目特征不必描述黏结层砂浆的配合比，瓦屋面铺防水层，按"屋面防水及其他"中相关项目编码列项。

2. 型材屋面、阳光板屋面、玻璃钢屋面的柱、梁、屋架，按"金属结构工程"、"木结构工程"中相关项目编码列项。

2. 屋面防水及其他

屋面防水剂其他工程量清单项目设置、项目特征描述、计量单位及工程量计算规则应按表 2-109 的规定执行。

表 2-109　屋面防水及其他（编码：010902）

项目编码	项目名称	项目特征	计量单位	工程量计算规则	工程内容
010902001	屋面卷材防水	1. 卷材品种、规格、厚度 2. 防水层数 3. 防水层做法	m²	按设计图示尺寸以面积计算 1. 斜屋顶（不包括平屋顶找坡）按斜面积计算，平屋顶按水平投影面积计算 2. 不扣除房上烟囱、风帽底座、风道、屋面小气窗和斜沟所占面积 3. 屋面的女儿墙、伸缩缝和天窗等处的弯起部分，并入屋面工程量内	1. 基层处理 2. 刷底油 3. 铺油毡卷材、接缝
010902002	屋面涂膜防水	1. 防水膜品种 2. 涂膜厚度、遍数 3. 增强材料种类			1. 基层处理 2. 刷基层处理剂 3. 铺布、喷涂防水层
010902003	屋面刚性层	1. 刚性层厚度 2. 混凝土强度等级 3. 嵌缝材料种类 4. 钢筋规格、型号		按设计图示尺寸以面积计算，不扣除房上烟囱、风帽底座、风道等所占面积	1. 基层处理 2. 混凝土制作、运输、铺筑、养护 3. 钢筋制安

续表 2-109

项目编码	项目名称	项目特征	计量单位	工程量计算规则	工程内容
010902004	屋面排水管	1. 排水管品种、规格 2. 雨水斗、山墙出水口品种、规格 3. 接缝、嵌缝材料种类 4. 油漆品种、刷漆遍数	m	按设计图示尺寸以长度计算如设计未标注尺寸,以檐口至设计室外散水上表面垂直距离计算	1. 排水管及配件安装、固定 2. 雨水斗、山墙出水口、雨水算子安装 3. 接缝、嵌缝 4. 刷漆
010902005	屋面排(透)气管	1. 排(透)气管品种、规格 2. 接缝、嵌缝材料种类 3. 油漆品种、刷漆遍数		按设计图示尺寸以长度计算	1. 排(透)气管及配件安装、固定 2. 铁件制作、安装 3. 接缝、嵌缝 4. 刷漆
010902006	屋面(廊、阳台)泄(吐)水管	1. 吐水管品种、规格 2. 接缝、嵌缝材料种类 3. 吐水管长度 4. 油漆品种、刷漆遍数	根(个)	按设计图示数量计算	1. 水管及配件安装、固定 2. 接缝、嵌缝 3. 刷漆
010902007	屋面天沟、檐沟	1. 材料品种、规格 2. 接缝、嵌缝材料种类	m²	按设计图示尺寸以展开面积计算	1. 天沟材料铺设 2. 天沟配件安装 3. 接缝、嵌缝 4. 刷防护材料
010902008	屋面变形缝	1. 嵌缝材料种类 2. 止水带材料种类 3. 盖缝材料 4. 防护材料种类	m	按设计图示以长度计算	1. 清缝 2. 填塞防水材料 3. 止水带安装 4. 盖缝制作、安装 5. 刷防护材料

注:1. 屋面刚性层无钢筋,其钢筋项目特征不必描述。
　　2. 屋面找平层按"楼地面装饰工程"中"平面砂浆找平层"的项目编码列项。
　　3. 屋面防水搭接及附加层用量不另行计算,在综合单价中考虑。
　　4. 屋面保温找坡层按"保温、隔热、防腐工程"中"保温隔热屋面"的项目编码列项。

3. 墙面防水、防潮

墙面防水、防潮工程量清单项目设置、项目特征描述、计量单位及工程量计算规则应按表 2-110 的规定执行。

表 2-110　墙面防水、防潮（编码：010903）

项目编码	项目名称	项目特征	计量单位	工程量计算规则	工程内容
010903001	墙面卷材防水	1. 卷材品种、规格、厚度 2. 防水层数 3. 防水层做法	m^2	按设计图示尺寸以面积计算	1. 基层处理 2. 刷黏结剂 3. 铺防水卷材 4. 接缝、嵌缝
010903002	墙面涂膜防水	1. 防水膜品种 2. 涂膜厚度、遍数 3. 增强材料种类			1. 基层处理 2. 刷基层处理剂 3. 铺布、喷涂防水层
010903003	墙面砂浆防水（防潮）	1. 防水层做法 2. 砂浆厚度、配合比 3. 钢丝网规格			1. 基层处理 2. 挂钢丝网片 3. 设置分格缝 4. 砂浆制作、运输、摊铺、养护
010903004	墙面变形缝	1. 嵌缝材料种类 2. 止水带材料种类 3. 盖缝材料 4. 防护材料种类	m	按设计图示以长度计算	1. 清缝 2. 填塞防水材料 3. 止水带安装 4. 盖缝制作、安装 5. 刷防护材料

注：1. 墙面防水搭接及附加层用量不另行计算，在综合单价中考虑。
　　2. 墙面变形缝，若做双面，工程量乘系数 2。
　　3. 墙面找平层按"墙、柱面装饰与隔断、幕墙工程"中"立面砂浆找平层"的项目编码列项。

4. 楼（地）面防水、防潮

楼（地）面防水、防潮工程量清单项目设置、项目特征描述、计量单位及工程量计算规则应按表 2-111 的规定执行。

表 2-111　楼（地）面防水、防潮（编码：010904）

项目编码	项目名称	项目特征	计量单位	工程量计算规则	工程内容
010904001	楼（地）面卷材防水	1. 卷材品种、规格、厚度 2. 防水层数 3. 防水层做法 4. 反边高度	m²	按设计图示尺寸以面积计算 1. 楼（地）面防水：按主墙间净空面积计算，扣除凸出地面的构筑物、设备基础等所占面积，不扣除间壁墙及单个面积小于或等于0.3m²柱、垛、烟囱和孔洞所占面积 2. 楼（地）面防水反边高度小于或等于300mm算作地面防水，反边高度大于300mm算作墙面防水	1. 基层处理 2. 刷黏结剂 3. 铺防水卷材 4. 接缝、嵌缝
010904002	楼（地）面涂膜防水	1. 防水膜品种 2. 涂膜厚度、遍数 3. 增强材料种类 4. 反边高度			1. 基层处理 2. 刷基层处理剂 3. 铺布、喷涂防水层
010904003	楼（地）面砂浆防水（防潮）	1. 防水层做法 2. 砂浆厚度、配合比 3. 反边高度			1. 基层处理 2. 砂浆制作、运输、摊铺、养护
010904004	楼（地）面变形缝	1. 嵌缝材料种类 2. 止水带材料种类 3. 盖缝材料 4. 防护材料种类	m	按设计图示以长度计算	1. 清缝 2. 填塞防水材料 3. 止水带安装 4. 盖缝制作、安装 5. 刷防护材料

注：1. 楼（地）面防水找平层按"楼地面装饰工程"中"平面砂浆找平层"的项目编码列项。

2. 楼（地）面防水搭接及附加层用量不另行计算，在综合单价中考虑。

2.12.2　屋面及防水工程定额工程量计算规则

1. 定额工程量计算规则

(1) 瓦屋面、金属压型板屋面

瓦屋面、金属压型板（包括挑檐部分）均按如图 2-53 中尺寸的水平投影面积乘以屋面坡度系数（表 2-112）以平方米计算。不扣除房上烟囱、风帽底座、风道、屋面小气窗、斜沟等所占面积，屋面小气窗的出檐部分亦不增加。

图 2-53　瓦屋面、金属压型板工程量计算示意图

表 2-112   屋面坡度系数

坡度 B（A=1）	坡度 B/2A	坡度角度（α）	延迟系数（A=1）	隔延迟系数（A=1）
1	1/2	45°	1.4142	1.7321
0.75	—	36°52′	1.2500	1.6008
0.70	—	35°	1.2207	1.5779
0.666	1/3	33°40′	1.2015	1.5620
0.65	—	33°01′	1.1926	1.5564
0.60	—	30°58′	1.1662	1.5362
0.577	—	30°	1.1547	1.5270
0.55	—	28°49′	1.1413	1.5170
0.50	1/4	26°34′	1.1180	1.5000
0.45	—	24°14′	1.0966	1.4839
0.40	1/5	21°48′	1.0770	1.4697
0.35	—	19°17′	1.0594	1.4569
0.30	—	16°42′	1.0440	1.4457
0.25	—	14°02′	1.0308	1.4362
0.20	1/10	11°19′	1.0198	1.4283
0.15	—	8°32′	1.0112	1.4221
0.125	—	7°8′	1.0078	1.4191
0.100	1/20	5°42′	1.0050	1.4177
0.083	—	4°45′	1.0035	1.4166
0.066	1/30	3°49′	1.0022	1.4157

注：1. 两坡排水屋面面积为屋面水平投影面积乘以延迟系数 C。

2. 四坡排水屋面斜脊长度＝A×D（当 S＝A 时）。

3. 沿山墙泛水长度＝A×C。

（2）卷材屋面

1）卷材屋面按图示尺寸的水平投影面积乘以规定的坡度系数（表 2-112），以平方米计算。但不扣除房上烟囱、风帽底座、风道、屋面小气窗和斜沟所占的面积，屋面的女儿墙、伸缩缝和天窗等处的弯起部分，按图示尺寸并入屋面工程量计算。如图纸无规定时，伸缩缝、女儿墙的弯起部分可按 250mm 计算，天窗弯起部分可按 500mm 计算。

2）卷材屋面的附加层、接缝、收头、找平层的嵌缝、冷底子油已计入定额内，不另计算。

(3) 涂膜屋面

涂膜屋面的工程量计算同卷材屋面。涂膜屋面的油膏嵌缝、玻璃布盖缝、屋面分格缝，以延长米计算。

(4) 屋面排水

1）铁皮排水按图示尺寸以展开面积计算，如图纸没有注明尺寸时，可按表 2-113 计算。咬口和搭接等已计入定额项目中，不另计算。

表 2-113　铁皮排水单体零件折算表

	名称	单位	水落管/m	檐沟/m	水斗/个	漏斗/个	下水口/个	—	—
铁皮排水	水落管、檐沟、水斗、漏斗、下水口	m²	0.32	0.30	0.40	0.16	0.45	—	—
	天沟、斜沟、天窗窗台泛水、天窗侧面泛水、烟囱泛水、通气管泛水、滴水檐头泛水、滴水		天沟/m	斜沟、天窗窗台泛水/m	天窗侧面泛水/m	烟囱泛水/m	通气管泛水/m	滴水檐头泛水/m	滴水/m
			1.30	0.50	0.70	0.80	0.22	0.24	0.11

2）铸铁、玻璃钢水落管区别不同直径按图示尺寸以延长米计算，雨水口、水斗、弯头、短管以个计算。

(5) 防水工程

1）建筑物地面防水、防潮层，按主墙间净空面积计算，扣除凸出地面的构筑物、设备基础等所占的面积，不扣除柱、垛、间壁墙、烟囱及 0.3m² 以内孔洞所占面积。与墙面连接处高度在 500mm 以内者按展开面积计算，并入平面工程量内，超过 500mm 时，按立面防水层计算。

2）建筑物墙基防水、防潮层，外墙长度按中心线，内墙按净长乘以宽度以平方米计算。

3）构筑物及建筑物地下室防水层，按实铺面积计算，但不扣除 0.3m² 以内的孔洞面积。平面与立面交接处的防水层，其上卷高度超过 500mm 时，按立面防水层计算。

4）防水卷材的附加层、接缝、收头、冷底子油等人工材料均已计入定额内，不另计算。

5）变形缝按延长米计算。

2. 定额工程量计算说明

1）水泥瓦、黏土瓦、小青瓦、石棉瓦规格与定额不同时，瓦材数量可以换算，其他不变。

2）高分子卷材厚度，再生橡胶卷材按 1.5mm；其他均按 1.2mm 取定。

3）防水工程也适用于楼地面、墙基、墙身、构筑物、水池、水塔及室内厕所、浴室等防水，建筑物±0.000 以下的防水、防潮工程按防水工程相应项目计算。

4）三元乙丙丁基橡胶卷材屋面防水，按相应三元乙丙橡胶卷材屋面防水项目计算。

5）氯丁冷胶"二布三涂"项目，其"三涂"是指涂料构成防水层数并非指涂刷遍数；

每一层"涂层"刷二遍至数遍不等。

6) 定额中沥青、玛琋脂均指石油沥青、石油沥青玛琋脂。

7) 变形缝填缝：建筑油膏聚氯乙烯胶泥断面取定为 3cm×2cm；油浸木丝板取定为 2.5cm×15cm；紫铜板止水带是 2mm 厚、展开宽 45cm；氯丁橡胶宽 30cm，涂刷式氯丁胶贴玻璃止水片宽 35cm。其余均为 15cm×3cm。如设计断面不同时，用料可以换算。

8) 盖缝：木板盖缝断面为 20cm×2.5cm，如设计断面不同时，用料可以换算，人工不变。

9) 屋面砂浆找平层，面层按楼地面相应定额项目计算。

2.12.3 屋面及防水工程工程量计算与清单编制实例

【例 2-41】 某工程地面防水示意图如图 2-54 所示，采用抹灰砂浆 5 层防水，计算其工程量。

(a) 平面图

(b) 防水层

图 2-54 地面防水示意图 (mm)

【解】

(1) 清单工程量计算

楼（地）面砂浆防水（防潮）工程量：

$$S = (8-0.24) \times (16-0.24) + 15 \times (8.5-0.24) + [(23-0.24) \times 2 +$$
$$(16-0.24) + (8.5-0.24) + 7.5] \times 0.4$$

$$\approx 323.24 (\text{m}^2)$$

(2) 计价表格编制

分部分项工程和单价措施项目清单与计价表见表 2-114。

表 2-114　分部分项工程和单价措施项目清单与计价表

工程名称：某工程

项目编号	项目名称	项目特征描述	计算单位	工程量	金额（元）		
					综合单价	合价	其中暂估价
010904003001	楼（地）面砂浆防水（防潮）	地面防水，抹灰砂浆5层防水	m²	323.24			

（3）定额工程量

$$S = (8-0.24)\times(16-0.24)+15\times(8.5-0.24)+[(23-0.24)\times2+$$
$$(16-0.24)+(8.5-0.24)+7.5]\times0.4\approx323.24(\text{m}^2)$$

套用基础定额 9-112。

【例 2-42】　某工程 SBS 改性沥青卷材防水屋面平面、剖面图如图 2-55 所示，其自结构层由下向上的做法为：钢筋混凝土板上用 1：12 水泥珍珠岩找坡，坡度 2%，最薄处 60mm；保温隔热层上 1：3 水泥砂浆找平层反边高 300mm，在找平层上刷冷底子油，加热烤铺，贴 3mm 厚 SBS 改性沥青防水卷材一道（反边高 300mm），在防水卷材上抹 1：2.5 水泥砂浆找平层（反边高 300mm）。不考虑嵌缝，砂浆以使用中砂为拌和料，女儿墙不计算，未列项目不补充。试列出该屋面找平层、保温及卷材防水分部分项工程量。

图 2-55　屋面平面、剖面图（mm）

【解】

（1）清单工程量计算

1）屋面保温：

$$S=16\times9=144 \text{（m}^2\text{）}$$

2）屋面卷材防水：

$$S=16\times9+（16+9）\times2\times0.3=159 \text{（m}^2\text{）}$$

3）屋面找平层：

$$S=16\times9+（16+9）\times2\times0.3=159 \text{（m}^2\text{）}$$

（2）计价表格编制

分部分项工程和单价措施项目清单与计价表见表2-115。

表2-115　分部分项工程和单价措施项目清单与计价表

工程名称：某工程

序号	项目编号	项目名称	项目特征描述	计算单位	工程量	综合单价	合价	其中 暂估价
1	011001001001	屋面保温	1. 材料品种：1：12 水泥珍珠岩 2. 保温厚度：最薄处 60mm	m²	144			
2	010902001001	屋面卷材防水	1. 卷材品种、规格、厚度：3mm 厚 SBS 改性沥青防水卷材 2. 防水层数：一道 3. 防水层做法：卷材底刷冷底子油、加热烤铺	m²	159			
3	011101006001	屋面找平层	找平层厚度、砂浆配合比：20mm 厚 1：3 水泥砂浆找平层（防水底层）、25mm 厚 1：2.5 水泥砂浆找平层（防水面层）	m²	159			

2.13　保温、隔热、防腐工程工程量计算及清单编制实例

2.13.1　保温、隔热、防腐工程清单工程量计算规则

1. 保温、隔热

保温、隔热工程量清单项目设置、项目特征描述、计量单位及工程量计算规则应按表2-116的规定执行。

表 2-116 保温、隔热（编码：011001）

项目编码	项目名称	项目特征	计量单位	工程量计算规则	工程内容
011001001	保温隔热屋面	1. 保温隔热材料品种、规格、厚度 2. 隔气层材料品种、厚度 3. 黏结材料种类、做法 4. 防护材料种类、做法		按设计图示尺寸以面积计算扣除面积大于 0.3m² 孔洞及占位面积	1. 基层清理 2. 刷黏结材料 3. 铺粘保温层 4. 铺、刷（喷）防护材料
011001002	保温隔热天棚	1. 保温隔热面层材料品种、规格、性能 2. 保温隔热材料品种、规格及厚度 3. 黏结材料种类及做法 4. 防护材料种类及做法		按设计图示尺寸以面积计算扣除面积大于 0.3m² 上柱、垛、孔洞所占面积	
011001003	保温隔热墙面	1. 保温隔热部位 2. 保温隔热方式 3. 踢脚线、勒脚线保温做法 4. 龙骨材料品种、规格	m²	按设计图示尺寸以面积计算，扣除门窗洞口以及面积大于 0.3m² 梁、孔洞所占面积；门窗洞口侧壁需作保温时，并入保温墙体工程量内	1. 基层清理 2. 刷界面剂 3. 安装龙骨 4. 填贴保温材料 5. 保温板安装 6. 粘贴面层 7. 铺设增强格网、抹抗裂、防水砂浆面层 8. 嵌缝 9. 铺、刷（喷）防护材料
011001004	保温柱、梁	5. 保温隔热面层材料品种、规格、性能 6. 保温隔热材料品种、规格及厚度 7. 增强网及抗裂防水砂浆种类 8. 黏结材料种类及做法 9. 防护材料种类及做法		按设计图示尺寸以面积计算 1. 柱按设计图示柱断面保温层中心线展开长度乘保温层高度以面积计算，扣除面积大于 0.3m² 梁所占面积 2. 梁按设计图示梁断面保温层中心线展开长度乘保温层长度以面积计算	

续表 2-116

项目编码	项目名称	项目特征	计量单位	工程量计算规则	工程内容
011001005	保温隔热楼地面	1. 保温隔热部位 2. 保温隔热材料品种、规格、厚度 3. 隔气层材料品种、厚度 4. 黏结材料种类、做法 5. 防护材料种类、做法		按设计图示尺寸以面积计算。扣除面积大于 0.3m² 柱、垛、孔洞所占面积。门洞、空圈、暖气包槽、壁龛的开口部分不增加面积	1. 基层清理 2. 刷黏结材料 3. 铺粘保温层 4. 铺、刷（喷）防护材料
011001006	其他保温隔热	1. 保温隔热部位 2. 保温隔热方式 3. 隔气层材料品种、厚度 4. 保温隔热面层材料品种、规格、性能 5. 保温隔热材料品种、规格及厚度 6. 黏结材料种类及做法 7. 增强网及抗裂防水砂浆种类 8. 防护材料种类及做法	m²	按设计图示尺寸以展开面积计算。扣除面积大于 0.3m² 孔洞及占位面积	1. 基层清理 2. 刷界面剂 3. 安装龙骨 4. 填贴保温材料 5. 保温板安装 6. 粘贴面层 7. 铺设增强格网、抹抗裂防水砂浆面层 8. 嵌缝 9. 铺、刷（喷）防护材料

注：1. 保温隔热装饰面层，按"楼地面装饰工程"、"墙、柱面装饰与隔断、幕墙工程"、"天棚工程"、"油漆、涂料、裱糊工程"以及"其他装饰工程"中相关项目编码列项；仅做找平层按"楼地面装饰工程"中"平面砂浆找平层"或"墙、柱面装饰与隔断、幕墙工程"中"立面砂浆找平层"项目编码列项。

2. 柱帽保温隔热应并入天棚保温隔热工程量内。

3. 池槽保温隔热应按其他保温隔热项目编码列项。

4. 保温隔热方式：指内保温、外保温、夹心保温。

5. 保温柱、梁适用于不与墙、天棚相连的独立柱、梁。

2. 防腐面层

防腐面层工程量清单项目设置、项目特征描述、计量单位及工程量计算规则应按表 2-117 的规定执行。

表 2-117 防腐面层（编码：011002）

项目编码	项目名称	项目特征	计量单位	工程量计算规则	工程内容
011002001	防腐混凝土面层	1. 防腐部位 2. 面层厚度 3. 混凝土种类 4. 胶泥种类、配合比	m²	按设计图示尺寸以面积计算 1. 平面防腐：扣除凸出地面的构筑物、设备基础等以及面积大于0.3m²孔洞、柱、垛所占面积 2. 立面防腐：扣除门、窗、洞口以及面积大于0.3m²孔洞、梁所占面积，门、窗、洞口侧壁、垛突出部分按展开面积并入墙面积内	1. 基层清理 2. 基层刷稀胶泥 3. 混凝土制作、运输、摊铺、养护
011002002	防腐砂浆面层	1. 防腐部位 2. 面层厚度 3. 砂浆、胶泥种类、配合比			1. 基层清理 2. 基层刷稀胶泥 3. 砂浆制作、运输、摊铺、养护
011002003	防腐胶泥面层	1. 防腐部位 2. 面层厚度 3. 胶泥种类、配合比			1. 基层清理 2. 胶泥调制、摊铺
011002004	玻璃钢防腐面层	1. 防腐部位 2. 玻璃钢种类 3. 贴布材料的种类、层数 4. 面层材料品种			1. 基层清理 2. 刷底漆、刮腻子 3. 胶浆配制、涂刷 4. 粘布、涂刷面层
011002005	聚氯乙烯板面层	1. 防腐部位 2. 面层材料品种、厚度 3. 黏结材料种类			1. 基层清理 2. 配料、涂胶 3. 聚氯乙烯板铺设
011002006	块料防腐面层	1. 防腐部位 2. 块料品种、规格 3. 黏结材料种类 4. 勾缝材料种类			1. 基层清理 2. 铺贴块料 3. 胶泥调制、勾缝
011002007	池、槽块料防腐面层	1. 防腐池、槽名称、代号 2. 块料品种、规格 3. 黏结材料种类 4. 勾缝材料种类	m²	按设计图示尺寸以展开面积计算	

注：防腐踢脚线，应按"楼地面装饰工程"中"踢脚线"的项目编码列项。

3. 其他防腐

其他防腐工程量清单项目设置、项目特征描述、计量单位及工程量计算规则应按表 2-118 的规定执行。

表 2-118　其他防腐（编码：011003）

项目编码	项目名称	项目特征	计量单位	工程量计算规则	工程内容
011003001	隔离层	1. 隔离层部位 2. 隔离层材料品种 3. 隔离层做法 4. 粘贴材料种类		按设计图示尺寸以面积计算 1. 平面防腐：扣除凸出地面的构筑物、设备基础等及面积大于 0.3m² 孔洞、柱、垛所占面积 2. 立面防腐：扣除门、窗、洞口及面积大于 0.3m² 孔洞、梁所占面积，门、窗、洞口侧壁、垛突出部分按展开面积并入墙面积内	1. 基层清理、刷油 2. 煮沥青 3. 胶泥调制 4. 隔离层铺设
011003002	砌筑沥青浸渍砖	1. 砌筑部位 2. 浸渍砖规格 3. 胶泥种类 4. 浸渍砖砌法	m²	按设计图示尺寸以体积计算	1. 基层清理 2. 胶泥调制 3. 浸渍砖铺砌
011003003	防腐涂料	1. 涂刷部位 2. 基层材料类型 3. 刮腻子的种类、遍数 4. 涂料品种、刷涂遍数		按设计图示尺寸以面积计算 1. 平面防腐：扣除凸出地面的构筑物、设备基础等及面积大于 0.3m² 孔洞、柱、垛所占面积 2. 立面防腐：扣除门、窗、洞口以及面积大于 0.3m² 孔洞、梁所占面积，门、窗、洞口侧壁、垛突出部分按展开面积并入墙面积内	1. 基层清理 2. 刮腻子 3. 刷涂料

注：浸渍砖砌法指平砌、立砌。

2.13.2　保温、隔热、防腐工程定额工程量计算规则

1. 定额工程量计算规则

（1）防腐工程

1) 防腐工程项目应区分不同防腐材料种类及其厚度，按设计实铺面积以平方米计算。应扣除凸出地面的构筑物、设备基础等所占的面积，砖垛等突出墙面部分按展开面积计算并入墙面防腐工程量之内。

2) 踢脚板按实铺长度乘以高度以平方米计算，应扣除门洞所占面积并相应增加侧壁展开面积。

3）平面砌筑双层耐酸块料时，按单层面积乘以系数2计算。

4）防腐卷材接缝、附加层、收头等人工材料已计入在定额中，不再另行计算。

(2) 保温隔热工程

1）保温隔热层应区别不同保温隔热材料，除另有规定者外，均按设计实铺厚度以立方米计算。

2）保温隔热层的厚度按隔热材料（不包括胶结材料）净厚度计算。

3）地面隔热层按围护结构墙体间净面积乘以设计厚度以立方米计算，不扣除柱、垛所占的体积。

4）墙体隔热层，外墙按隔热层中心线、内墙按隔热层净长乘以图示尺寸的高度及厚度以立方米计算。应扣除冷藏门洞口和管道穿墙洞口所占的体积。

5）柱包隔热层，按图示柱的隔热层中心线的展开长度乘以图示尺寸高度及厚度以立方米计算。

6）其他保温隔热：

①池槽隔热层按图示池槽保温隔热层的长、宽及其厚度以立方米计算。其中池壁按墙面计算，池底按地面计算。

②门洞口侧壁周围的隔热部分，按图示隔热层尺寸以立方米计算，并入墙面的保温隔热工程量内。

③柱帽保温隔热层按图示保温隔热层体积并入顶棚保温隔热层工程量内。

2. 定额工程量计算说明

(1) 耐酸防腐

1）整体面层、隔离层适用于平面、立面的防腐耐酸工程，包括沟、坑、槽。

2）块料面层以平面砌为准，砌立面者按平面砌相应项目，人工乘以系数1.38，踢脚板人工乘以系数1.56，其他不变。

3）各种砂浆、胶泥、混凝土材料的种类，配合比及各种整体面层的厚度，如设计与定额不同时，可以换算，但各种块料面层的结合层砂浆或胶泥厚度不变。

4）防腐、保温、隔热工程中的各种面层，除软聚氯乙烯塑料地面外，均不包括踢脚板。

5）花岗岩板以六面剁斧的板材为准。如底面为毛面者，水玻璃砂浆增加0.38m³；耐酸沥青砂浆增加0.44m³。

(2) 保温隔热

1）定额适用于中温、低温及恒温的工业厂（库）房隔热工程，以及一般保温工程。

2）定额只包括保温隔热材料的铺贴，不包括隔气防潮、保护层或衬墙等。

3）隔热层铺贴，除松散稻壳、玻璃棉、矿渣棉为散装外，其他保温材料均以石油沥青（30号）作胶结材料。

4）稻壳已包括装前的筛选、除尘工序，稻壳中如需增加药物防虫时，材料另行计算，人工不变。

5）玻璃棉、矿渣棉包装材料和人工均已包括在定额内。

6）墙体铺贴块体材料，包括基层涂沥青一遍。

2.13.3 保温、隔热、防腐工程工程量计算与清单编制实例

【例2-43】 某屋面顶棚如图2-56所示，保温面层采用聚苯乙烯塑料板（1000mm×150mm×50mm），计算顶棚保温隔热面层的工程量。

图2-56 屋面顶棚示意图（mm）

【解】

（1）清单工程量计算

保温隔热天棚：

$$S=(4-0.24)\times(7-0.24)+(4.5-0.24)\times(3.5-0.24)\times2\approx53.19\ (m^2)$$

（2）计价表格编制

分部分项工程和单价措施项目清单与计价表见表2-119。

表2-119 分部分项工程和单价措施项目清单与计价表

工程名称：某工程

项目编号	项目名称	项目特征描述	计算单位	工程量	金额（元）		
					综合单价	合价	其中 暂估价
011001002001	保温隔热天棚	聚苯乙烯塑料板顶棚，内保温，规格1000mm×150mm×50mm	m²	53.19			

（3）定额工程量

$$[(4-0.24)\times(7-0.24)+(4.5-0.24)\times(3.5-0.24)\times2]\times0.05\approx2.66\ (m^3)$$

套用基础定额10-206。

【例2-44】 某地面示意图如图2-57所示，地面采用双层耐酸沥青胶泥粘青石板（180mm×110mm×30mm），踢脚板高150mm，厚度为20mm，计算其工程量。

图 2-57　某地面示意图

【解】

(1) 清单工程量

1) 地面面积:

$$S = [(2.2-0.18)\times(1.7-0.18)+(2.2-0.18)\times(2.2-0.18) \\ +(3-0.18)\times(3.9-0.24)]+0.9\times0.12\times2+1.2\times0.24\approx17.98\ (\text{m}^2)$$

2) 踢脚板长度:

$$L = (5.2-0.24-0.12)\times2+(3.9-0.24)\times2+[(3.9-0.24-0.12) \\ +(2.2-0.18)]\times2\approx28.12\ (\text{m})$$

3) 应扣除的面积 (门洞口所占面积):

$$S_1 = (1.2+0.9\times4)\times0.15\approx0.72\ (\text{m}^2)$$

4) 应增加的面积 (侧壁展开面积):

$$S_2 = (0.12\times0.15\times2+0.12\times0.15\times4)\approx0.11\ (\text{m}^2)$$

5) 踢脚板的工程量:

$$S = L\times h+S_1-S_2 = 28.12\times0.15+0.11-0.72\approx3.61\ (\text{m}^2)$$

清单工程量计算见表 2-120。

表 2-120　清单工程量计算表

序号	项目编号	项目名称	项目特征描述	计算单位	工程量	金额 (元)		
						综合单价	合价	其中暂估价
1	010801006001	块料防腐面层	双层耐酸沥青胶泥粘青石板地面, 厚度为20mm	m²	17.98			
2	010801006002	块料防腐面层	双层耐酸沥青胶泥粘青石板踢脚板, 高150mm	m²	3.61			

(2) 定额工程量

定额工程量同清单工程量。

套用基础定额 10-90。

【例 2-45】 某库房地面做 1：0.533：0.533：3.121 不发火沥青砂浆防腐面层，踢脚线抹 1：0.3：1.5：4 铁屑砂浆，厚度均为 20mm，踢脚线高度 200mm，如图 2-58 所示。墙厚均为 240mm，门洞地面做防腐面层，侧边不做踢脚线。试列出该库房工程防腐面层及踢脚线的分部分项工程量清单。

图 2-58　某库房平面示意图（mm）

【解】
（1）清单工程量计算
1）防腐砂浆面层：
$$S = (10.2 - 0.24) \times (4.5 - 0.24) \approx 42.43 \ (m^2)$$
2）砂浆踢脚线：
$$L = (10.2 - 0.24 + 0.24 \times 4 + 4.5 - 0.24) \times 2 - 0.90 = 29.46 \ (m^2)$$
（2）计价表格编制
分部分项工程和单价措施项目清单与计价表见表 2-121。

表 2-121　分部分项工程和单价措施项目清单与计价表

工程名称：某工程

序号	项目编号	项目名称	项目特征描述	计算单位	工程量	金额（元）		
						综合单价	合价	其中 暂估价
1	011002002001	防腐砂浆面层	1. 防腐部位：地面 2. 厚度：20mm 3. 砂浆种类、配合比：不发火沥青砂浆 1：0.533：0.533：3.121	m²	42.43			
2	011105001001	砂浆踢脚线	1. 踢脚线高度：200mm 2. 厚度、砂浆配合比：20mm，铁屑砂浆 1：0.3：1.5：4	m	29.46			

【例 2-46】 某工程建筑示意图如图 2-59 所示，该工程外墙保温做法：①基层表面清理；②刷界面砂浆 5mm；③刷 30mm 厚胶粉聚苯颗粒；④门窗边做保温宽度为 120mm。试列出该工程外墙外保温的分部分项工程量清单。

图 2-59　某工程建筑示意图（mm）

【解】

（1）清单工程量计算

1）墙面：

$$S_1 = [(10.74+0.24)+(7.44+0.24)] \times 2 \times 3.90 - (1.2 \times 2.4 + 2.1 \times 1.8$$
$$+1.2 \times 1.8 \times 2) \approx 134.57 \ (\text{m}^2)$$

2）门窗侧边：

$$S_2 = [(2.1+1.8) \times 2 + (1.2+1.8) \times 4 + (2.4 \times 2 + 1.2)] \times 0.12 \approx 3.10 \ (\text{m}^2)$$

3）保温墙面总工程量：

$$S = S_1 + S_2 = 134.57 + 3.10 = 137.67 \ (\text{m}^2)$$

（2）计价表格编制

分部分项工程和单价措施项目清单与计价表见表 2-122。

表 2-122　分部分项工程和单价措施项目清单与计价表

工程名称：某工程

项目编号	项目名称	项目特征描述	计算单位	工程量	金额（元）		
					综合单价	合价	其中
							暂估价
011001003001	保温墙面	1. 保温隔热部位：墙面 2. 保温隔热方式：外保温 3. 保温隔热材料品种、厚度：30mm厚胶粉聚苯颗粒 4. 基层材料：5mm厚界面砂浆	m²	137.67			

2.14 措施项目工程量计算及清单编制实例

2.14.1 措施项目清单工程量计算规则

1. 脚手架工程

脚手架工程工程量清单项目设置、项目特征描述的内容、计量单位及工程量计算规则，应按表 2-123 的规定执行。

表 2-123　脚手架工程（编码：011701）

项目编码	项目名称	项目特征	计量单位	工程量计算规则	工作内容
011701001	综合脚手架	1. 建筑结构形式 2. 檐口高度	m²	按建筑面积计算	1. 场内、场外材料搬运 2. 搭、拆脚手架、斜道、上料平台 3. 安全网的铺设 4. 选择附墙点与主体连接 5. 测试电动装置、安全锁等 6. 拆除脚手架后材料的堆放
011701002	外脚手架	1. 搭设方式 2. 搭设高度 3. 脚手架材质	m²	按所服务对象的垂直投影面积计算	1. 场内、场外材料搬运 2. 搭、拆脚手架、斜道、上料平台 3. 安全网的铺设 4. 拆除脚手架后材料的堆放
011701003	里脚手架				
011701004	悬空脚手架	1. 搭设方式 2. 悬挑宽度 3. 脚手架材质	m	按搭设的水平投影面积计算	
011701005	挑脚手架			按搭设长度乘以搭设层数以延长米计算	
011701006	满堂脚手架	1. 搭设方式 2. 搭设高度 3. 脚手架材质	m²	按搭设的水平投影面积计算	
011701007	整体提升架	1. 搭设方式及启动装置 2. 搭设高度		按所服务对象的垂直投影面积计算	1. 场内、场外材料搬运 2. 选择附墙点与主体连接 3. 搭、拆脚手架、斜道、上料平台 4. 安全网的铺设 5. 测试电动装置、安全锁等 6. 拆除脚手架后材料的堆放

续表 2-123

项目编码	项目名称	项目特征	计量单位	工程量计算规则	工作内容
011701008	外装饰吊篮	1. 升降方式及启动装置 2. 搭设高度及吊篮型号	m²	按所服务对象的垂直投影面积计算	1. 场内、场外材料搬运 2. 吊篮的安装 3. 测试电动装置、安全锁、平衡控制器等 4. 吊篮的拆卸

注：1. 使用综合脚手架时，不再使用外脚手架、里脚手架等单项脚手架；综合脚手架适用于能够按"建筑面积计算规则"计算建筑面积的建筑工程脚手架，不适用于房屋加层、构筑物及附属工程脚手架。

2. 同一建筑物有不同檐高时，按建筑物竖向切面分别按不同檐高编列清单项目。

3. 整体提升架已包括 2m 高的防护架体设施。

4. 脚手架材质可以不描述，但应注明由投标人根据工程实际情况按照国家现行标准《建筑施工扣件式钢管脚手架安全技术规范》JGJ 130—2011、《建筑施工附着升降脚手架管理暂行规定》(建建〔2000〕230 号) 等规范、文件自行确定。

2. 混凝土模板及支架（撑）

混凝土模板及支架（撑）工程量清单项目设置、项目特征描述的内容、计量单位、工程量计算规则及工作内容，应按表 2-124 的规定执行。

表 2-124　混凝土模板及支架（撑）（编码：011702）

项目编码	项目名称	项目特征	计量单位	工程量计算规则	工作内容
011702001	基础	基础类型		按模板与现浇混凝土构件的接触面积计算 1. 现浇钢筋混凝土墙、板单孔面积小于或等于 0.3m 的孔洞不予扣除，洞侧壁模板亦不增加；单孔面积大于 0.3m² 时应予扣除，洞侧壁模板面积并入墙、板工程量内计算 2. 现浇框架分别按梁、板、柱有关规定计算；附墙柱、暗梁、暗柱并入墙内工程量内计算 3. 柱、梁、墙、板相互连接的重叠部分，均不计算模板面积 4. 构造柱按图示外露部分计算模板面积	1. 模板制作 2. 模板安装、拆除、整理堆放及场内外运输 3. 清理模板黏结物及模内杂物、刷隔离剂等
011702002	矩形柱	—			
011702003	构造柱				
011702004	异形柱	柱截面形状			
011702005	基础梁	梁截面形状			
011702006	矩形梁	支撑高度			
011702007	异形梁	1. 梁截面形状 2. 支撑高度	m²		
011702008	梁圈	—			
011702009	过梁				
011702010	弧形、拱形梁	1. 梁截面形状 2. 支撑高度			
011702011	直形墙				
011702012	弧形墙	—			
011702013	短肢剪力墙、电梯井壁				
11702014	有梁板				
11702015	无梁板				
11702016	平板				
11702017	拱板	支撑高度			
11702018	薄壳板				
11702019	空心板				
11702020	其他板				
11702021	栏板	—			

续表 2-124

项目编码	项目名称	项目特征	计量单位	工程量计算规则	工作内容
11702022	天沟、檐沟	构建类型		按模板与现浇混凝土构件的接触面积计算	
11702023	雨篷、悬挑板、阳台板	1. 构件类型 2. 板厚度		按图示外挑部分尺寸的水平投影面积计算，挑出墙外的悬臂梁及板边不另计算	
11702024	楼梯	类型		按楼梯（包括休息平台、平台梁、斜梁和楼层板的连接梁）的水平投影面积计算，不扣除宽度小于或等于500mm的楼梯井所占面积，楼梯踏步、踏步板、平台梁等侧面模板不另计算，伸入墙内部分亦不增加	1. 模板制作 2. 模板安装、拆除、整理堆放及场内外运输 3. 清理模板黏结物及模内杂物、刷隔离剂等
11702025	其他现浇构件	构件类型		按模板与现浇混凝土构件的接触面积计算	
11702026	电缆沟、地沟	1. 沟类型 2. 沟截面	m²	按模板与电缆沟、地沟接触的面积计算	
11702027	台阶	台阶踏步宽		按图示台阶水平投影面积计算，台阶端头两侧不另计算模板面积。架空式混凝土台阶，按现浇楼梯计算	
11702028	扶手	扶手断面尺寸		按模板与扶手的接触面积计算	
11702029	散水	—		按模板与散水的接触面积计算	
11702030	后浇带	后浇带部位		按模板与后浇带的接触面积计算	
11702031	化粪池	1. 化粪池部位 2. 化粪池规格		按模板与混凝土接触面积计算	
11702032	检查井	1. 检查井部位 2. 检查井规格			

注：1. 原槽浇灌的混凝土基础，不计算模板。
    2. 混凝土模板及支撑（架）项目，只适用于以平方米计量，按模板与混凝土构件的接触面积计算。以立方米计量的模板及支撑（支架），按混凝土及钢筋混凝土实体项目执行，其综合单价中应包含模板及支撑（支架）。
    3. 采用清水模板时，应在特征中注明。
    4. 若现浇混凝土梁、板支撑高度超过 3.6m 时，项目特征应描述支撑高度。

3. 垂直运输

垂直运输工程量清单项目设置、项目特征描述的内容、计量单位、工程量计算规则应按表 2-125 的规定执行。

表 2-125　垂直运输（编码：011703）

项目编码	项目名称	项目特征	计量单位	工程量计算规则	工作内容
011703001	垂直运输	1. 建筑物建筑类型及结构形式 2. 地下室建筑面积 3. 建筑物檐口高度、层数	1. m² 2. 天	1. 按建筑面积计算 2. 按施工工期日历天数计算	1. 垂直运输机械的固定装置、基础制作、安装 2. 行走式垂直运输机械轨道的铺设、拆除、摊销

注：1. 建筑物的檐口高度是指设计室外地坪至檐口滴水的高度（平屋顶系指屋面板底高度），突出主体建筑物屋顶的电梯机房、楼梯出口间、水箱间、瞭望塔、排烟机房等不计入檐口高度。

　　2. 垂直运输指施工工程在合理工期内所需垂直运输机械。

　　3. 同一建筑物有不同檐高时，按建筑物的不同檐高做纵向分割，分别计算建筑面积，以不同檐高分别编码列项。

4. 超高施工增加

超高施工增加工程量清单项目设置、项目特征描述的内容、计量单位、工程量计算规则应按表 2-126 的规定执行。

表 2-126　超高施工增加（编码：011704）

项目编码	项目名称	项目特征	计量单位	工程量计算规则	工作内容
011704001	超高施工增加	1. 建筑物建筑类型及结构形式 2. 建筑物檐口高度、层数 3. 单层建筑物檐口高度超过 20m，多层建筑物超过 6 层部分的建筑面积	m²	按建筑物超高部分的建筑面积计算	1. 建筑物超高引起的人工工效降低以及由于人工工效降低引起的机械降效 2. 高层施工用水加压水泵的安装、拆除及工作台班 3. 通信联络设备的使用及摊销

注：1. 单层建筑物檐口高度超过 20m，多层建筑物超过 6 层时，可按超高部分的建筑面积计算超高施工增加。计算层数时，地下室不计入层数。

　　2. 同一建筑物有不同檐高时，可按不同高度的建筑面积分别计算建筑面积，以不同檐高分别编码列项。

5. 大型机械设备进出场及安拆

大型机械设备进出场及安拆工程量清单项目设置、项目特征描述的内容及计量单位及工程量计算规则应按表 2-127 的规定执行。

表 2-127   大型机械设备进出场及安拆（编码：011705001）

项目编码	项目名称	项目特征	计量单位	工程量计算规则	工作内容
011705001	大型机械设备进出场及安拆	1. 机械设备名称 2. 机械设备规格型号	台次	按使用机械设备的数量计算	1. 安拆费包括施工机械、设备在现场进行安装拆卸所需人工、材料、机械和试运转费用以及机械辅助设施的折旧、搭设、拆除等费用 2. 进出场费包括施工机械、设备整体或分体自停放地点运至施工现场或由一施工地点运至另一施工地点所发生的运输、装卸、辅助材料等费用

6. 施工排水、降水

施工排水、降水工程量清单项目设置、项目特征描述的内容、计量单位及工程量计算规则应按表 2-128 的规定执行。

表 2-128   施工排水、降水（编码：011706）

项目编码	项目名称	项目特征	计量单位	工程量计算规则	工作内容
011706001	成井	1. 成井方式 2. 地层情况 3. 成井直径 4. 井（滤）管类型、直径	m	按设计图示尺寸以钻孔深度计算	1. 准备钻孔机械、埋设护筒、钻机就位；泥浆制作、固壁、成孔、出渣、清孔等 2. 对接上、下井管（滤管），焊接，安放，下滤料，洗井，连接试抽等
011706002	排水、降水	1. 机械规格型号 2. 降排水管规格	昼夜	按排水、降水日历天数计算	1. 管道安装、拆除、场内搬运等 2. 抽水、值班、降水设备维修等

注：相应专项设计不具备时，可按暂估量计算。

7. 安全文明施工及其他措施项目

安全文明施工及其他措施项目工程量清单项目设置、计量单位、工作内容及包含范围应按表 2-129 的规定执行。

表 2-129　安全文明施工及其他措施项目（编码：011707）

项目编码	项目名称	工作内容及包含范围
011707001	安全文明施工	1. 环境保护：现场施工机械设备降低噪声、防扰民措施；水泥和其他易飞扬细颗粒建筑材料密闭存放或采取覆盖措施等；工程防扬尘洒水；土石方、建渣外运车辆防护措施等；现场污染源的控制、生活垃圾清理外运、场地排水排污措施；其他环境保护措施 2. 文明施工："五牌一图"；现场围挡的墙面美化（包括内外粉刷、刷白、标语等）、压顶装饰；现场厕所便槽刷白、贴面砖，水泥砂浆地面或地砖，建筑物内临时便溺设施；其他施工现场临时设施的装饰装修、美化措施；现场生活卫生设施；符合卫生要求的饮水设备、淋浴、消毒等设施；生活用洁净燃料；防煤气中毒、防蚊虫叮咬等措施；施工现场操作场地的硬化；现场绿化、治安综合治理；现场配备医药保健器材、物品和急救人员培训；现场工人的防暑降温、电风扇、空调等设备及用电；其他文明施工措施 3. 安全施工：安全资料、特殊作业专项方案的编制，安全施工标志的购置及安全宣传；"三宝"（安全帽、安全带、安全网）、"四口"（楼梯口、电梯井口、通道口、预留洞口）、"五临边"（阳台围边、楼板围边、屋面围边、槽坑围边、卸料平台两侧），水平防护架、垂直防护架、外架封闭等防护；施工安全用电，包括配电箱三级配电、两级保护装置要求、外电防护措施；起重机、塔吊等起重设备（含井架、门架）及外用电梯的安全防护措施（含警示标志）及卸料平台的临边防护、层间安全门、防护棚等设施；建筑工地起重机械的检验检测；施工机具防护棚及其围栏的安全保护设施；施工安全防护通道；工人的安全防护用品、用具购置；消防设施与消防器材的配置；电气保护、安全照明设施；其他安全防护措施 4. 临时设施：施工现场采用彩色、定型钢板，砖、混凝土砌块等围挡的安砌、维修、拆除；施工现场临时建筑物、构筑物的搭设、维修、拆除，如临时宿舍、办公室，食堂、厨房、厕所、诊疗所、临时文化福利用房、临时仓库、加工场、搅拌台、临时简易水塔、水池等；施工现场临时设施的搭设、维修、拆除，如临时供水管道、临时供电管线、小型临时设施等；施工现场规定范围内临时简易道路铺设，临时排水沟、排水设施安砌、维修、拆除；其他临时设施搭设、维修、拆除
011707002	夜间施工	1. 夜间固定照明灯具和临时可移动照明灯具的设置、拆除 2. 夜间施工时，施工现场交通标志、安全标牌、警示灯等的设置、移动、拆除 3. 包括夜间照明设备及照明用电、施工人员夜班补助、夜间施工劳动效率降低等
011707003	非夜间施工照明	为保证工程施工正常进行，在地下室等特殊施工部位施工时所采用的照明设备的安拆、维护及照明用电等
011707004	二次搬运	由于施工场地条件限制而发生的材料、成品、半成品等一次运输不能到达堆放地点，必须进行的二次或多次搬运

续表 2-129

项目编码	项目名称	工作内容及包含范围
011707005	冬雨季施工	1. 冬雨（风）季施工时增加的临时设施（防寒保温、防雨、防风设施）的搭设、拆除 2. 冬雨（风）季施工时，对砌体、混凝土等采用的特殊加温、保温和养护措施 3. 冬雨（风）季施工时，施工现场的防滑处理、对影响施工的雨雪的清除 4. 包括冬雨（风）季施工时增加的临时设施、施工人员的劳动保护用品、冬雨（风）季施工劳动效率降低等
011707006	地上、地下设施、建筑物的临时保护设施	在工程施工过程中，对已建成的地上、地下设施和建筑物进行的遮盖、封闭、隔离等必要保护措施
011707007	已完工程及设备保护	对已完工程及设备采取的覆盖、包裹、封闭、隔离等必要保护措施

注：本表所列项目应根据工程实际情况计算措施项目费用，需分摊的应合理计算摊销费用。

2.14.2　措施项目工程量计算实例

【例 2-47】　某女儿墙如图 2-60 所示，计算有女儿墙单层建筑的脚手架工程量。

图 2-60　有女儿墙单层建筑示意图

【解】

（1）综合脚手架工程量

1）综合脚手架基本层：

$$38.0 \times 19.0 = 722 \ (\text{m}^2)$$

2）综合脚手架增加层：

$$(0.30 + 18.0 + 0.45 - 6) \ /1 \approx 13 \ (\text{层})$$

（2）满堂脚手架工程量

1）满堂脚手架：

$$(38.0 - 0.37 \times 2) \times (19.0 - 0.37 \times 2) \approx 680.37 \ (\text{m}^2)$$

2）增加层数：

$$(17.85 - 5.2) \ /1.2 \approx 11 \ (\text{层})$$

$$0.542 \times 1.2 = 0.65 \text{m} \ (0.65 > 0.6)$$

【例 2-48】　如图 2-61 所示为某工程框架结构建筑物某层现浇混凝土及钢筋混凝土柱梁板结构图，层高 3.0m，其中板厚为 120mm，梁、板顶标高为 +6.00m，柱的区域部分为（+3.0m～+6.00m）。该工程在招标文件中要求，模板单列，不计入混凝土实体项目综合单价，不采用清水模板。试列出该层现浇混凝土及钢筋混凝土柱、梁、板、模板工程的分部分项工程量清单。

图 2-61　某工程现浇混凝土及钢筋混凝土柱梁板结构示意图

【解】

（1）清单工程量计算

1）矩形柱：

$$S = 4 \times (3 \times 0.5 \times 4 - 0.3 \times 0.7 \times 2 - 0.2 \times 0.12 \times 2) = 22.13 \ (\text{m}^2)$$

2）矩形梁：

$$S = [(5 - 0.5) \times (0.7 \times 2 + 0.3) - 4.5 \times 0.12] \times 4 = 28.44 \ (\text{m}^2)$$

3）板：

$$S=（5.5-2×0.3）×（5.5-2×0.3）-0.2×0.2×4=23.85（m^2）$$

（2）计价表格编制

分部分项工程和单价措施项目清单与计价表见表2-130。

表 2-130 分部分项工程和单价措施项目清单与计价表

工程名称：某工程

序号	项目编号	项目名称	项目特征描述	计算单位	工程量	金额（元）		
						综合单价	合价	其中 暂估价
1	011702002001	矩形柱	KZ_1 1500×500	m²	22.13			
2	011702006001	矩形梁	KL_1 300×700	m²	28.44			
3	011702014001	板	板厚 120mm	m²	23.85			

注：根据《房屋建筑与装饰工程工程量计算规范》GB 80854—2013规定，若现浇混凝土梁、板支撑高度超过3.6m时，项目特征要描述支撑高度，否则不描述。

【例 2-49】 某高层建筑如图2-62所示，框剪结构，女儿墙高度为1.8m，由某总承包公司承包，施工组织设计中，垂直运输，采用自升式塔式起重机及单笼施工电梯。试列出该高层建筑物的垂直运输、超高施工增加的分部分项工程量清单。

图 2-62 某高层建筑示意图（mm）

【解】

（1）清单工程量计算

1）垂直运输（檐高 94.20m 以内）：

$$26.24×36.24×5+36.24×26.24×15≈19018.75（m^2）$$

2）垂直运输（檐高 22.50m 以内）：

$$（56.24×36.24-36.24×26.24）×5=5436.00（m^2）$$

3）超高施工增加：

$$36.24×26.24×14≈13313.13（m^2）$$

（2）计价表格编制

分部分项工程和单价措施项目清单与计价表见表2-131。

表 2-131　分部分项工程和单价措施项目清单与计价表

序号	项目编号	项目名称	项目特征描述	计算单位	工程量	金额（元）		
						综合单价	合价	其中 暂估价
1	011704001001	垂直运输 （檐高 94.20m 以内）	1. 建筑物建筑类型及结构 形式：现浇框架结构 2. 建筑物檐口高度、层数： 94.20m、20 层	m²	19018.75			
2	011704001002	垂直运输 （檐高 22.50m 以内）	1. 建筑物建筑类型及结构 形式：现浇框架结构 2. 建筑物檐口高度、层数： 22.50m、5 层	m²	5436.00			
3	011705001001	超高施工 增加	1. 建筑物建筑类型及结构 形式：现浇框架结构 2. 建筑物檐口高度、层数： 94.20m、20 层	m²	13313.13			

注：根据《房屋建筑与装饰工程工程量计算规范》GB 80854—2013 的规定，同一建筑物有不同檐高时，按建筑物不同檐高做纵向分割，分别计算建筑面积，以不同檐高分别编码列项。

【例 2-50】　某综合楼分层及檐高如图 2-63 所示。

图 2-63　某综合楼分层及檐高示意图

图 2-63 中相应层次建筑面积见表 2-132。

表 2-132　相应层次建筑面积

层次	A 单元			B 单元		
	层数	层高（m）	建筑面积（m²）	层数	层高（m）	建筑面积（m²）
地下	1	3.4	800	1	3.4	1200
首层	1	8	800	1	4	1200
二层	1	4.5	800	1	4	1200
标准层	1	3.6	800	7	3.6	7000
顶层	1	3.6	800	1	5	1000
屋顶	—	—	—	1	3.6	20
合计	4	—	4000	11	—	11620

试编制该工程超高施工增加费清单。

【解】

该工程 A 单元檐高 19.85m＜20m，B 单元檐高 36.45m＞20m，应计算施工超高有关费用，计算基数应按超高面积与单位工程整体面积比例划分，故清单中应描述超高部分面积或所占比例。其中从首层开始计算超高面积＝11620－1200＝10420（m²）

按清单编号列项，编制清单见表 2-133。

表 2-133　建筑物超高施工降效增加费

项目编号	项目名称	项目描述	工程数量合计	计量单位
011704001001	超高施工增加	1. 人工降效，机械降效，超高施工加压水泵台班及其他 2. 檐高 20m 内建筑面积 4000m² 3. 檐高 36.45m 建筑面积 11620m²，其中首层地坪以上 10420m²，包括层高 3.6m 7020m²，4m 层高 2400m²，5m 层高 1000m²	10420	m²

3 建筑工程工程量清单计价编制实例

3.1 工程量清单编制实例

现以某中学教学楼工程为例介绍工程量清单编制（由委托工程造价咨询人编制）。

1. 封面

招标工程量清单封面应填写招标工程项目的具体名称，招标人应盖单位公章，如委托工程造价咨询人编制，还应由其加盖相同单位公章。

封-1 招标工程量清单封面

<u>　　××中学教学楼　　</u> 工程

招标工程量清单

招　标　人：<u>　　　××中学　　　　</u>

（单位盖章）

造价咨询人：<u>　　××工程造价咨询企业　</u>

（单位盖章）

××年×月×日

2. 扉页

（1）招标人自行编制工程量清单时，招标工程量清单扉页由招标人单位注册的造价人员编制，招标人盖单位公章，法定代表人或其授权人签字或盖章。编制人是造价工程师的，由其签字盖执业专用章；编制人是造价员的，在编制人栏签字盖专用章，应由造价工程师复核，并在复核人栏签字盖执业专用章。

（2）招标人委托工程造价咨询人编制工程量清单时，招标工程量清单扉页由工程造价咨询人单位注册的造价人员编制，工程造价咨询人盖单位资质专用章，法定代表人或其授权人签字或盖章。编制人是造价工程师的，由其签字盖执业专用章；编制人是造价员的，在编制人栏签字盖专用章，应由造价工程师复核，并在复核人栏签字盖执业专用章。

扉-1　招标工程量清单扉页

　　×××中学教学楼　　工程

招标工程量清单

招　标　人：　　×××中学　　　　　　造价咨询人：　　×××工程造价咨询企业　

（单位盖章）　　　　　　　　　　　　　（单位资质专用章）

法定代表人　　　　×××中学　　　　　法定代表人

或其授权人：　　　×××　　　　　　　或其授权人：　×××工程造价咨询企业　

（签字或盖章）　　　　　　　　　　　　（签字或盖章）

编　制　人：　　　×××　　　　　复　核　人：　　　　×××　

（造价人员签字盖专用章）　　　　　　（造价工程师签字盖专用章）

编制时间：××年×月×日　　　　　　　复核时间：××年×月×日

3. 总说明

编制工程量清单的总说明的内容应包括：

1）工程概况：如建设地址、建设规模、工程特征、交通状况、环保要求等。

2）工程发包、分包范围。

3）工程量清单编制依据：如采用的标准、施工图纸、标准图集等。

4）使用材料设备、施工的特殊要求等。

5）其他需要说明的问题。

表-01　总　说　明

工程名称：××中学教学楼工程　　　　　　　　　　　　　　　第1页　共1页

　　1. 工程概况：本工程为砖混结构，采用混凝土灌注桩，建筑层数为六层，建筑面积 $10940m^2$，计划工期为 200 日历天。施工现场距教学楼最近处为 20m，施工中应注意采取相应的防噪措施。

　　2. 工程招标范围：本次招标范围为施工图范围内的建筑工程和安装工程。

　　3. 工程量清单编制依据：

　　(1) 教学楼施工图；

　　(2)《建设工程工程量清单计价规范》GB 50500—2013；

　　(3)《房屋建筑与装饰工程工程量计算规范》GB 50854—2013；

　　(4) 拟定的招标文件；

　　(5) 相关的规范、标准图集和技术资料。

　　4. 其他需要说明的问题：

　　(1) 招标人供应现浇构件的全部钢筋，单价暂定为 4000 元/t。

　　承包人应在施工现场对招标人供应的钢筋进行验收、保管和使用发放。

　　招标人供应钢筋的价款，由招标人按每次发生的金额支付给承包人，再由承包人支付给供应商。

　　(2) 消防工程另进行专业发包。总承包人应配合专业工程承包人完成以下工作：

　　①为消防工程承包人提供施工工作面并对施工现场进行统一管理，对竣工资料进行统一整理汇总。

　　②为消防工程承包人提供垂直运输机械和焊接电源接入点，并承担垂直运输费和电费。

4. 分部分项工程和单价措施项目清单与计价表

编制工程量清单时，分部分项工程和单价措施项目清单与计价表中，"工程名称"栏应填写具体的工程称谓；"项目编码"栏应按相关工程国家计量规范项目编码栏内规定的 9 位数字另加 3 位顺序码填写；"项目名称"栏应按相关工程国家计量规范根据拟建工程实际确定填写；"项目描述"栏应按相关工程国家计量规范根据拟建工程实际予以描述。

表-08　分部分项工程和单价措施项目清单与计价表（一）

工程名称：××中学教学楼工程　　　　　标段：　　　　　　　第1页　共4页

序号	项目编码	项目名称	项目特征描述	计量单位	工程量	综合单价	合价	其中 暂估价
			0101 土石方工程					
1	010101003001	挖沟槽土方	三类土，垫层底宽2m，挖土深度小于4m，弃土运距小于10km	m³	1432			
			（其他略）					
			分部小计					
			0103 桩基工程					
2	010302003001	泥浆护壁混凝土灌注桩	桩长10m，护壁段长9m，共42根，桩直径1000mm，扩大头直径1100mm，桩混凝土为C25，护壁混凝土为C20	m	420			
			（其他略）					
			分部小计					
			0104 砌筑工程					
3	010401001001	条形砖基础	M10水泥砂浆，MU15页岩砖240×115×53（mm）	m³	239			
4	010401003001	实心砖墙	M7.5混合砂浆，MU15页岩砖240×115×53（mm），墙厚度240mm	m³	2037			
			（其他略）					
			分部小计					
			0105 混凝土及钢筋混凝土工程					
5	010503001001	基础梁	C30预拌混凝土，梁底标高−1.55m	m³	208			
6	010515001001	现浇构件钢筋	螺纹钢Q235，Φ14	t	200			
			（其他略）					
			分部小计					
			本页小计					
			合　计					

注：为计取规费等的使用，可在表中增设"其中：定额人工费"。

表-08　分部分项工程和单价措施项目清单与计价表（二）

工程名称：××中学教学楼工程　　　　　　　标段：　　　　　　　第2页　共4页

序号	项目编码	项目名称	项目特征描述	计量单位	工程量	综合单价	合价	其中暂估价
			0106 金属结构工程					
7	010606008001	钢爬梯	U 型、型钢品种、规格详见施工图	t	0.258			
			分部小计					
			0108 门窗工程					
8	010807001001	塑钢窗	80 系列 LC0915 塑钢平开窗带纱 5mm 白玻	m²	900			
			（其他略）					
			分部小计					
			0109 屋面及防水工程					
9	010902003001	屋面刚性防水	C20 细石混凝土，厚40mm，建筑油膏嵌缝	m²	1853			
			（其他略）					
			分部小计					
			0110 保温、隔热、防腐工程					
10	011001001001	保温隔热屋面	沥青珍珠岩块 500×500×150（mm），1∶3 水泥砂浆护面，厚25mm	m²	1853			
			（其他略）					
			分部小计					
			0111 楼地面装饰工程					
11	011101001001	水泥砂浆楼地面	1∶3 水泥砂浆找平层，厚20mm，1∶2 水泥砂浆面层，厚25mm	m²	6500			
			（其他略）					
			分部小计					
			本页小计					
			合　　计					

注：为计取规费等的使用，可在表中增设"其中：定额人工费"。

表-08 分部分项工程和单价措施项目清单与计价表（三）

工程名称：××中学教学楼工程　　　　　　标段：　　　　　　　第3页 共4页

序号	项目编码	项目名称	项目特征描述	计量单位	工程量	综合单价	合价	其中 暂估价
			0112 墙、柱面装饰与隔断、幕墙工程					
12	011201001001	外墙面抹灰	页岩砖墙面，1：3 水泥砂浆底层，厚 15mm，1：2.5 水泥砂浆面层，厚 6mm	m²	4050			
13	011202001001	柱面抹灰	混凝土柱面，1：3 水泥砂浆底层，厚 15mm，1：2.5 水泥砂浆面层，厚 6mm	m²	850			
			（其他略）					
			分部小计					
			0113 天棚工程					
14	011301001001	混凝土天棚抹灰	基层刷水泥浆一道加 107 胶，1：0.5：2.5 水泥石灰砂浆底层，厚12mm，1：0.3：3 水泥石灰砂浆面层厚 4mm	m²	7000			
			（其他略）					
			分部小计					
			0114 油漆、涂料、裱糊工程					
15	011407001001	外墙乳胶漆	基层抹灰面满刮成品耐水腻子三遍磨平，乳胶漆一底二面	m²	4050			
			（其他略）					
			分部小计					
			0117 措施项目					
16	011701001001	综合脚手架	砖混、檐高 22m	m²	10940			
			（其他略）					
			分部小计					
			本页小计					
			合　计					

注：为计取规费等的使用，可在表中增设"其中：定额人工费"。

表-08 分部分项工程和单价措施项目清单与计价表（四）

工程名称：××中学教学楼工程　　　　　　标段：　　　　　　　第 4 页　共 4 页

序号	项目编码	项目名称	项目特征描述	计量单位	工程量	金额（元）		
						综合单价	合价	其中暂估价
			0304 电气设备安装工程					
17	030404035001	插座安装	单相三孔插座，250V/10A	个	1224			
18	030411001001	电气配管	砖墙暗配 PC20 阻燃 PVC 管	m	9858			
			（其他略）					
			分部小计					
			0310 给水排水安装工程					
19	031001006001	塑料给水管安装	室内 DN20/PP－R 给水管，热熔连接	m	1569			
20	031001006002	塑料排水管安装	室内 Φ110UPVC 排水管，承插胶粘接	m	849			
			（其他略）					
			分部小计					
			本页小计					
			合　计					

注：为计取规费等的使用，可在表中增设"其中：定额人工费"。

5. 总价措施项目清单与计价表

编制工程量清单时，总价措施项目清单与计价表中的项目可根据工程实际情况进行增减。

表-11 总价措施项目清单与计价表

工程名称：××中学教学楼工程　　　　　　标段：　　　　　　　第 1 页　共 1 页

序号	项目编码	项目名称	计算基础	费率（%）	金额（元）	调整费率（%）	调整后金额（元）	备注
		安全文明施工费						
		夜间施工增加费						
		二次搬运费						
		冬雨季施工增加费						
		已完工程及设备保护费						
		合　计						

编制人（造价人员）：　　　　　　　　　复核人（造价工程师）：

注：1. "计算基础"中安全文明施工费可为"定额基价"、"定额人工费"或"定额人工费＋定额机械费"，其他项目可为"定额人工费"或"定额人工费＋定额机械费"。

2. 按施工方案计算的措施费，若无"计算基础"和"费率"的数值，也可只填"金额"数值，但应在备注栏说明施工方案出处或计算方法。

6. 其他项目清单与计价表

编制招标工程量清单时，其他项目清单与计价汇总表应汇总"暂列金额"和"专业工程暂估价"，以提供给投标报价。

表-12 其他项目清单与计价汇总表

工程名称：××中学教学楼工程　　　　　标段：　　　　　　　第1页 共1页

序号	项目名称	金额（元）	结算金额（元）	备　注
1	暂列金额	350000		明细详见（1）
2	暂估价	200000		
2.1	材料暂估价	—		明细详见（2）
2.2	专业工程暂估价	200000		明细详见（3）
3	计日工			明细详见（4）
4	总承包服务费			明细详见（5）
5				
	合　　计	550000		—

注：材料（工程设备）暂估价进入清单项目综合单价，此处不汇总。

（1）暂列金额明细表

投标人只需要直接将招标工程量清单中所列的暂列金额纳入投标总价，并且不需要在所列的暂列金额以外再考虑任何其他费用。

表-12-1 暂列金额明细表

工程名称：××中学教学楼工程　　　　　标段：　　　　　　　第1页 共1页

序号	项目名称	计量单位	暂定金额（元）	备　注
1	自行车棚工程	项	100000	
2	工程量偏差和设计变更	项	100000	
3	政策性调整和材料价格波动	项	100000	
4	其他	项	50000	
5				
	合　　计		350000	—

注：此表由招标人填写，如不能详列，也可只列暂定金额总额，投标人应将上述暂列金额计入投标总价中。

（2）材料（工程设备）暂估单价及调整表

一般而言，招标工程量清单中列明的材料、工程设备的暂估价仅指此类材料、工程设备本身运至施工现场内工地地面价，不包括这些材料、工程设备的安装以及安装所必需的辅助材料以及发生在现场内的验收、存储、保管、开箱、二次搬运、从存放地点运至安装地点以及其他任何必要的辅助工作（以下简称"暂估价项目的安装及辅助工作"）所发生的费用。暂估价项目的安装及辅助工作所发生的费用应该包括在投标报价中的相应清单项目的综合单价中并且固定包死。

表-12-2 材料（工程设备）暂估单价及调整表

工程名称：××中学教学楼工程   标段：   第1页 共1页

序号	材料（工程设备）名称、规格、型号	计量单位	数量		暂估（元）		确认（元）		差额±（元）		备注
			暂估	确认	单价	合价	单价	合价	单价	合价	
1	钢筋（规格见施工图）	t	200		4000	800000					用于现浇钢筋混凝土项目
2	低压开关柜（CGD 190380/220V）	t	1		45000	45000					用于低压开关柜安装项目
	合　计						845000				

注：此表由招标人填写"暂估单价"，并在备注栏说明暂估价的材料、工程设备拟用在那些清单项目上，投标人
　　应将上述材料、工程设备暂估单价计入工程量清单综合单价报价中。

（3）专业工程暂估价及结算价表

专业工程暂估价应在表内填写工程名称、工程内容、暂估金额，投标人应将上述金额
计入投标总价中。

专业工程暂估价项目及其表中列明的专业工程暂估价，是指分包人实施专业工程的含税金
后的完整价（即包含了该专业工程中所有供应、安装、完工、调试、修复缺陷等全部工作），
除了合同约定的发包人应承担的总包管理、协调、配合和服务责任所对应的总承包服务费用以
外，承包人为履行其总包管理、配合、协调和服务等所需发生的费用应该包括在投标报价中。

表-12-3 专业工程暂估价及结算价表

工程名称：××中学教学楼工程   标段：   第1页 共1页

序号	工程名称	工程内容	暂估金额（元）	结算金额（元）	差额±（元）	备注
1	消防工程	合同图纸中标明的以及消防工程规范和技术说明中规定的各系统中的设备、管道、阀门、线缆等的供应、安装和调试工作	200000			
	合　计		200000			

注：此表"暂估金额"由招标人填写，投标人应将"暂估金额"计入投标总价中，结算时按合同约定结算金额
　　填写。

(4) 计日工表

编制工程量清单时，计日工表中的"项目名称"、"计量单位"、"暂估数量"由招标人填写。

表-12-4 计日工表

工程名称：××中学教学楼工程　　　　　　标段：　　　　　　　第1页　共1页

编号	项目名称	单位	暂定数量	实际数量	综合单价（元）	合价（元）	
						暂定	实际
一	人工						
1	普工	工日	100				
2	机工	工日	60				
	人工小计						
二	材料						
1	钢筋（规格见施工图）	t	1				
2	水泥 42.5	t	2				
3	中砂	m³	10				
4	砾门（5mm～40mm）	m³	5				
5	页岩砖（240mm×115mm×53mm）	千匹	1				
	材料小计						
三	施工机械						
1	自升式塔式起重机	台班	5				
2	灰浆搅拌机（400L）	台班	2				
	施工机械小计						
四	企业管理费和利润						
	总　　计						

注：此表项目名称、暂定数量由招标人填写，编制招标控制价时，单价由招标人按有关计价规定确定；投标时，单价由投标人自主报价，按暂定数量计算合价计入投标总价中。结算时，按发承包双方确认的实际数量计算合价。

(5) 总承包服务费计价表

编制招标工程量清单时，招标人应将拟定进行专业发包的专业工程，自行采购的材料设备等决定清楚，填写项目名称、服务内容，以便投标人决定报价。

表-12-5　总承包服务费计价表

工程名称：××中学教学楼工程　　　　标段：　　　　　第1页　共1页

序号	项目名称	项目价值（元）	服务内容	计算基础	费率（％）	金额（元）
1	发包人发包专业工程	200000	1. 按专业工程承包人的要求提供施工工作面并对施工现场进行统一整理汇总 2. 为专业工程承包人提供垂直运输机械和焊接电源接入点，并承担垂直运输费和电费			
2	发包人供应材料	845000				
合　计		—	—		—	

注：此表项目名称、服务内容有招标人填写，编制招标控制价时，费率及金额由招标人按有关计价规定确定；投标时，费率及金额由投标人自主报价，计入投标总价中。

7. 规费、税金项目计价表

在施工实践中，有的规费项目，如工程排污费，并非每个工程所在地都要征收，实践中可作为按实计算的费用处理。

表13　规费、税金项目计价表

工程名称：　　　　　××中学教学楼工程　　　　　标段：第1页　共1页

序号	项目名称	计算基础	计算基数	计算费率（％）	金额（元）
1	规费	定额人工费			
1.1	社会保险费	定额人工费			
(1)	养老保险费	定额人工费			
(2)	失业保险费	定额人工费			
(3)	医疗保险费	定额人工费			
(4)	工伤保险费	定额人工费			
(5)	生育保险费	定额人工费			
1.2	住房公积金	定额人工费			
1.3	工程排污费	按工程所在地环境保护部门收取标准，按实计入			
2	税金	分部分项工程费＋措施项目费＋其他项目费＋规费一按规定不计税的工程设备金额			
合　计					

编制人（造价人员）：　　　　　　　　　复核人（造价工程师）：

8. 主要材料、工程设备一览表

《建设工程工程量清单计价规范》GB 50500—2013 中新增加"主要材料、工程设备一览表",由于价料等价格占据合同价款的大部分,对材料价款的管理历来是发承包双方十分重视的,因此,规范针对发包人供应材料设置了"发包人提供材料和工程设备一览表(表5-13)",针对承包人供应材料按当前最主要的调整方法设置了两种表式,见表5-14和表5-15。表5-14 中的"风险系数"应由发包人在招标文件中按照《建设工程工程量清单计价规范》GB 50500—2013 的要求合理确定。表中将风险系数、基准单价、投标单价、发承包人确认单价在一个表内全部表示,可以大大减少发承包双方不必要的争议。

表-20 发包人提供材料和工程设备一览表

工程名称:××中学教学楼工程　　　　　　标段:　　　　　　　第1页　共1页

序号	材料(工程设备)名称、规格、型号	单位	数量	单价(元)	交货方式	送达地点	备注
1	钢筋(规格见施工图现浇构件)	t	200	4000		工地仓库	

注:此表由招标人填写,供投标人在投标报价、确定总承包服务费时参考。

表-21 承包人提供主要材料和工程设备一览表
(适用于造价信息差额调整法)

工程名称:　　　　　　　　标段:　　　　　　　第　页　共　页

序号	名称、规格、型号	单位	数量	风险系数(%)	基准单价(元)	投标单价(元)	发承包人确认单价(元)	备注
1	预拌混凝土 C20	m³	25	<5	310			
2	预拌混凝土 C25	m³	560	<5	323			
3	预拌混凝土 C30	m³	3120	<5	340			

注:1. 此表由招标人填写除"投标单价"栏的内容,投标人在投标时自主确定投标单价。
　　2. 投标人应优先采用工程造价管理机构发布的单价作为基准单价,未发布的,通过市场调查确定其基准单价。

表-22 承包人提供主要材料和工程设备一览表

（适用于价格指数差额调整法）

工程名称：××中学教学楼工程　　　　　标段：　　　　　　　第 1 页　共 1 页

序号	名称、规格、型号	变值权重 B	基本价格指数 F_0	现行价格指数 F_t	备注
1	人工		110%		
2	钢材		4000 元/t		
3	预拌混凝土 C30		340 元/m³		
4	页岩砖		300 元/千匹		
5	机械费		100%		
	定值权重 A		—	—	
	合　　计	1	—	—	

注：1. "名称、规格、型号"、"基本价格指数"栏由招标人填写，基本价格指数应首先采用工程造价管理机构发布的价格指数，没有时，可采用发布的价格代替。如人工、机械费也采用本法调整由招标人在"名称"栏填写。

2. "变值权重"栏由投标人根据该项人工、机械费和材料、工程设备值在投标总报价中所占的比例填写，1 减去其比例为定值权重。

3. "现行价格指数"按约定的付款证书相关周期最后一天的前 42 天的各项价格指数填写，该指数应首先采用工程造价管理机构发布的价格指数，没有时，可采用发布的价格代替。

3.2　招标控制价编制实例

现以某中学教学楼工程为例介绍招标控制价编制（由委托工程造价咨询人编制）。

1. 封面

招标控制价封面应填写招标工程项目的具体名称，招标人应盖单位公章，如委托工程造价咨询人编制，还应由其加盖相同单位公章。

封-2　招标控制价封面

_____工程

<h2 align="center">招标控制价</h2>

招　标　人：_____××中学_____
（单位盖章）

造价咨询人：__××工程造价咨询企业__
（单位盖章）

××年×月×日

2. 扉页

(1) 招标人自行编制招标控制价时,招标控制价扉页由招标人单位注册的造价人员编制,招标人盖单位公章,法定代表人或其授权人签字或盖章。编制人是造价工程师的,由其签字盖执业专用章;编制人是造价员的,由其在编制人栏签字盖专用章,应由造价工程师复核,并在复核人栏签字盖执业专用章。

(2) 招标人委托工程造价咨询人编制招标控制价时,招标控制价扉页由工程造价咨询人单位注册的造价人员编制,工程造价咨询人盖单位资质专用章,法定代表人或其授权人签字或盖章。编制人是造价工程师的,由其签字盖执业专用章;编制人是造价员的,在编制人栏签字盖专用章,应由造价工程师复核。并在复核人栏签字盖执业专用章。

扉-2 招标控制价扉页

_____×× 中学教学楼_____ 工程

招标控制价

招标控制价 (小写):_____8413949_____
(大写):___捌佰肆拾壹万叁仟玖佰肆拾玖元___

招　标　人:_____×× 中学_____　　　造价咨询人:_____×× 工程造价咨询企业_____
　　　　　　(单位盖章)　　　　　　　　　　　　(单位资质专用章)

法定代表人　　　×× 中学　　　　　法定代表人　　　×× 工程造价咨询企业
或其授权人:_____×××_____　　　或其授权人:_____×××_____
　　　　　　(签字或盖章)　　　　　　　　　　　(签字或盖章)

编　制　人:_____×××_____　　　复　核　人:_____×××_____
　　(造价人员签字盖专用章)　　　　　　(造价工程师签字盖专用章)

编制时间:×× 年 × 月 × 日　　　复核时间:×× 年 × 月 × 日

3. 总说明

编制招标控制价的总说明内容应包括：采用的计价依据；采用的施工组织设计；采用的材料价格来源；综合单价中风险因素、风险范围（幅度）；其他。

表-01 总 说 明

1. 工程概况：本工程为砖混结构，采用混凝土灌注桩，建筑层数为六层，建筑面积 10940m²，计划工期为 200 日历天。

2. 招标报价包括范围：为本次招标的施工图范围内的建筑工程和安装工程。

3. 招标报价编制依据：

(1) 招标工程量清单；

(2) 招标文件中有关计价的要求；

(3) 施工图；

(4) 省建设主管部门颁发的计价定额和计价办法及相关计价文件；

(5) 材料价格采用工程所在地工程造价管理机构××年×月工程造价信息发布的价格，对于工程造价信息没有发布价格信息的材料，其价格参照市场价。单价中已包括小于或等于 5% 的价格波动风险。

4. 其他（略）。

4. 招标控制价汇总表

由于编制招标控制价和投标控制价包含的内容相同，只是对价格的处理不同，因此，对招标控制价和投标报价汇总表的设计使用同一表格。实践中，招标控制价或投标报价可分别印制该表格。

表-02 建设项目招标控制价汇总表

工程名称：××中学教学楼工程   第 1 页 共 1 页

序号	单项工程名称	金额（元）	其中（元）		
			暂估价	安全文明施工费	规费
1	教学楼工程	8413949	845000	212225	241936
	合　计	8413949	845000	212225	241936

注：本表适用于建设项目招标控制价或投标报价的汇总。

说明：本工程仅为一栋教学口，故单项工程即为建设项目。

表-03　单项工程招标控制价汇总表

工程名称：××中学教学楼工程　　　　　　　　　　　　　　　　第1页　共1页

序号	单位工程名称	金额（元）	其中（元）		
			暂估价	安全文明施工费	规费
1	教学楼工程	8413949	845000	212225	241936
合　　计		8413949	845000	212225	241936

注：本表适用于单项工程招标控制价或投标报价的汇总。暂估价包括分部分项工程中的暂估价和专业工程暂估价。

表-04　单位工程招标控制价汇总表

工程名称：××中学教学楼工程　　　　　　　　　　　　　　　　第1页　共1页

序号	汇　总　内　容	金额（元）	其中：暂估价（元）
1	分部分项工程	6471819	845000
0101	土石方工程	108431	
0103	桩基工程	428292	
0104	砌筑工程	762650	
0105	混凝土及钢筋混凝土工程	2496270	800000
0105	金属结构工程	1846	
0108	门窗工程	411757	
0109	屋面及防水工程	264536	
0110	保温、隔热、防腐工程	138444	
0111	楼地面装饰工程	312306	
0112	墙柱面装饰与隔断、幕墙工程	452155	
0113	天棚工程	241228	
0114	油漆、涂料、裱糊工程	261942	
0304	电气设备安装工程	385177	45000
0310	给水排水安装工程	206785	
2	措施项目	829480	—
0117	其中：安全文明施工费	212225	
3	其他项目	593260	
3.1	其中：暂列金额	350000	
3.2	其中：专业工程暂估价	200000	
3.3	其中：计日工	24810	
3.4	其中：总承包服务费	18450	
4	规费	241936	
5	税金	277454	—
招标控制价合计＝1+2+3+4+5		8413949	845000

注：本表适用于单位工程招标控制价或投标报价的汇总，单项工程也使用本表汇总。

5. 分部分项工程和单价措施项目清单与计价表

编制招标控制价时，分部分项工程和单价措施项目清单与计价表的"项目编码"、"项目名称"、"项目特征"、"计量单位"、"工程量"栏不变，对"综合单价"、"合价"以及"其中：暂估价"按相关规定填写。

表-08 分部分项工程和单价措施项目清单与计价表（一）

工程名称：××中学教学楼工程   标段：   第1页 共4页

序号	项目编码	项目名称	项目特征描述	计量单位	工程量	金额（元）		
						综合单价	合价	其中暂估价
			0101 土石方工程					
1	010101003001	挖沟槽土方	三类土，垫层底宽2m，挖土深度小于4m，弃土运距小于10km	m³	1432	23.91	34239	
			（其他略）					
			分部小计				108431	
			0103 桩与地基基础工程					
2	010302003001	泥浆护壁混凝土灌注桩	桩长10m，护壁段长9m，共42根，桩直径1000mm，扩大头直径1100mm，桩混凝土为C25，护壁混凝土为C20	m	420	336.27	141233	
			（其他略）					
			分部小计				428292	
			0104 砌筑工程					
3	010401001001	条形砖基础	M10水泥砂浆，MU15页岩砖240×115×53（mm）	m³	239	308.18	73655	
4	010401003001	实心砖墙	M7.5混合砂浆，MU15页岩砖240×115×53（mm），墙厚度240mm	m³	2037	323.64	659255	
			（其他略）					
			分部小计				762650	
			0105 混凝土及钢筋混凝土工程					
5	010503001001	基础梁	C30预拌混凝土，梁底标高−1.55m	m³	208	367.05	76346	
6	010515001001	现浇构件钢筋	螺纹钢Q235，Φ14	t	200	4821.35	964270	800000
			（其他略）					
			分部小计				2496270	
			本页小计				3795643	800000
			合 计				3795643	800000

注：为计取规费等的使用，可在表中增设"其中：定额人工费"。

表-08 分部分项工程和单价措施项目清单与计价表（二）

工程名称：××中学教学楼工程　　　　　　标段：　　　　　　　第2页 共4页

序号	项目编码	项目名称	项目特征描述	计量单位	工程量	综合单价	合价	其中 暂估价
			0106 金属结构工程					
7	010606008001	钢爬梯	U型，型钢品种、规格详见施工图	t	0.258	7155.00	1846	
			分部小计				1846	
			0108 门窗工程					
8	010807001001	塑钢窗	80系列 LC0915 塑钢平开窗带纱 5mm 白玻	m²	900	327.00	294300	
			（其他略）					
			分部小计				411757	
			0109 屋面及防水工程					
9	010902003001	屋面刚性防水	C20 细石混凝土，厚40mm，建筑油膏嵌缝	m²	1853	22.41	41526	
			（其他略）					
			分部小计				264536	
			0110 保温、隔热、防腐工程					
10	011001001001	保温隔热屋面	沥青珍珠岩块 500×500×150（mm），1：3 水泥砂浆护面，厚 25mm	m²	1853	57.14	105880	
			（其他略）					
			分部小计				138444	
			0111 楼地面装饰工程					
11	011101001001	水泥砂浆楼地面	1：3 水泥砂浆找平层，厚 20mm，1：2 水泥砂浆面层，厚 25mm	m²	6500	35.60	231400	
			（其他略）					
			分部小计				312306	
			本页小计				1128889	—
			合　计				4924532	800000

注：为计取规费等的使用，可在表中增设"其中：定额人工费"。

234 建筑工程

表-08 分部分项工程和单价措施项目清单与计价表（三）

工程名称：××中学教学楼工程　　　　标段：　　　　第3页 共4页

序号	项目编码	项目名称	项目特征描述	计量单位	工程量	综合单价	合价	其中暂估价
			0112 墙、柱面装饰与隔断、幕墙工程					
12	011201001001	外墙面抹灰	页岩砖墙面，1∶3水泥砂浆底层，厚15mm，1∶2.5水泥砂浆面层，厚6mm	m²	4050	18.84	76302	
13	011202001001	柱面抹灰	混凝土柱面，1∶3水泥砂浆底层，厚15mm，1∶2.5水泥砂浆面层，厚6mm	m²	850	21.71	18454	
			（其他略）					
			分部小计				452155	
			0113 天棚工程					
14	011301001001	混凝土天棚抹灰	基层刷水泥浆一道加107胶，1∶0.5∶2.5水泥石灰砂浆底层，厚12mm，1∶0.3∶3水泥石灰砂浆面层厚4mm	m²	7000	17.51	122570	
			（其他略）					
			分部小计				241228	
			0114 油漆、涂料、裱糊工程					
15	011407001001	外墙乳胶漆	基层抹灰面满刮成品耐水腻子三遍磨平，乳胶漆一底二面	m²	4050	49.72	201366	
			（其他略）					
			分部小计				261942	
			0117 措施项目					
16	011701001001	综合脚手架	砖混、檐高22m	m²	10940	20.85	228099	
			（其他略）					
			分部小计				829480	
			本页小计				1784805	—
			合　计				6709337	800000

注：为计取规费等的使用，可在表中增设"其中：定额人工费"。

表-08 分部分项工程和单价措施项目清单与计价表（四）

工程名称：××中学教学楼工程　　　　标段：　　　　　　第4页 共4页

序号	项目编码	项目名称	项目特征描述	计量单位	工程量	金额（元）		
						综合单价	合价	其中
								暂估价
			0304 电气设备安装工程					
17	030404035001	插座安装	单相三孔插座，250V/10A	个	1224	11.37	13917	
18	030411001001	电气配管	砖墙暗配 PC20 阻燃 PVC 管	m	9858	9.97	88426	
			（其他略）					
			分部小计					
			0310 给水排水安装工程					
19	031001006001	塑料给水管安装	室内 DN20/PP－R 给水管，热熔连接	m	1569	19.22	30156	
20	031001006002	塑料排水管安装	室内 Φ110UPVC 排水管，承插胶粘接	m	849	50.82	43146	
			（其他略）					
			分部小计				206785	
			本页小计				591920	—
			合　计				7301239	800000

注：为计取规费等的使用，可在表中增设"其中：定额人工费"。

6. 综合单价分析表

编制招标控制价，综合单价分析表应填写使用的省级或行业建设主管部门发布的计价定额名称。

综合单价分析表一般随投标文件一同提交，作为已标价工程量清单的组成部分，以便中标后，作为合同文件的附属文件。投标人须知中需要就该分析表提交的方式作出规定，该规定需要考虑是否有必要对该分析表的合同地位给予定义。一般而言，该分析表所载明的价格数据对投标人是有约束力的，但是投标人能否以此作为投标报价中的错报和漏报等的依据而寻求招标人的补偿是实践中值得注意的问题。比较恰当的做法似乎应当是，通过评标过程中的清标、质疑、澄清、说明和补正机制，不但解决工程量清单综合单价的合理性问题，而且将合理化的综合单价反馈到综合单价分析表中，形成相互衔接、相互呼应的最终成果，在这种情况下，即便是将综合单价分析表定义为有合同约束力的文件，上述顾虑也就没有必要了。

表-09　综合单价分析表（一）

工程名称：××中学教学楼工程　　　　　　标段：　　　　　　　　　第1页　共2页

项目编码	010515001001		项目名称	现浇构件钢筋		计量单位	t	工程量	200

清单综合单价组成明细

定额编号	定额项目名称	定额单位	数量	单价（元）				合价（元）			
				人工费	材料费	机械费	管理费和利润	人工费	材料费	机械费	管理费和利润
AD0809	现浇构建钢筋制、安	t	1.07	317.57	4327.70	62.42	113.66	317.57	4327.70	62.42	113.66
人工单价			小　计					317.57	4327.70	62.42	113.66
80元/工日			未计价材料费								
清单项目综合单价（元）								4821.35			

材料费明细	主要材料名称、规格、型号		单位	数量	单价（元）	合价（元）	暂估单价（元）	暂估合价（元）
	螺纹钢筋 Q235，φ14		t	1.07			4000.00	4280.00
	焊条		kg	8.64	4.00	34.56		
	其他材料费				—	13.14	—	
	材料费小计				—	47.70	—	4280.00

项目编码	011407001001		项目名称	外墙乳胶漆		计量单位	m²	工程量	4050

清单综合单价组成明细

定额编号	定额项目名称	定额单位	数量	单价（元）				合价（元）			
				人工费	材料费	机械费	管理费和利润	人工费	材料费	机械费	管理费和利润
BE0267	抹灰面满刮耐水腻子	100m²	0.01	363.73	3000	—	141.96	3.65	30.00	—	1.42
BE0276	外墙乳胶漆底漆一遍，面漆二遍	100m²	0.01	342.58	989.24	—	133.34	3.43	9.89	—	1.33
人工单价			小　计					7.08	39.89		2.75
80元/工日			未计价材料费								
清单项目综合单价（元）								49.72			

材料费明细	主要材料名称、规格、型号	单位	数量	单价（元）	合价（元）	暂估单价（元）	暂估合价（元）
	耐水成品腻子	kg	2.50	12.00	30.00		
	××牌乳胶漆面漆	kg	0.353	21.00	7.41		
	××牌乳胶漆底漆	kg	0.136	18.00	2.45		
	其他材料费			—	0.03	—	
	材料费小计			—	39.89	—	

注：1. 如不使用省级或行业建设主管部门发布的计价依据，可不填定额编号、名称等。

　　2. 招标文件提供了暂估单价的材料，按暂估的单价填入表内"暂估单价"栏及"暂估合价"栏。

表-09 综合单价分析表（二）

工程名称：××中学教学楼工程　　　　　标段：　　　　　　　第2页 共2页

项目编码	030411001001	项目名称	电气配管	计量单位	m	工程量	9858

清单综合单价组成明细

定额编号	定额项目名称	定额单位	数量	单价（元）				合价（元）			
				人工费	材料费	机械费	管理费和利润	人工费	材料费	机械费	管理费和利润
CB1528	砖墙暗配管	100m	0.01	344.85	64.22	—	136.34	3.44	0.64	—	1.36
CB1792	暗装接线盒	10个	0.001	18.56	9.76	—	7.31	0.02	0.01	—	0.01
CB1793	暗装开关盒	10个	0.023	19.80	4.52	—	7.80	0.46	0.10	—	0.18
人工单价			小　计					3.92	0.75	—	1.55
85元/工日			未计价材料费					2.75			
		清单项目综合单价						8.97			

	主要材料名称、规格、型号	单位	数量	单价（元）	合价（元）	暂估单价（元）	暂估合价（元）
材料费明细	刚性阻燃管 DN20	m	1.10	2.20	2.42		
	××牌接线盒	个	0.012	2.00	0.02		
	××牌开关盒	个	0.236	1.30	0.30		
	其他材料费			—	0.75	—	
	材料费小计			—	3.50	—	

注：1. 如不使用省级或行业建设主管部门发布的计价依据，可不填定额编号、名称等。

2. 招标文件提供了暂估单价的材料，按暂估的单价填入表内"暂估单价"栏及"暂估合价"栏。

7. 总价措施项目清单与计价表

编制招标控制价时，总价措施项目清单与计价表的计费基础、费率应按省级或行业建设主管部门的规定记取。

表-11 总价措施项目清单与计价表

工程名称：××中学教学楼工程　　　　　　标段：　　　　　　第 1 页　共 1 页

序号	项目编码	项目名称	计算基础	费率（%）	金额（元）	调整费率（%）	调整后金额（元）	备注
1	011707001001	安全文明施工费	定额人工费	25	212225			
2	011707001002	夜间施工增加费	定额人工费	3	25466			
3	011707001004	二次搬运费	定额人工费	2	16977			
4	011707001005	东雨季施工增加费	定额人工费	1	8489			
5	011707001007	已完工程及设备保护费			8000			
		合　计			271157			

编制人（造价人员）：　　　　　　　　　　　　复核人（造价工程师）：

注：1. "计算基础"中安全文明施工费可为"定额基价"、"定额人工费"或"定额人工费＋定额机械费"，其他项目可为"定额人工费"或"定额人工费＋定额机械费"。

　　2. 按施工方案计算的措施费，若无"计算基础"和"费率"的数值，也可只填"金额"数值，但应在备注栏说明施工方案出处或计算方法。

8. 其他项目清单与计价汇总表

编制招标控制价时，其他项目清单与计价汇总表应按有关计价规定估算"计日工"和"总承包服务费"。入招标工程量清单中未列"暂列金额"，应按有关规定编列。

表-12 其他项目清单与计价汇总表

工程名称：××中学教学楼工程　　　　　　标段：　　　　　　第 1 页　共 1 页

序号	项目名称	金额（元）	结算金额（元）	备　注
1	暂列金额	350000		明细详见（1）
2	暂估价	200000		
2.1	材料暂估价	—		明细详见（2）
2.2	专业工程暂估价	200000		明细详见（3）
3	计日工	24810		明细详见（4）
4	总承包服务费	18450		明细详见（5）
5				
	合　计	585210		—

注：材料（工程设备）暂估价进入清单项目综合单价，此处不汇总。

(1) 暂列金额明细表

表-12-1 暂列金额明细表

工程名称：××中学教学楼工程　　　　　　　　标段：　　　　　　　　　第1页 共1页

序号	项目名称	计量单位	暂定金额（元）	备 注
1	自行车棚工程	项	100000	
2	工程量偏差和设计变更	项	100000	
3	政策性调整和材料价格波动	项	100000	
4	其他	项	50000	
5				
6				
7				
8				
合　　计			350000	—

注：此表由招标人填写，如不能详列，也可只列暂定金额总额，投标人应将上述暂列金额计入投标总价中。

(2) 材料（工程设备）暂估单价及调整表

表-12-2 材料（工程设备）暂估单价及调整表

工程名称：××中学教学楼工程　　　　　　　　标段：　　　　　　　　　第1页 共1页

序号	材料（工程设备）名称、规格、型号	计量单位	数量		暂估（元）		确认（元）		差额±（元）		备 注
			暂估	确认	单价	合价	单价	合价	单价	合价	
1	钢筋（规格见施工图）	t	200		4000		800000				用于现浇钢筋混凝土项目
2	低压开关柜（CGD 190380/220V）	t	1		45000		45000				用于低压开关柜安装项目
合　　计							845000				

注：此表由招标人填写"暂估单价"，并在备注栏说明暂估价的材料、工程设备拟用在那些清单项目上，投标人应将上述材料、工程设备暂估单价计入工程量清单综合单价报价中。

（3）专业工程暂估价及结算价表

表-12-3　专业工程暂估价及结算价表

工程名称：××中学教学楼工程　　　　　　　标段：　　　　　　　第1页　共1页

序号	工程名称	工程内容	暂估金额（元）	结算金额（元）	差额±（元）	备注
1	消防工程	合同图纸中标明的以及消防工程规范和技术说明中规定的各系统中的设备、管道、阀门、线缆等的供应、安装和调试工作	200000			
	合　计		200000			

注：此表"暂估金额"由招标人填写，投标人应将"暂估金额"计入投标总价中，结算时按合同约定结算金额填写。

（4）计日工表

编制招标控制价的"计日工表"时，人工、材料、机械台班单价由招标人按有关计价规定填写并计算合价

表-12-4　计日工表

工程名称：××中学教学楼工程　　　　　　　标段：　　　　　　　第1页　共1页

编号	项目名称	单位	暂定数量	实际数量	综合单价（元）	合价（元）暂定	合价（元）实际
一	人工						
1	普工	工日	100		70	7000	
2	机工	工日	60		100	6000	
3							
	人工小计					13000	
二	材料						
1	钢筋（规格见施工图）	t	1		4000	4000	
2	水泥42.5	t	2		571	1142	
3	中砂	m³	10		83	830	
4	砾石（5mm～40mm）	m³	5		46	230	
5	页岩砖（240mm×115mm×53mm）	千匹	1		340	340	
6							
	材料小计					6542	

续表-12-4

编号	项目名称	单位	暂定数量	实际数量	综合单价（元）	合价（元）	
						暂定	实际
三	施工机械						
1	自升式塔式起重机	台班	5		526.20	2631	
2	灰浆搅拌机（400L）	台班	2		18.38	37	
3							
	施工机械小计					2668	
四	企业管理费和利润：按人工费20％计					2600	
	总　计					24810	

注：此表项目名称、暂定数量由招标人填写，编制招标控制价时，单价由招标人按有关计价规定确定；投标时，单价由投标人自主报价，按暂定数量计算合价计入投标总价中。结算时，按发承包双方确认的实际数量计算合价。

(5) 总承包服务费计价表

编制招标控制价的"总承包服务费计价表"时，招标人应按有关计价规定计价。

表-12-5　总承包服务费计价表

工程名称：××中学教学楼工程　　　　　　标段：　　　　　　第1页　共1页

序号	项目名称	项目价值/元	服务内容	计算基础	费率（％）	金额（元）
1	发包人发包专业工程	200000	1．为消防工程承包人提供施工工作面并对施工现场进行统一管理，对竣工资料进行统一整理汇总 2．为消防工程承包人提供垂直运输机械和焊接电源接入点，并承担垂直运输费和电费	项目价值	5	10000
2	发包人供应材料	845000	对发包人供应的材料进行验收及保管和使用发放	项目价值	1	8450
	合　计	—		—	—	18450

注：此表项目名称、服务内容由招标人填写，编制招标控制价时，费率及金额由招标人按有关计价规定确定；投标时，费率及金额由投标人自主报价，计入投标总价中。

9. 规费、税金项目计价表

表-13　规费、税金项目计价表

工程名称：××中学教学楼工程　　　　　　标段：　　　　　　第1页　共1页

序号	项目名称	计算基础	计算基数	计算费率（%）	金额（元）
1	规费	定额人工费			241936
1.1	社会保险费	定额人工费	（1）＋…＋（5）		191002
（1）	养老保险费	定额人工费		14	118846
（2）	失业保险费	定额人工费		2	16978
（3）	医疗保险费	定额人工费		6	50934
（4）	工伤保险费	定额人工费		0.25	2122
（5）	生育保险费	定额人工费		0.25	2122
1.2	住房公积金	定额人工费		6	50934
1.3	工程排污费	按工程所在地环境保护部门收取标准，按实计入			
2	税金	分部分项工程费＋措施项目费＋其他项目费＋规费－按规定不计税的工程设备金额		3.41	277454
合　　计					519390

编制人（造价人员）：　　　　　　　　　　　复核人（造价工程师）：

10. 主要材料、工程设备一览表

表-20　发包人提供材料和工程设备一览表

工程名称：××中学教学楼工程　　　　　　标段：　　　　　　第1页　共1页

序号	材料（工程设备）名称、规格、型号	单位	数量	单价（元）	交货方式	送达地点	备注
1	钢筋（规格见施工图现浇构件）	t	200	4000		工地仓库	

注：此表由招标人填写，供投标人在投标报价、确定总承包服务费时参考。

表-21 承包人提供主要材料和工程设备一览表

（适用于造价信息差额调整法）

工程名称：　　　　　　　　　　标段：　　　　　　　　　第1页　共1页

序号	名称、规格、型号	单位	数量	风险系数（%）	基准单价（元）	投标单价（元）	发承包人确认单价（元）	备注
1	预拌混凝土 C20	m³	25	≤5	310			
2	预拌混凝土 C25	m³	560	≤5	323			
3	预拌混凝土 C30	m³	3120	≤5	340			

注：1. 此表由招标人填写除"投标单价"栏的内容，投标人在投标时自主确定投标单价。

　　2. 投标人应优先采用工程造价管理机构发布的单价作为基准单价，未发布的，通过市场调查确定其基准单价。

表-22 承包人提供主要材料和工程设备一览表

（适用于价格指数差额调整法）

工程名称：××中学教学楼工程　　　　标段：　　　　　　　　第1页　共1页

序号	名称、规格、型号	变值权重 B	基本价格指数 F_0	现行价格指数 F_t	备注
1	人工		110%		
2	钢材		4000 元/t		
3	预拌混凝土 C30		340 元/m³		
4	页岩砖		300 元/千匹		
5	机械费		100%		
	定值权重 A		—	—	
	合　计	1	—	—	

注：1. "名称、规格、型号"、"基本价格指数"栏由招标人填写，基本价格指数应首先采用工程造价管理机构发布的价格指数，没有时，可采用发布的价格代替。如人工、机械费也采用本法调整由招标人在"名称"栏填写。

　　2. "变值权重"栏由投标人根据该项人工、机械费和材料、工程设备值在投标总报价中所占的比例填写，1减去其比例为定值权重。

　　3. "现行价格指数"按约定的付款证书相关周期最后一天的前42天的各项价格指数填写，该指数应首先采用工程造价管理机构发布的价格指数，没有时，可采用发布的价格代替。

3.3 投标报价编制实例

现以某中学教学楼工程为例介绍投标报价编制（由委托工程造价咨询人编制）。

1. 封面

投标总价封面的应填写投标工程的具体名称，投标人应盖单位公章。

封-3　投标总价封面

　　　　×　×中学教学楼　　　工程

投 标 总 价

投　标　人：　　　　×　×建筑公司　　　　

（单位盖章）

×　×年×月×日

2. 扉页

投标人编制投标报价时，投标总价扉页由投标人单位注册的造价人员编制，投标人盖单位公章，法定代表人或其授权人签字或盖章，编制的造价人员（造价工程师或造价员）签字盖执业专用章。

扉-3　投标总价扉页

投 标 总 价

招标人：　　　　　　××中学　　　　　　

工程名称：　　　　　××中学教学楼工程　　　　

投标总价(小写)：　　　　7972282　　　　

(大写)：　　柒佰玖拾柒万贰仟贰佰捌拾贰元　　

投标人：　　　　××建筑公司　　　　
（单位盖章）

法定代表人
或其授权人：　　　　×××　　　　
（签字或盖章）

编制人：　　　　×××　　　　
（造价人员签字盖专用章）

编制时间：××年×月×日

3. 总说明

编制投标报价的总说明内容应包括：采用的计价依据；采用的施工组织设计；综合单价中风险因素、风险范围（幅度）；措施项目的依据；其他有关内容的说明等。

表-01 总 说 明

工程名称：××中学教学楼工程 　　　　　　　　　　　　　　　　第1页 共1页

1. 工程概况：本工程为砖混结构，混凝土灌注桩基，建筑层数为六层，建筑面积 10940m²，招标计划工期为 200 日历天，投标工期为 180 日历天。

2. 投标报价包括范围：为本次招标的施工图范围内的建筑工程和安装工程。

3. 投标报价编制依据：

(1) 招标文件、招标工程量清单和有关报价要求，招标文件的补充通知和答疑纪要；

(2) 施工图及投标施工组织设计；

(3)《建设工程工程量清单计价规范》GB 50500—2013 以及有关的技术标准、规范和安全管理规定等；

(4) 省建设主管部门颁发的计价定额和计价办法及相关计价文件；

(5) 材料价格根据本公司掌握的价格情况并参照工程所在地工程造价管理机构××年×月工程造价信息发布的价格。单价中已包括招标文件要求的小于或等于 5‰的价格波动风险。

4. 其他（略）。

4. 投标控制价汇总表

与招标控制价的表样一致，此处需要说明的是，投标报价汇总表与投标函中投标报价金额应当一致。就投标文件的各个组成部分而言，投标函是最重要的文件，其他组成部分都是投标函的支持性文件，投标函是必须经过投标人签字盖章，并且在开标会上必须当众宣读的文件。如果投标报价汇总表的投标总价与投标函填报的投标总价不一致，应当以投标函中填写的大写金额为准。实践中，对该原则一直缺少一个明确的依据，为了避免出现争议，可以在"投标人须知"中给予明确，用在招标文件中预先给予明示约定的方式来弥补法律法规依据的不足。

表-02 建设项目投标报价汇总表

工程名称：××中学教学楼工程 　　　　　　　　　　　　　　　第1页 共1页

序号	单项工程名称	金额（元）	其中（元）		
			暂估价	安全文明施工费	规费
1	教学楼工程	7972282	845000	209650	239001
合　计		7972282	845000	209650	239001

注：本表适用于建设项目招标控制价或投标报价的汇总。

说明：本工程仅为一栋教学口，故单项工程即为建设项目。

表-03 单项工程投标报价汇总表

工程名称：××中学教学楼工程 　　　　　　　　　　　　　　　第1页 共1页

序号	单位工程名称	金额（元）	其中（元）		
			暂估价	安全文明施工费	规费
1	教学楼工程	7972282	845000	209650	239001
合　计		7972282	845000	209650	239001

注：本表适用于单项工程招标控制价或投标报价的汇总。暂估价包括分部分项工程中的暂估价和专业工程暂估价。

表-04 单位工程投标报价汇总表

工程名称：××中学教学楼工程   第1页 共1页

序号	汇总内容	金额（元）	其中：暂估价（元）
1	分部分项工程	6134749	845000
0101	土石方工程	99757	
0103	桩基工程	397283	
0104	砌筑工程	725456	
0105	混凝土及钢筋混凝土工程	2432419	800000
0106	金属结构工程	1794	
0108	门窗工程	366464	
0109	屋面及防水工程	251838	
0110	保温、隔热、防腐工程	133226	
0111	楼地面装饰工程	291030	
0112	墙柱面装饰与隔断、幕墙工程	418643	
0113	天棚工程	230431	
0114	油漆、涂料、裱糊工程	233606	
0304	电气设备安装工程	360140	45000
0310	给水排水安装工程	192662	
2	措施项目	738257	—
0117	其中：安全文明施工费	209650	—
3	其他项目	597288	—
3.1	其中：暂列金额	350000	—
3.2	其中：专业工程暂估价	200000	—
3.3	其中：计日工	26528	—
3.4	其中：总承包服务费	20760	—
4	规费	239001	—
5	税金	262887	—
投标报价合计＝1＋2＋3＋4＋5		7972282	845000

5. 分部分项工程和单价措施项目清单与计价表

编制投标报价时，招标人对分部分项工程和单价措施项目清单与计价表中的"项目编码"、"项目名称"、"项目特征"、"计量单位"、"工程量"均不应作改动。"综合单价"、"合价"自主决定填写，对其中的"暂估价"栏，投标人应将招标文件中提供了暂估材料单价的暂估价进入综合单价，并应计算出暂估单价的材料栏"综合单价"其中的"暂估价"。

表-08 分部分项工程和单价措施项目清单与计价表（一）

工程名称：××中学教学楼工程　　　　　　标段：　　　　　　　第1页 共4页

序号	项目编码	项目名称	项目特征描述	计量单位	工程量	金额（元）		
						综合单价	合价	其中暂估价
			0101 土石方工程					
1	010101003001	挖沟槽土方	三类土，垫层底宽 2m，挖土深度小于 4m，弃土运距小于 7km	m³	1432	21.92	31389	
			（其他略）					
			分部小计				99757	
			0103 桩基工程					
2	010302003001	泥浆护壁混凝土灌注桩	桩长 10m，护壁段长 9m，共 42 根，桩直径 1000mm，扩大头直径 1100mm，桩混凝土为 C25，护壁混凝土为 C20	m	420	322.06	135265	
			（其他略）					
			分部小计				397283	
			0104 砌筑工程					
3	010401001001	条形砖基础	M10 水泥砂浆，MU15 页岩砖 240×115×53（mm）	m³	239	290.46	69420	
4	010401003001	实心砖墙	M7.5 混合砂浆，MU15 页岩砖 240×115×53（mm），墙厚度 240mm	m³	2037	304.43	620124	
			（其他略）					
			分部小计				725456	
			0105 混凝土及钢筋混凝土工程					
5	010503001001	基础梁	C30 预拌混凝土，梁底标高 −1.55m	m³	208	356.14	74077	
6	010515001001	现浇构件钢筋	螺纹钢 Q235，Φ14	t	200	4787.16	957432	800000
			（其他略）					
			分部小计				2432419	
			本页小计				3654915	800000
			合　计				3654915	800000

注：为计取规费等的使用，可在表中增设"其中：定额人工费"。

表-08　分部分项工程和单价措施项目清单与计价表（二）

工程名称：××中学教学楼工程　　　　　　标段：　　　　　　第2页　共4页

序号	项目编码	项目名称	项目特征描述	计量单位	工程量	金额（元）		
						综合单价	合价	其中暂估价
			0106 金属结构工程					
7	010606008001	钢爬梯	U型，型钢品种、规格详见施工图	t	0.258	6951.71	1794	
			分部小计				1794	
			0108 门窗工程					
8	010807001001	塑钢窗	80 系列 LC0915 塑钢平开窗带纱 5mm 白玻	m²	900	273.40	246060	
			（其他略）					
			分部小计				366464	
			0109 屋面及防水工程					
9	010902003001	屋面刚性防水	C20 细石混凝土，厚 40mm，建筑油膏嵌缝	m²	1853	21.43	39710	
			（其他略）					
			分部小计				251838	
			0110 保温、隔热、防腐工程					
10	011001001001	保温隔热屋面	沥青珍珠岩块 500×500×150（mm），1：3 水泥砂浆护面，厚 25mm	m²	1853	53.81	99710	
			（其他略）					
			分部小计				133226	
			0111 楼地面装饰工程					
11	011101001001	水泥砂浆楼地面	1：3 水泥砂浆找平层，厚 20mm，1：2 水泥砂浆面层，厚 25mm	m²	6500	33.77	219505	
			（其他略）					
			分部小计				291030	
			本页小计				1044352	—
			合　计				4699267	800000

注：为计取规费等的使用，可在表中增设"其中：定额人工费"。

表-08　分部分项工程和单价措施项目清单与计价表（三）

工程名称：××中学教学楼工程　　　　　　　标段：　　　　　　　第3页　共4页

序号	项目编码	项目名称	项目特征描述	计量单位	工程量	综合单价	合价	其中 暂估价
			0112 墙、柱面装饰与隔断、幕墙工程					
12	011201001001	外墙面抹灰	页岩砖墙面，1：3 水泥砂浆底层，厚 15mm，1：2.5 水泥砂浆面层，厚 6mm	m²	4050	17.44	70632	
13	011202001001	柱面抹灰	混凝土柱面，1：3 水泥砂浆底层，厚 15mm，1：2.5 水泥砂浆面层，厚 6mm	m²	850	20.42	17357	
			（其他略）					
			分部小计				418643	
			0113 天棚工程					
14	011301001001	混凝土天棚抹灰	基层刷水泥浆一道加 107 胶，1：0.5：2.5 水泥石灰砂浆底层，厚 12mm，1：0.3：3 水泥石灰砂浆面层厚 4mm	m²	7000	16.53	115710	
			（其他略）					
			分部小计				230431	
			0114 油漆、涂料、裱糊工程					
15	011407001001	外墙乳胶漆	基层抹灰面满刮成品耐水腻子三遍磨平，乳胶漆一底二面	m²	4050	44.70	181035	
			（其他略）					
			分部小计				233606	
			0117 措施项目					
16	011701001001	综合脚手架	砖混、檐高 22m	m²	10940	19.80	216612	
			（其他略）					
			分部小计				738257	
			本页小计				1620937	—
			合　计				6320204	800000

注：为计取规费等的使用，可在表中增设"其中：定额人工费"。

表-08　分部分项工程和单价措施项目清单与计价表（四）

工程名称：××中学教学楼工程　　　　　　标段：　　　　　　　　第4页　共4页

序号	项目编码	项目名称	项目特征描述	计量单位	工程量	金额（元）		
						综合单价	合价	其中 暂估价
			0304 电气设备安装工程					
17	030404035001	插座安装	单相三孔插座，250V/10A	个	1224	10.46	12803	
18	030411001001	电气配管	砖墙暗配 PC20 阻燃 PVC 管	m	9858	8.23	81131	45000
			（其他略）					
			分部小计				360140	45000
			0310 给水排水安装工程					
19	031001006001	塑料给水管安装	室内 DN20/PP－R 给水管，热熔连接	m	1569	17.54	27520	
20	031001006002	塑料排水管安装	室内 Φ110UPVC 排水管，承插胶粘接	m	849	46.96	39869	
			（其他略）					
			分部小计				192662	
				本页小计			552802	—
			合　　计				6873006	845000

注：为计取规费等的使用，可在表中增设"其中：定额人工费"。

6. 综合单价分析表

编制投标报价时，综合单价分析表应填写使用的企业定额名称，也可填写使用的省级或行业建设主管部门发布的计价定额，如不使用则不填写。

表-09 综合单价分析表（一）

工程名称：××中学教学楼工程　　　　　　标段：　　　　　　　　第1页　共2页

| 项目编码 | 010515001001 | 项目名称 | | 现浇构件钢筋 | | 计量单位 | t | 工程量 | | 200 |

清单综合单价组成明细

定额编号	定额项目名称	定额单位	数量	单价（元）				合价（元）			
				人工费	材料费	机械费	管理费和利润	人工费	材料费	机械费	管理费和利润
AD0809	现浇构建钢筋制、安	t	1.07	275.47	4044.58	58.33	95.59	294.75	4327.70	62.42	102.29
人工单价		小　计						294.75	4327.70	62.42	102.29
80元/工日		未计价材料费									
清单项目综合单价								4787.16			

材料费明细	主要材料名称、规格、型号			单位	数量	单价（元）	合价（元）	暂估单价（元）	暂估合价（元）
	螺纹钢筋 A235，φ14			t	1.07			4000.00	4280.00
	焊条			kg	8.64	4.00	34.56		
	其他材料费					—	13.14		
	材料费小计					—	47.70		4280.00

| 项目编码 | 011407001001 | 项目名称 | | 外墙乳胶漆 | | 计量单位 | m² | 工程量 | | 4050 |

清单综合单价组成明细

定额编号	定额项目名称	定额单位	数量	单价（元）				合价（元）			
				人工费	材料费	机械费	管理费和利润	人工费	材料费	机械费	管理费和利润
BE0267	抹灰面满刮耐水腻子	100m²	0.01	338.52	2625	—	127.76	3.39	26.25		1.28
BE0276	外墙乳胶漆底漆一遍，面漆二遍	100m²	0.01	317.97	940.37	—	120.01	3.18	9.40		1.20
人工单价		小　计						6.57	35.65	—	2.48
80元/工日		未计价材料费									
清单项目综合单价								44.70			

材料费明细	主要材料名称、规格、型号			单位	数量	单价（元）	合价（元）	暂估单价（元）	暂估合价（元）
	耐水成品腻子			kg	2.50	10.50	26.25		
	××牌乳胶漆面漆			kg	0.353	20.00	7.06		
	××牌乳胶漆底漆			kg	0.136	17.00	2.31		
	其他材料费					—	0.03		
	材料费小计					—	35.65		

注：1. 如不使用省级或行业建设主管部门发布的计价依据，可不填定额编号、名称等。

2. 招标文件提供了暂估单价的材料，按暂估的单价填入表内"暂估单价"栏及"暂估合价"栏。

表-09　综合单价分析表（二）

工程名称：××中学教学楼工程　　　　　　标段：　　　　　　第2页　共2页

项目编码	030411001001		项目名称		电气配管	计量单位	m	工程量	9858

清单综合单价组成明细

定额编号	定额项目名称	定额单位	数量	单价（元）				合价（元）			
				人工费	材料费	机械费	管理费和利润	人工费	材料费	机械费	管理费和利润
CB1528	砖墙暗配管	100m	0.01	312.89	64.22	—	136.34	3.13	0.64	—	1.36
CB1792	暗装接线盒	10个	0.001	16.80	9.76	—	7.31	0.02	0.01	—	0.01
CB1793	暗装开关盒	10个	0.023	17.92	4.52	—	7.80	0.41	0.10	—	0.18
人工单价		小　　计						3.56	0.75	—	1.55
85元/工日		未计价材料费						2.37			
		清单项目综合单价						8.23			

	主要材料名称、规格、型号	单位	数量	单价（元）	合价（元）	暂估单价（元）	暂估合价（元）
材料费明细	刚性阻燃管 DN20	m	1.10	1.90	2.09		
	××牌接线盒	个	0.012	1.80	0.02		
	××牌开关盒	个	0.236	1.10	0.26		
	其他材料费			—	0.75	—	
	材料费小计			—	3.12	—	

注：1. 如不使用省级或行业建设主管部门发布的计价依据，可不填定额编号、名称等。

　　2. 招标文件提供了暂估单价的材料，按暂估的单价填入表内"暂估单价"栏及"暂估合价"栏。

7. 总价措施项目清单与计价表

编制投标报价时，总价措施项目清单与计价表中除"安全文明施工费"必须按《建设工程工程量清单计价规范》GB 50500—2013 的强制性规定，按省级或行业建设主管部门的规定记取外，其他措施项目均可根据投标施工组织设计自主报价。

表-11　总价措施项目清单与计价表

工程名称：××中学教学楼工程　　　　　　标段：　　　　　　　　　　第1页　共1页

序号	项目编码	项目名称	计算基础	费率（%）	金额（元）	调整费率（%）	调整后金额（元）	备注
1	011707001001	安全文明施工费	定额人工费	25	209650			
2	011707001002	夜间施工增加费	定额人工费	1.5	12479			
3	011707001004	二次搬运费	定额人工费	1	8386			
4	011707001005	东雨季施工增加费	定额人工费	0.6	5032			
5	011707001007	已完工程及设备保护费			6000			
	合　计				241547			

编制人（造价人员）：　　　　　　　　　　复核人（造价工程师）：

注：1. "计算基础"中安全文明施工费可为"定额基价"、"定额人工费"或"定额人工费＋定额机械费"，其他项目可为"定额人工费"或"定额人工费＋定额机械费"。

　　2. 按施工方案计算的措施费，若无"计算基础"和"费率"的数值，也可只填"金额"数值，但应在备注栏说明施工方案出处或计算方法。

8. 其他项目清单与计价汇总表

编制投标报价时，其他项目清单与计价汇总表应按招标工程量清单提供的"暂估金额"和"专业工程暂估价"填写金额，不得变动。"计日工"、"总承包服务费"自主确定报价。

表-12　其他项目清单与计价汇总表

工程名称：××中学教学楼工程　　　　　　标段：　　　　　　　　　　第1页　共1页

序号	项目名称	金额（元）	结算金额（元）	备　注
1	暂列金额	350000		明细详见（1）
2	暂估价	200000		
2.1	材料暂估价	—		明细详见（2）
2.2	专业工程暂估价	200000		明细详见（3）
3	计日工	26528		明细详见（4）
4	总承包服务费	20760		明细详见（5）
5				
	合　计	583600		—

注：材料（工程设备）暂估价进入清单项目综合单价，此处不汇总。

（1）暂列金额及拟用项目

表-12-1　暂列金额明细表

工程名称：××中学教学楼工程　　　　　　标段：　　　　　　第1页　共1页

序号	项目名称	计量单位	暂定金额（元）	备　注
1	自行车棚工程	项	100000	
2	工程量偏差和设计变更	项	100000	
3	政策性调整和材料价格波动	项	100000	
4	其他	项	50000	
5				
6				
合　计			350000	—

注：此表由招标人填写，如不能详列，也可只列暂定金额总额，投标人应将上述暂列金额计入投标总价中。

（2）材料（工程设备）暂估单价及调整表

表-12-2　材料（工程设备）暂估单价及调整表

工程名称：××中学教学楼工程　　　　　　标段：　　　　　　第1页　共1页

序号	材料（工程设备）名称、规格、型号	计量单位	数量		暂估（元）		确认（元）		差额±（元）		备注
			暂估	确认	单价	合价	单价	合价	单价	合价	
1	钢筋（规格见施工图）	t	200		4000	800000					用于现浇钢筋混凝土项目
2	低压开关柜（CGD190380/220V）	t	1		45000	45000					用于低压开关柜安装项目
合　计						845000					

注：此表由招标人填写"暂估单价"，并在备注栏说明暂估价的材料、工程设备拟用在那些清单项目上，投标人应将上述材料、工程设备暂估单价计入工程量清单综合单价报价中。

(3) 专业工程暂估价及结算价表

表-12-3 专业工程暂估价及结算价表

工程名称：××中学教学楼工程　　　　　标段：　　　　　第1页 共1页

序号	工程名称	工程内容	暂估金额（元）	结算金额（元）	差额±（元）	备　　注
1	消防工程	合同图纸中标明的以及消防工程规范和技术说明中规定的各系统中的设备、管道、阀门、线缆等的供应、安装和调试工作	200000			
	合　　计		200000			

注：此表"暂估金额"由招标人填写，投标人应将"暂估金额"计入投标总价中，结算时按合同约定结算金额
　　填写。

(4) 计日工表

编制投标报价的"计日工表"时，人工、材料、机械台班单价由招标人自主确定，按已给暂估数量计算合价计入投标总价中。

表-12-4 计日工表

工程名称：××中学教学楼工程　　　　　标段：　　　　　第1页 共1页

编号	项目名称	单位	暂定数量	实际数量	综合单价（元）	合价（元）暂定	合价（元）实际
一	人工						
1	普工	工日	100		80	8000	
2	机工	工日	60		110	6600	
	人工小计					14600	
二	材料						
1	钢筋（规格见施工图）	t	1		4000	4000	
2	水泥 42.5	t	2		600	1200	
3	中砂	m³	10		80	800	
4	砾石（5mm～40mm）	m³	5		42	210	
5	页岩砖（240mm×115mm×53mm）	千匹	1		300	300	

续表

编号	项目名称	单位	暂定数量	实际数量	综合单价（元）	合价（元）	
						暂定	实际
	材料小计					6510	
三	施工机械						
1	自升式塔式起重机	台班	5		550	2750	
2	灰浆搅拌机（400L）	台班	2		20	40	
3							
	施工机械小计					2790	
四	企业管理费和利润：按人工费18%计					2628	
	总　　计					26528	

注：此表项目名称、暂定数量由招标人填写，编制招标控制价时，单价由招标人按有关计价规定确定；投标时，单价由投标人自主报价，按暂定数量计算合价计入投标总价中。结算时，按发承包双方确认的实际数量计算合价。

(5) 总承包服务费计价表

编制投标报价的"总承包服务费计价表"时，由投标人根据工程量清单中的总承包服务内容，自主决定报价。

表-12-5　总承包服务费计价表

工程名称：××中学教学楼工程　　　　　　标段：　　　　　　　第1页　共1页

序号	项目名称	项目价值（元）	服务内容	计算基础	费率（%）	金额（元）
1	发包人发包专业工程	200000	1. 按专业工程承包人的要求提供施工工作面并对施工现场进行统一管理，对竣工资料进行统一整理汇总 2. 为专业工程承包人提供垂直运输机械和焊接电源接入点，并承担垂直运输费和电费	项目价值	7	14000
2	发包人供应材料	845000	对发包人供应的材料进行验收及保管和使用发放	项目价值	0.8	6760
	合　　计	—	—	—	—	20760

注：此表项目名称、服务内容有招标人填写，编制招标控制价时，费率及金额由招标人按有关计价规定确定；投标时，费率及金额由投标人自主报价，计入投标总价中。

9. 规费、税金项目计价表

表-13 规费、税金项目计价表

工程名称：××中学教学楼工程　　　　　标段：　　　　　　　第1页　共1页

序号	项目名称	计算基础	计算基数	计算费率（%）	金额（元）
1	规费	定额人工费			239001
1.1	社会保险费	定额人工费	（1）＋…＋（5）		188685
（1）	养老保险费	定额人工费		14	117404
（2）	失业保险费	定额人工费		2	16772
（3）	医疗保险费	定额人工费		6	50316
（4）	工伤保险费	定额人工费		0.25	2096.5
（5）	生育保险费	定额人工费		0.25	2096.5
1.2	住房公积金	定额人工费		6	50316
1.3	工程排污费	按工程所在地环境保护部门收取标准，按实计入			
2	税金	分部分项工程费＋措施项目费＋其他项目费＋规费－按规定不计税的工程设备金额		3.41	262887
合　　计					501888

编制人（造价人员）：　　　　　　　　　　复核人（造价工程师）：

10. 总价项目进度款支付分解表

表-16 总价项目进度款支付分解表

工程名称：××中学教学楼工程　　　　　标段：　　　　　　　第1页 共1页

序号	项目名称	总价金额	首次支付	二次支付	三次支付	四次支付	五次支付
1	安全文明施工费	209650	62895	62895	41930	41930	
2	夜间施工增加费	12479	2496	2496	2496	2496	2495
3	二次搬运费	8386	1677	1677	1677	1677	1678
	略						
	社会保险费	188685	37737	37737	37737	37737	37737
	住房公积金	50316	10063	10063	10063	10063	10064
	合　计						

编制人（造价人员）：　　　　　　　　　　复核人（造价工程师）：

注：1. 本表应由承包人在投标报价时根据发包人在招标文件明确的进度款支付周期与报价填写，签订合同时，发承包双方可就支付分解协商调整后作为合同附件。

　　2. 单价合同使用本表，"支付"栏时间应与单价项目进度款支付周期相同。

　　3. 总价合同使用本表，"支付"栏时间应与约定的工程计量周期相同。

11. 主要材料、工程设备一览表

(1) 发包人提供材料和工程设备一览表

表-20　发包人提供材料和工程设备一览表

工程名称：××中学教学楼工程　　　　　　标段：　　　　　　　　第1页　共1页

序号	材料（工程设备）名称、规格、型号	单位	数量	单价（元）	交货方式	送达地点	备注
1	钢筋（规格见施工图现浇构件）	t	200	4000		工地仓库	

注：此表由招标人填写，供投标人在投标报价、确定总承包服务费时参考。

(2) 承包人提供主要材料和工程设备一览表 （适用于价格指数差额调整法）

表-22　承包人提供主要材料和工程设备一览表
（适用于价格指数差额调整法）

工程名称：××中学教学楼工程　　　　　　标段：　　　　　　　　第1页　共1页

序号	名称、规格、型号	变值权重 B	基本价格指数 F_0	现行价格指数 F_t	备注
1	人工	0.18	110%		
2	钢材	0.11	4000 元/t		
3	预拌混凝土 C30	0.16	340 元/m³		
4	页岩砖	0.15	300 元/千匹		
5	机械费	0.08	100%		
	定值权重 A	0.42	—	—	
	合　　计	1	—	—	

注：1. "名称、规格、型号"、"基本价格指数"栏由招标人填写，基本价格指数应首先采用工程造价管理机构发布的价格指数，没有时，可采用发布的价格代替。如人工、机械费也采用本法调整由招标人在"名称"栏填写。

　　2. "变值权重"栏由投标人根据该项人工、机械费和材料、工程设备值在投标总报价中所占的比例填写，1减去其比例为定值权重。

　　3. "现行价格指数"按约定的付款证书相关周期最后一天的前42天的各项价格指数填写，该指数应首先采用工程造价管理机构发布的价格指数，没有时，可采用发布的价格代替。

3.4   工程竣工结算编制实例

现以某中学教学楼工程为例介绍工程竣工结算编制（发包人报送）。

1. 封面

竣工结算书封面应填写竣工工程的具体名称，发承包双方应盖其单位公章，如委托工程造价咨询人办理的，还应加盖其单位公章。

封-4   竣工结算书封面

<u>　　　×× 中学教学楼　　</u> **工程**

竣工结算书

发 包 人：<u>　　　　×× 中学　　　　</u>

（单位盖章）

承 包 人：<u>　　　 ×× 建筑公司　　</u>

（单位盖章）

造价咨询人：<u>　　×× 工程造价咨询企业　</u>

（单位盖章）

×× 年 × 月 × 日

2. 扉页

1）承包人自行编制竣工结算总价，竣工结算总价扉页由承包人单位注册的造价人员编制，承包人盖单位公章，法定代表人或其授权人签字或盖章，编制的造价人员（造价工程师或造价员）在编制人栏签字盖执业专用章。

发包人自行核对竣工结算时，由发包人单位注册的造价工程师核对，发包人盖单位公章，法定代表人或其授权人签字或盖章，造价工程师在核对人栏签字盖执业专用章。

2）发包人委托工程造价咨询人核对竣工结算时，竣工结算总价扉页由工程造价咨询人单位注册的造价工程师核对，发包人盖单位公章，法定代表人或其授权人签字或盖章；工程造价咨询人盖单位资质专用章，法定代表人或其授权人签字或盖章，造价工程师在核对人栏签字盖执业专用章。

除非出现发包人拒绝或不答复承包人竣工结算书的特殊情况，竣工结算办理完毕后，竣工结算总价封面发承包双方的签字、盖章应当齐全。

扉-4　竣工结算书扉页

　　　　　　　　　＿＿＿＿××中学教学楼＿＿＿＿ 工程

竣工结算总价

签约合同价（小写）：＿＿7972282 元＿＿ （大写）：＿＿柒佰玖拾柒万贰仟贰佰捌拾贰元＿＿

竣工结算价（小写）：＿＿7937251 元＿＿ （大写）：＿＿柒佰玖拾叁万柒仟贰佰伍拾壹元＿＿

发包人：＿＿××中学＿＿　　**承包人：＿＿××建筑公司＿＿**　　**造价咨询人：＿＿××工程造价咨询企业＿＿**

　　　（单位盖章）　　　　　　（单位盖章）　　　　　　　（单位资质专用章）

法定代表人××中学　　**法定代表人××建筑公司**　　**法定代表人××工程造价咨询企业**

或其授权人：＿××× ＿　　**或其授权人：＿ ××× ＿**　　**或其授权人：＿＿＿ ××× ＿＿＿**

　　（签字或盖章）　　　　　（签字或盖章）　　　　　　　（签字或盖章）

编制人：＿＿＿＿ ××× ＿＿＿＿　　　**核对人：＿＿＿＿ ××× ＿＿＿＿**

　　（造价人员签字盖专用章）　　　　　（造价工程师签字盖专用章）

编制时间：××年×月×日　　　　**核对时间：××年×月×日**

---

3. 总说明

竣工结算的总说明内容应包括：工程概况；编制依据；工程变更；工程价款调整；索赔；其他。

表-01　总　说　明

工程名称：××中学教学楼工程　　　　　　　　　　　　　　　　第1页　共1页

---

1. 工程概况：本工程为砖混结构，混凝土灌注桩基，建筑层数为六层，建筑面积 10940m²，招标计划工期为 200 日历天，投标工期为 180 日历天，实际工期 175 日历天。

2. 竣工结算核对依据：

(1) 承包人报送的竣工结算；

(2) 施工合同；

(3) 竣工图、发包人确认的实际完成工程量和索赔及现场签证资料；

(4) 省工程造价管理机构发布的人工费调整文件。

3. 核对情况说明：

原报送结算金额为 7975986 元，核对后确认金额为 7937251 元，金额变化的主要原因为：

(1) 原报送结算中，发包人供应的现浇混凝土用钢筋，结算单价为 4306 元/t，根据进货凭证和付款记录，发包人供应钢筋的加权平均价格核对确认为 4295 元/t，并调整了相应项目综合单价和总承包服务费。

(2) 计日工 26528 元，实际支付 10690 元，节支 15838 元；总承包服务费 20760 元，实际支付 21000 元，超支 240 元；规费 239001 元，实际支付 240426 元，超支 1425 元；税金 262887 元，实际支付 261735 元，节支 1152 元。增减相抵节支 15325 元。

(3) 暂列金额 350000 元，主要用于钢结构自行车棚 62000 元，工程量偏差及设计变更 162130 元，用于索赔及现场签证 28541 元，用于人工费调整 36243 元，发包人供应钢筋和低压开关柜暂估价变更 41380 元，暂列金额节余 19706 元。加上 (2) 项节支 15325 元，比签约合同价节余 35031 元。

4. 其他（略）。

---

4. 竣工结算汇总表

表-05　建设项目竣工结算汇总表

工程名称：××中学教学楼工程　　　　　　　　　　　　　　　　第1页　共1页

序号	单项工程名称	金额（元）	其中：（元）	
			安全文明施工费	规费
1	教学楼工程	7937251	210990	240426
	合　　计	7937251	210990	240426

表-06 单项工程竣工结算汇总表

工程名称：××中学教学楼工程　　　　　　　　　　　　第1页 共1页

序号	单位工程名称	金额（元）	其中（元）	
			安全文明施工费	规费
1	教学楼工程	7937251	210990	240426
	合　计	7937251	210990	240426

表-07 单位工程投标报价汇总表

工程名称：××中学教学楼工程　　　　　　　　　　　　第1页 共1页

序号	汇总内容	金额（元）
1	分部分项工程	6426805
0101	土石方工程	120831
0103	桩基工程	423926
0104	砌筑工程	708926
0105	混凝土及钢筋混凝土工程	2493200
0105	金属结构工程	65812
0108	门窗工程	380026
0109	屋面及防水工程	269547
0110	保温、隔热、防腐工程	132985
0111	楼地面装饰工程	318459
0112	墙柱面装饰与隔断、幕墙工程	440237
0113	天棚工程	241039
0114	油漆、涂料、裱糊工程	256793
0304	电气设备安装工程	375626
0310	给水排水安装工程	201640
2	措施项目	747112
0117	其中：安全文明施工费	210990
3	其他项目	258931
3.1	其中：暂列金额	198700
3.2	其中：专业工程暂估价	10690
3.3	其中：计日工	21000
3.4	其中：总承包服务费	28541
4	规费	240426
5	税金	261735
竣工结算总价合计＝1＋2＋3＋4＋5		7937251

注：如无单位工程划分，单项工程也使用本表汇总。

5. 分部分项工程和单价措施项目清单与计价表

编制竣工结算时，分部分项工程和单价措施项目清单与计价表中可取消"暂估价"。

表-08 分部分项工程和单价措施项目清单与计价表（一）

工程名称：××中学教学楼工程   标段：   第1页 共4页

序号	项目编码	项目名称	项目特征描述	计量单位	工程量	金额（元）		
						综合单价	合价	其中暂估价
			0101 土石方工程					
1	010101003001	挖沟槽土方	三类土，垫层底宽 2m，挖土深度小于 4m，弃土运距小于 7km	m³	1503	21.92	32946	
			（其他略）					
			分部小计				120831	
			0103 桩基工程					
2	010302003001	泥浆护壁混凝土灌注桩	桩长 10m，护壁段长 9m，共 42 根，桩直径 1000mm，扩大头直径 1100mm，桩混凝土为 C25，护壁混凝土为 C20	m	432	322.06	139130	
			（其他略）					
			分部小计				423926	
			0104 砌筑工程					
3	010401001001	条形砖基础	M10 水泥砂浆，MU15 页岩砖 240×115×53（mm）	m³	239	290.46	69420	
4	010401003001	实心砖墙	M7.5 混合砂浆，MU15 页岩砖 240×115×53（mm），墙厚度 240mm	m³	1986	304.43	604598	
			（其他略）					
			分部小计				708926	
			0105 混凝土及钢筋混凝土工程					
5	010503001001	基础梁	C30 预拌混凝土，梁底标高 −1.55m	m³	208	356.14	74077	
6	010515001001	现浇构件钢筋	螺纹钢 Q235，Φ14	t	196	5132.29	1005929	
			（其他略）					
			分部小计				2493200	
			本页小计				3746883	
			合 计				3746883	

注：为计取规费等的使用，可在表中增设"其中：定额人工费"。

表-08 分部分项工程和单价措施项目清单与计价表（二）

工程名称：××中学教学楼工程　　　　　　标段：　　　　　　第2页　共4页

序号	项目编码	项目名称	项目特征描述	计量单位	工程量	金额（元）		
						综合单价	合价	其中
								暂估价
			0106 金属结构工程					
7	010606008001	钢爬梯	U 型，型钢品种、规格详见施工图	t	0.258	7023.71	1812	
			分部小计				65812	
			0108 门窗工程					
8	010807001001	塑钢窗	80 系列 LC0915 塑钢平开窗带纱 5mm 白玻	m²	900	276.66	248994	
			（其他略）					
			分部小计				380026	
			0109 屋面及防水工程					
9	010902003001	屋面刚性防水	C20 细石混凝土，厚 40mm，建筑油膏嵌缝	m²	1757	21.92	38513	
			（其他略）					
			分部小计				269547	
			0110 保温、隔热、防腐工程					
10	011001001001	保温隔热屋面	沥青珍珠岩块 500×500×150（mm），1∶3 水泥砂浆护面，厚 25mm	m²	1757	54.58	95897	
			（其他略）					
			分部小计				132985	
			0111 楼地面装饰工程					
11	011101001001	水泥砂浆楼地面	1∶3 水泥砂浆找平层，厚 20mm，1∶2 水泥砂浆面层，厚 25mm	m²	6539	33.90	221672	
			（其他略）					
			分部小计				318459	
			本页小计				1166829	
			合　计				4913712	

注：为计取规费等的使用，可在表中增设"其中：定额人工费"。

表-08 分部分项工程和单价措施项目清单与计价表（三）

工程名称：××中学教学楼工程　　　　　标段：　　　　　第 3 页　共 4 页

序号	项目编码	项目名称	项目特征描述	计量单位	工程量	综合单价	合价	其中 暂估价
			0112 墙、柱面装饰与隔断、幕墙工程					
12	011201001001	外墙面抹灰	页岩砖墙面，1：3 水泥砂浆底层，厚 15mm，1：2.5 水泥砂浆面层，厚 6mm	m²	4123	18.26	75286	
13	011202001001	柱面抹灰	混凝土柱面，1：3 水泥砂浆底层，厚 15mm，1：2.5 水泥砂浆面层，厚 6mm	m²	832	21.52	17905	
			（其他略）					
			分部小计				440237	
			0113 天棚工程					
14	011301001001	混凝土天棚抹灰	基层刷水泥浆一道加 107 胶，1：0.5：2.5 水泥石灰砂浆底层，厚 12mm，1：0.3：3 水泥石灰砂浆面层厚 4mm	m²	7109	17.36	123412	
			（其他略）					
			分部小计				241039	
			0114 油漆、涂料、裱糊工程					
15	011407001001	外墙乳胶漆	基层抹灰面满刮成品耐水腻子三遍磨平，乳胶漆一底二面	m²	4123	45.36	187019	
			（其他略）					
			分部小计				256793	
			0117 措施项目					
16	011701001001	综合脚手架	砖混、檐高 22m	m²	10940	20.79	227443	
			（其他略）					
			分部小计				747112	
			本页小计				1685181	
			合　计				6598893	

注：为计取规费等的使用，可在表中增设"其中：定额人工费"。

表-08 分部分项工程和单价措施项目清单与计价表（四）

工程名称：××中学教学楼工程　　　　　　标段：　　　　　　　　第 4 页　共 4 页

序号	项目编码	项目名称	项目特征描述	计量单位	工程量	综合单价	合价	其中 暂估价
			0304 电气设备安装工程					
17	030404035001	插座安装	单相三孔插座，250V/10A	个	1224	10.96	13415	
18	030411001001	电气配管	砖墙暗配 PC20 阻燃 PVC 管	m	9937	8.58	85259	
			（其他略）					
			分部小计				375626	
			0310 给水排水安装工程					
19	031001006001	塑料给水管安装	室内 DN20/PP－R 给水管，热熔连接	m	1569	18.62	29215	
20	031001006002	塑料排水管安装	室内 ϕ110UPVC 排水管，承插胶黏接	m	849	47.89	40659	
			（其他略）					
			分部小计				201640	
			本页小计				577266	
			合　计				7176159	

注：为计取规费等的使用，可在表中增设"其中：定额人工费"。

6. 综合单价分析表

编制工程结算时，应在已标价工程量清单中的综合单价分析表中将确定的调整过的人工单价、材料单价等进行置换，形成调整后的综合单价。

表-09　综合单价分析表（一）

工程名称：××中学教学楼工程　　　　　　标段：　　　　　　第1页　共2页

项目编码	010515001001		项目名称	现浇构件钢筋		计量单位	t	工程量	196

<table>
<tr><td colspan="11" align="center">清单综合单价组成明细</td></tr>
<tr><td rowspan="2">定额编号</td><td rowspan="2">定额项目名称</td><td rowspan="2">定额单位</td><td rowspan="2">数量</td><td colspan="4">单价（元）</td><td colspan="4">合价（元）</td></tr>
<tr><td>人工费</td><td>材料费</td><td>机械费</td><td>管理费和利润</td><td>人工费</td><td>材料费</td><td>机械费</td><td>管理费和利润</td></tr>
<tr><td>AD0809</td><td>现浇构建钢筋制、安</td><td>t</td><td>1.07</td><td>303.02</td><td>4339.58</td><td>58.33</td><td>95.59</td><td>324.23</td><td>4643.35</td><td>62.42</td><td>102.29</td></tr>
<tr><td colspan="2" align="center">人工单价</td><td colspan="6" align="center">小　计</td><td>324.23</td><td>4643.35</td><td>62.42</td><td>102.29</td></tr>
<tr><td colspan="2" align="center">88元/工日</td><td colspan="6" align="center">未计价材料费</td><td colspan="4"></td></tr>
<tr><td colspan="6" align="center">清单项目综合单价</td><td colspan="4" align="center">5132.29</td></tr>
</table>

	主要材料名称、规格、型号	单位	数量	单价（元）	合价（元）	暂估单价（元）	暂估合价（元）
材料费明细	螺纹钢筋 A235，φ14	t	1.07	4295.00	4595.65		
	焊条	kg	8.64	4.00	34.56		
	其他材料费			—	13.14	—	
	材料费小计			—	4643.35	—	

项目编码	011407001001		项目名称	外墙乳胶漆		计量单位	m²	工程量	4050

<table>
<tr><td colspan="11" align="center">清单综合单价组成明细</td></tr>
<tr><td rowspan="2">定额编号</td><td rowspan="2">定额项目名称</td><td rowspan="2">定额单位</td><td rowspan="2">数量</td><td colspan="4">单价（元）</td><td colspan="4">合价（元）</td></tr>
<tr><td>人工费</td><td>材料费</td><td>机械费</td><td>管理费和利润</td><td>人工费</td><td>材料费</td><td>机械费</td><td>管理费和利润</td></tr>
<tr><td>BE0267</td><td>抹灰面满刮耐水腻子</td><td>100m²</td><td>0.01</td><td>372.37</td><td>2625</td><td>—</td><td>127.76</td><td>3.72</td><td>26.25</td><td>—</td><td>1.28</td></tr>
<tr><td>BE0276</td><td>外墙乳胶漆底漆一遍，面漆二遍</td><td>100m²</td><td>0.01</td><td>349.77</td><td>940.37</td><td>—</td><td>120.01</td><td>3.50</td><td>9.40</td><td>—</td><td>1.20</td></tr>
<tr><td colspan="2" align="center">人工单价</td><td colspan="6" align="center">小　计</td><td>7.22</td><td>35.65</td><td>—</td><td>2.48</td></tr>
<tr><td colspan="2" align="center">88元/工日</td><td colspan="6" align="center">未计价材料费</td><td colspan="4"></td></tr>
<tr><td colspan="6" align="center">清单项目综合单价</td><td colspan="4" align="center">45.35</td></tr>
</table>

	主要材料名称、规格、型号	单位	数量	单价（元）	合价（元）	暂估单价（元）	暂估合价（元）
材料费明细	耐水成品腻子	kg	2.50	10.50	26.25		
	××牌乳胶漆面漆	kg	0.353	20.00	7.06		
	××牌乳胶漆底漆	kg	0.136	17.00	2.31		
	其他材料费			—	0.03		
	材料费小计			—	35.65	—	

注：1. 如不使用省级或行业建设主管部门发布的计价依据，可不填定额编号、名称等。

　　2. 招标文件提供了暂估单价的材料，按暂估的单价填入表内"暂估单价"栏及"暂估合价"栏。

表-09 综合单价分析表（二）

工程名称：××中学教学楼工程　　　　标段：　　　　　　第2页　共2页

项目编码	030411001001		项目名称	电气配管	计量单位	m	工程量	9858

清单综合单价组成明细

定额编号	定额项目名称	定额单位	数量	单价（元）				合价（元）			
				人工费	材料费	机械费	管理费和利润	人工费	材料费	机械费	管理费和利润
CB1528	砖墙暗配管	100m	0.01	344.18	64.22	—	136.34	3.44	0.64	—	1.36
CB1792	暗装接线盒	10个	0.001	18.48	9.76		7.31	0.02	0.01		0.01
CB1793	暗装开关盒	10个	0.023	19.72	4.52	—	7.80	0.45	0.10		0.18
人工单价			小　计					3.91	0.75	—	1.55
93.5元/工日			未计价材料费					2.37			
清单项目综合单价								8.58			

材料费明细	主要材料名称、规格、型号	单位	数量	单价（元）	合价（元）	暂估单价（元）	暂估合价（元）
	刚性阻燃管 DN20	m	1.10	1.90	2.09		
	××牌接线盒	个	0.012	1.80	0.02		
	××牌开关盒	个	0.236	1.10	0.26		
	其他材料费			—	0.75	—	
	材料费小计			—	3.12	—	

注：1. 如不使用省级或行业建设主管部门发布的计价依据，可不填定额编号、名称等。
　　2. 招标文件提供了暂估单价的材料，按暂估的单价填入表内"暂估单价"栏及"暂估合价"栏。

7. 综合单价调整表

综合单价调整表用于由于各种合同约定调整因素出现时调整综合单价，此表实际上是一个汇总性质的表，各种调整依据应附表后，并且注意，项目编码、项目名称必须与已标价工程量清单保持一致，不得发生错漏，以免发生争议。

表-10 综合单价调整表

工程名称：   标段：   第 页 共 页

序号	项目编码	项目名称	已标价清单综合单价（元）					调整后综合单价（元）				
			综合单价	其中				综合单价	其中			
				人工费	材料费	机械费	管理费和利润		人工费	材料费	机械费	管理费和利润
1	010515001001	现浇构件钢筋	4787.16	294.75	4327.70	62.42	102.29	5132.29	324.23	4643.35	62.42	102.29
2	011407001001	外墙乳胶漆	44.70	6.57	35.65	—	2.48	45.35	7.22	35.65		2.48
3	030411001001	电气配管	8.23	3.56	3.12	—	1.55	8.58	3.91	3.12	—	1.55
造价工程师（签章）： 发包人代表（签章）：							造价人员（签章）： 发包人代表（签章）：					
日期：							日期：					

注：综合单价调整应附调整依据。

8. 总价措施项目清单与计价表

编制工程结算时，如省级或行业建设主管部门调整了安全文明施工费，应按调整后的标准计算此费用，其他总价措施项目经发承包双方协商进行了调整的，按调整后的标准计算。

表-11 总价措施项目清单与计价表

工程名称：××中学教学楼工程   标段：   第 1 页 共 1 页

序号	项目编码	项目名称	计算基础	费率（%）	金额（元）	调整费率（%）	调整后金额（元）	备注
		安全文明施工费	定额人工费	25	209650	25	210990	
		夜间施工增加费	定额人工费	1.5	12479	1.5	12654	
		二次搬运费	定额人工费	1	8386	1	8436	
		冬雨季施工增加费	定额人工费	0.6	5032	0.6	5062	
		已完工程及设备保护费			6000		6000	
合 计					241547		243142	

编制人（造价人员）：   复核人（造价工程师）：

注：1. "计算基础"中安全文明施工费可为"定额基价"、"定额人工费"或"定额人工费＋定额机械费"，其他项目可为"定额人工费"或"定额人工费＋定额机械费"。

2. 按施工方案计算的措施费，若无"计算基础"和"费率"的数值，也可只填"金额"数值，但应在备注栏说明施工方案出处或计算方法。

9. 其他项目清单与计价汇总表

编制或核对工程结算，"专业工程暂估价"按实际分包结算价填写，"计日工"、"总承包服务费"按双方认可的费用填写，如发生"索赔"或"现场签证"费用，按双方认可的金额计入该表。

表-12 其他项目清单与计价汇总表

工程名称：××中学教学楼工程　　　　　　标段：　　　　　　　　第1页 共1页

序号	项目名称	金额（元）	结算金额（元）	备　注
1	暂列金额	—		
2	暂估价	200000	198700	
2.1	材料暂估价	—	—	明细详见（2）
2.2	专业工程暂估价	200000	198700	明细详见（3）
3	计日工	26528	10690	明细详见（4）
4	总承包服务费	20760	21000	明细详见（5）
5	索赔与现场签证		28541	明细详见（6）
	合　计			—

注：材料（工程设备）暂估价进入清单项目综合单价，此处不汇总。

（1）暂列金额及拟用项目

表-12-1 暂列金额明细表

工程名称：××中学教学楼工程　　　　　　标段：　　　　　　　　第1页 共1页

序号	项目名称	计量单位	暂定金额（元）	备　注
1	自行车棚工程	项	100000	
2	工程量偏差和设计变更	项	100000	
3	政策性调整和材料价格波动	项	100000	
4	其他	项	50000	
5				
	合　计		350000	—

注：此表由招标人填写，如不能详列，也可只列暂定金额总额，投标人应将上述暂列金额计入投标总价中。

（2）材料 （工程设备） 暂估单价及调整表

表-12-2 材料（工程设备）暂估单价及调整表

工程名称：××中学教学楼工程　　　　　　标段：　　　　　　　　　第1页 共1页

序号	材料（工程设备）名称、规格、型号	计量单位	数量		暂估（元）		确认（元）		差额±（元）		备注
			暂估	确认	单价	合价	单价	合价	单价	合价	
1	钢筋（规格见施工图）	t	200	196	4000	4295	800000	841820	290	41820	用于现浇钢筋混凝土项目
2	低压开关柜（CGD190380/220V）	t	1	1	45000	44560	45000	44560	−440	−440	用于低压开关柜安装项目
合　　计							845000	886380		41380	

注：此表由招标人填写"暂估单价"，并在备注栏说明暂估价的材料、工程设备拟用在哪些清单项目上，投标人应将上述材料、工程设备暂估单价计入工程量清单综合单价报价中。

（3）专业工程暂估价及结算价表

表-12-3 专业工程暂估价及结算价表

工程名称：××中学教学楼工程　　　　　　标段：　　　　　　　　　第1页 共1页

序号	工程名称	工程内容	暂估金额（元）	结算金额（元）	差额±（元）	备注
1	消防工程	合同图纸中标明的以及消防工程规范和技术说明中规定的各系统中的设备、管道、阀门、线缆等的供应、安装和调试工作	200000	198700	−1300	
合　　计			200000	198700	−1300	

注：此表"暂估金额"由招标人填写，投标人应将"暂估金额"计入投标总价中，结算时按合同约定结算金额填写。

(4) 计日工表

编制工程竣工结算的"计日工表"时，实际数量按发承包双方确认的填写。

表-12-4 计日工表

工程名称：××中学教学楼工程　　　　标段：　　　　　　　第1页 共1页

编号	项目名称	单位	暂定数量	实际数量	综合单价（元）	合价（元）暂定	合价（元）实际
一	人工						
1	普工	工日	100	40	80	8000	3200
2	机工	工日	60	30	110	6600	3300
	人工小计						6500
二	材料						
1	水泥 42.5	t	2	1.5	600	1200	900
2	中砂	m³	10	6	80	800	480
	材料小计						1380
三	施工机械						
1	自升式塔式起重机	台班	5		550	2750	1650
2	灰浆搅拌机（400L）	台班	2		20	40	20
	施工机械小计						1670
四	企业管理费和利润：按人工费18%计						1170
	总　计						10690

注：此表项目名称、暂定数量由招标人填写，编制招标控制价时，单价由招标人按有关计价规定确定；投标时，单价由投标人自主报价，按暂定数量计算合价计入投标总价中。结算时，按发承包双方确认的实际数量计算合价。

（5）总承包服务费计价表

编制工程竣工结算的"总承包服务费计价表"时，发承包双方应按承包人已标价工程量清单中的报价计算，若发承包双方确定调整的，按调整后的金额计算。

表-12-5　总承包服务费计价表

工程名称：××中学教学楼工程　　　　　标段：　　　　　　　第1页　共1页

序号	项目名称	项目价值（元）	服务内容	计算基础	费率（%）	金额（元）
1	发包人发包专业工程	198700	1. 按专业工程承包人的要求提供施工工作面并对施工现场进行统一管理，对竣工资料进行统一整理汇总 2. 为专业工程承包人提供垂直运输机械和焊接电源接入点，并承担垂直运输费和电费		7	13909
2	发包人供应材料	886380	对发包人供应的材料进行验收及保管和使用发放		0.8	7091
	合　　计	—			—	21000

注：此表项目名称、服务内容有招标人填写，编制招标控制价时，费率及金额由招标人按有关计价规定确定；投标时，费率及金额由投标人自主报价，计入投标总价中。

（6）索赔与现场签证计价汇总表

索赔与现场签证计价汇总表是对发承包双方签证认可的"费用索赔申请（核准）表"和"现场签证表"的汇总。

表-12-6　索赔与现场签证计价汇总表

工程名称：××中学教学楼工程　　　　　标段：　　　　　　　第1页　共1页

序号	签证及索赔项目名称	计量单位	数量	单价（元）	合价（元）	索赔及签证依据
1	暂停施工				317837	001
2	砌筑花池	座	5	500	2500	002
⋯	（其他略）					
—	本页小计	—	—	—		
—	合　　计	—	—	—		

注：签证及索赔依据是指经双方认可的签证单和索赔依据的编号。

(7) 费用索赔申请 （核准） 表

费用索赔申请（核准）表将费用索赔申请与核准设置于一个表，非常直观。使用本表时，承包人代表应按合同条款的约定阐述原因，附上索赔证据、费用计算报发包人，经监理工程师复核（按照发包人的授权不论是监理工程师或发包人现场代表均可），经造价工程师（此处造价工程师可以是承包人现场管理人员，也可以是发包人委托的工程造价咨询企业的人员）复核具体费用，经发包人审核后生效，该表以在选择栏中"□"内作标识"√"表示。

表-12-7　费用索赔申请（核准）表

工程名称：××中学教学楼工程　　　　标段：　　　　　第1页　共1页

致：××中学住宅建设办公室

根据施工合同条款第12条的约定，由于<u>你方工作需要的</u>原因，我方要求索赔金额（大写）<u>叁仟壹佰柒拾捌元叁角柒分</u>（小写<u>3178.37</u>），请予核准。

附：1. 费用索赔的详细理由和依据：根据发包人"关于暂停施工的通知"（详见附件1）。

2. 索赔金额的计算：详见附件2。

3. 证明材料：

　　　　　　　　　　　　　　　　　承包人（章）：（略）

　　　　　　　　　　　　　　　　　承包人代表：___×××___

　　　　　　　　　　　　　　　　　日　　　期：××年×月×日

复核意见：	复核意见：
根据施工合同条款第12条的约定，你方提出的费用索赔申请经复核： □不同意此项索赔，具体意见见附件。 ☑同意此项索赔，索赔金额的计算，由造价工程师复核。 监理工程师：___×××___ 日　期：××年×月×日	根据施工合同条款第12条的约定，你方提出的费用索赔申请经复核，索赔金额为（大写）<u>叁仟壹佰柒拾捌元叁角柒分</u>（小写<u>3178.37</u>）。 造价工程师：___×××___ 日　期：××年×月×日

审核意见：

□不同意此项索赔。

☑同意此项索赔，与本期进度款同期支付。

　　　　　　　　　　　　　　　　　发包人（章）（略）

　　　　　　　　　　　　　　　　　发包人代表：___×××___

　　　　　　　　　　　　　　　　　日　　　期：××年×月×日

注：1. 在选择栏中的"□"内作标识"√"。

2. 本表一式四份，由承包人填报，发包人、监理人、造价咨询人、承包人各存一份。

附件1

关于暂停施工的通知

××建筑公司××项目部：

　　因我校教学工作安排，经校办公会研究，决定于××年×月×日下午，你项目部承建的我校教学工程暂停施工半天。

　　特此通知。

××中学

办公室（章）

××年×月×日

附件2

索赔费用计算表

一、人工费

1. 普工 15 人：15 人×70/工日×0.5＝525 元

2. 技工 35 人：35 人×100/工日×0.5＝1750 元

小计：2275 元

二、机械费

1. 自升式塔式起重机 1 台：1×526.20/台班×0.5×0.6＝157.86 元

2. 灰浆搅拌机 1 台：1×18.38/台班×0.5×0.6＝5.51 元

3. 其他各种机械（台套数量及具体费用计算略）：50 元

小计：213.37 元

三、周转材料

1. 脚手架钢管：25000m×0.012/天×0.5＝150 元

2. 脚手架扣件：17000 个×0.01/天×0.5＝85 元

小计：235 元

四、管理费

2275×20％＝455.00 元

索赔费用合计：3178.37 元

××建筑公司××中学项目部

××年×月×日

(8) 现场签证表

现场签证种类繁多，发承包双方在工程实施过程中来往信函就责任事件的证明均可称为现场签证，但并不是所有的签证均可马上算出价款，有的需要经过索赔程序，这时的签证仅是索赔的依据，有的签证可能根本不涉及价款。本表仅是针对现场签证需要价款结算支付的一种，其他内容的签证也可适用。考虑到招标时招标人对计日工项目的预估难免会有遗漏，造成实际施工发生后无相应的计日工单价，现场签证只能包括单价一并处理，因此，在汇总时，有计日工单价的，可归并于计日工，如无计日工单价的，归并于现场签证，以示区别。当然，现场签证全部汇总于计日工也是一种可行的处理方式。

表-12-8 现场签证表

工程名称：××中学教学楼工程　　　　　标段：　　　　　　　第1页 共1页

施工单位	学校指定位置	日期	××年×月×日

致：××中学住宅建设办公室

根据×××2013年8月25日的口头指令，我方要求完成此项工作应支付价款金额为（大写）贰仟伍佰元（小写2500.00），请予核准。

附：1. 签证事由及原因：为迎接新学期的到来，改变校容、校貌，学校新增加5座花池。

　　2. 附图及计算式：（略）

承包人（章）：（略）

承包人代表：＿＿×××＿＿

日　　期：××年×月×日

复核意见： 你方提出的此项签证申请经复核： □不同意此项签证，具体意见见附件。 ☑同意此项签证，签证金额的计算，由造价工程师复核。 　　　　监理工程师：＿×××＿ 　　　　日　　期：××年×月×日	复核意见： ☑此项签证按承包人中标的计日工单价计算，金额为（大写）贰仟伍佰元（小写2500.00）。 □此项签证因无计日工单价，金额为（大写）＿＿＿元，（小写）＿＿＿。 　　　　造价工程师：＿×××＿ 　　　　日　　期：××年×月×日

审核意见：

□不同意此项签证。

☑同意此项签证，价款与本期进度款同期支付。

承包人（章）（略）

承包人代表：＿＿×××＿＿

日　　期：××年×月×日

注：1. 在选择栏中的"□"内作标识"√"。

　　2. 本表一式四份，由承包人在收到发包人（监理人）的口头或书面通知后填写，发包人、监理人、造价咨询人、承包人各存一份。

10. 规费、税金项目计价表

表-13　规费、税金项目计价表

工程名称：××中学教学楼工程　　　　　标段：　　　　　　第1页　共1页

序号	项目名称	计算基础	计算基数	计算费率（%）	金额（元）
1	规费	定额人工费			240426
1.1	社会保险费	定额人工费	（1）＋…＋（5）		189810
（1）	养老保险费	定额人工费		14	118104
（2）	失业保险费	定额人工费		2	16872
（3）	医疗保险费	定额人工费		6	50616
（4）	工伤保险费	定额人工费		0.25	2109
（5）	生育保险费	定额人工费		0.25	2109
1.2	住房公积金	定额人工费		6	50616
1.3	工程排污费	按工程所在地环境保护部门收取标准，按实计入			
2	税金	分部分项工程费＋措施项目费＋其他项目费＋规费－按规定不计税的工程设备金额		3.41	261735
合　　计					502161

编制人（造价人员）：　　　　　　　　　　复核人（造价工程师）：

11. 工程计量申请（核准）表

工程计量申请（核准）表填写的"项目编码"、"项目名称"、"计量单位"应与已标价工程量清单表中的一致，承包人应在合同约定的计量周期结束时，将申报数量填写在申报数量栏，发包人核对后如与承包人不一致，填在核实数量栏，经发承包双方共同核对确认的计量填在确认数量栏。

表-14　工程计量申请（核准）表

工程名称：××中学教学楼工程　　　　　标段：　　　　　　第1页　共1页

序号	项目编码	项目名称	计量单位	承包人申报数量	发包人核实数量	发承包人确认数量	备注
1	010101003001	挖沟槽土方	m³	1593	1578	1587	
2	010302003001	泥浆护壁混凝土灌注桩	m	456	456	456	
3	010503001001	基础梁	m³	210	210	210	
4	010515001001	现浇构件钢筋	t	25	25	25	

续表

序号	项目编码	项目名称	计量单位	承包人申报数量	发包人核实数量	发承包人确认数量	备注
5	010401001001	条形砖基础	m³	245	245	245	
	(略)						

承包人代表：×××　日期：××年×月×日	监理工程师：×××　日期：××年×月×日	造价工程师：×××　日期：××年×月×日	发包人代表：×××　日期：××年×月×日

12. 预付款支付申请（核准）表

表-15　预付款支付申请（核准）表

工程名称：××中学教学楼工程　　　　标段：　　　　　　第1页　共1页

致：××中学

我方根据施工合同的约定，先申请支付工程预付款额为（大写）玖拾贰万叁仟壹拾捌元（小写923018.00），请予核准。

序号	名称	申请金额（元）	复核金额（元）	备注
1	已签约合同价款金额	7972282	7972282	
2	其中：安全文明施工费	209650	209650	
3	应支付的预付款	797228	776263	
4	应支付的安全文明施工费	125790	125790	
5	合计应支付的预付款	923018	902053	

计算依据见附件

　　　　　　　　　　　　　　　　　　　　　　　　承包人（章）

造价人员：　×××　　　承包人代表：　×××　　　日　期：××年×月×日

复核意见： □与合同约定不相符，修改意见见附件。 ☑与合同约定相符，具体金额由造价工程师复核。 监理工程师：　××× 日　期：××年×月×日	复核意见： 你方提出的支付申请经复核，应支付预付款金额为（大写）玖拾万贰仟零伍拾叁元（小写902053）。 造价工程师：　××× 日　期：××年×月×日

审核意见：
　　□不同意。
　　☑同意，支付时间为本表签发后的15d内。

　　　　　　　　　　　　　　　　　　　　　　　　发包人（章）
　　　　　　　　　　　　　　　　　　　　发包人代表：　×××
　　　　　　　　　　　　　　　　　　　　日　期：××年×月×日

注：1. 在选择栏中的"□"内作标识"√"。
　　2. 本表一式四份，由承包人填报，发包人、监理人、造价咨询人、承包人各存一份。

13. 总价项目进度款支付分解表

表-16　总价项目进度款支付分解表

工程名称：××中学教学楼工程　　　　　　标段：　　　　　　第1页　共1页

序号	项目名称	总价金额（元）	首次支付（元）	二次支付（元）	三次支付（元）	四次支付（元）	五次支付（元）
	安全文明施工费	209650	62895	62895	41930	41930	
	夜间施工增加费	12479	2496	2496	2496	2496	2495
	二次搬运费	8386	1677	1677	1677	1677	1678
	略						
	社会保险费	188685	37737	37737	37737	37737	37737
	住房公积金	50316	10063	10063	10063	10063	10064
合　计							

编制人（造价人员）：　　　　　　　　　　　　复核人（造价工程师）：

注：1. 本表应由承包人在投标报价时根据发包人在招标文件明确的进度款支付周期与报价填写，签订合同时，发承包双方可就支付分解协商调整后作为合同附件。

2. 单价合同使用本表，"支付"栏时间应与单价项目进度款支付周期相同。

3. 总价合同使用本表，"支付"栏时间应与约定的工程计量周期相同。

14. 进度款支付申请（核准）表

表-17 进度款支付申请（核准）表

工程名称：××中学教学楼工程　　　　标段：　　　　　　　编号：

致：××中学

我方于××至××期间已完成了±0～二层楼工作，根据施工合同的约定，现申请支付本期的工程款额为（大写）壹佰壹拾壹万柒仟玖佰壹拾玖元壹角肆分（小写1117919.14），请予核准。

序号	名称	申请金额（元）	复核金额（元）	备注
1	累计已完成的合同价款	1233189.37	—	1233189.37
2	累计已实际支付的合同价款	1109870.43	—	1109870.43
3	本周期合计完成的合同价款	1576893.50	1419204.14	1576893.50
3.1	本周期已完成单价项目的金额	1484047.80		
3.2	本周期应支付的总价项目的金额	14230.00		
3.3	本周期已完成的计日工价款	4631.70		
3.4	本周期应支付的安全文明施工费	62895.00		
3.5	本周期应增加的合同价款	11089.00		
4	本周期合计应扣减的金款	301285.00	301285.00	301897.14
4.1	本周期应抵扣的预付款	301285.00		301285.00
4.2	本周期应扣减的金额	0		612.14
5	本周期应支付的合同价款	1475608.50	1117919.14	1117307.00

附：上述3、4详见附件清单。

　　　　　　　　　　　　　　　　　　　　　　　　　　　　承包人（章）

造价人员：＿＿×××＿＿　承包人代表：＿＿×××＿＿　日　期：××年×月×日

复核意见： □与实际施工情况不相符，修改意见见附件。 ☑与实际施工情况相符，具体金额由造价工程师复核。 　　　　监理工程师：＿＿×××＿＿ 　　　　日　期：××年×月×日	复核意见： 你方提供的支付申请经复核，本期间已完成工程款额为（大写）壹佰伍拾柒万陆仟捌佰玖拾叁元伍角（小写1576893.50），本期间应支付金额为（大写）壹佰壹拾壹万柒仟叁佰零柒元（小写1117307.00）。 　　　　造价工程师：＿＿×××＿＿ 　　　　日　期：××年×月×日

审核意见：
□不同意。
☑同意，支付时间为本表签发后的15d内。

　　　　　　　　　　　　　　　　　　　　　　　　　　　　发包人（章）
　　　　　　　　　　　　　　　　　　　　　　　发包人代表：＿＿×××＿＿
　　　　　　　　　　　　　　　　　　　　　　　日　期：××年×月×日

注：1. 在选择栏中的"□"内作标识"√"。
　　2. 本表一式四份，由承包人填报，发包人、监理人、造价咨询人、承包人各存一份。

15. 竣工结算款支付申请（核准）表

表-18　竣工结算款支付申请（核准）表

工程名称：××中学教学楼工程　　　　标段：　　　　　　编号：

致：××中学

　　我方于××至××期间已完成合同约定的工作，工程已经完工，根据施工合同的约定，现申请支付竣工结算合同款额为（大写）柒拾捌万叁仟贰佰陆拾伍元零捌分（小写783265.08），请予核准。

序号	名称	申请金额（元）	复核金额（元）	备注
1	竣工结算合同价款总额	7937251.00	7937251.00	
2	累计已实际支付的合同价款	6757123.37	6757123.37	
3	应预留的质量保证金	396862.55	396862.55	
4	应支付的竣工结算款金额	783265.08	783265.08	

造价人员：　×××　　　承包人代表：　×××

承包人（章）

日　　期：××年×月×日

复核意见：

□与实际施工情况不相符，修改意见见附件。

☑与实际施工情况相符，具体金额由造价工程师复核。

监理工程师：　×××

日　　期：××年×月×日

复核意见：

　　你方提出的竣工结算款支付申请经复核，竣工结算款总额为（大写）柒佰玖拾叁万柒仟贰佰伍拾壹元（小写7937251.00），扣除前期支付以及质量保证金后应支付金额为（大写）柒拾捌万叁仟贰佰陆拾伍元零捌分（小写783265.08）。

造价工程师：　×××

日　　期：××年×月×日

审核意见：

□不同意。

☑同意，支付时间为本表签发后的15d内。

发包人（章）

发包人代表：　×××

日　　期：××年×月×日

注：1. 在选择栏中的"□"内作标识"√"。

　　2. 本表一式四份，由承包人填报，发包人、监理人、造价咨询人、承包人各存一份。

16. 最终结清支付申请（核准）表

表-19 最终结清支付申请（核准）表

工程名称：××中学教学楼工程　　　　　　　标段：　　　　　　　　编号：

致：××中学

　　我方于××至××期间已完成了缺陷修复工作，根据施工合同的约定，现申请支付最终结清合同款额为（大写）叁拾玖万陆仟陆佰贰拾捌元伍角伍分（小写396628.55），请予核准。

序号	名称	申请金额（元）	复核金额（元）	备注
1	已预留的质量保证金	396862.55	396862.55	
2	应增加因发包人原因造成缺陷的修复金额	0	0	
3	应扣减承包人不修复缺陷、发包人组织修复的金额	0	0	
4	最终应支付的合同价款	396862.55	396862.55	

承包人（章）

造价人员：　×××　　　　承包人代表：　×××　　　日　　期：××年×月×日

复核意见： 　□与实际施工情况不相符，修改意见见附件。 　☑与实际施工情况相符，具体金额由造价工程师复核。 　　　监理工程师：　××× 　　　日　　期：××年×月×日	复核意见： 　你方提出的支付申请经复核，最终应支付金额为（大写）叁拾玖万陆仟陆佰贰拾捌元伍角伍分（小写396628.55）。 　　　造价工程师：　××× 　　　日　　期：××年×月×日

审核意见：

　□不同意。

　☑同意，支付时间为本表签发后的15d内。

发包人（章）

发包人代表：　×××

日　　期：××年×月×日

注：1. 在选择栏中的"□"内作标识"√"。

　　2. 本表一式四份，由承包人填报，发包人、监理人、造价咨询人、承包人各存一份。

17. 承包人提供主要材料和工程设备一览表

表-22 承包人提供主要材料和工程设备一览表
（适用于价格指数差额调整法）

工程名称：××中学教学楼工程　　　　　标段：　　　　　第1页 共1页

序号	名称、规格、型号	变值权重 B	基本价格指数 F_0	现行价格指数 F_t	备　　注
1	人工费	0.18	110%	121%	
2	钢材	0.11	4000 元/t	4320 元/t	
3	预拌混凝土 C30	0.16	340 元/m³	357 元/m³	
4	页岩砖	0.15	300 元/千匹	318 元/千匹	
5	机械费	0.08	100%	100%	
	定值权重 A	0.42	—	—	
	合　　计	1			

注：1. "名称、规格、型号"、"基本价格指数"栏由招标人填写，基本价格指数应首先采用工程造价管理机构发布的价格指数，没有时，可采用发布的价格代替。如人工、机械费也采用本法调整由招标人在"名称"栏填写。

2. "变值权重"栏由投标人根据该项人工、机械费和材料、工程设备值在投标总报价中所占的比例填写，1减去其比例为定值权重。

3. "现行价格指数"按约定的付款证书相关周期最后一天的前42天的各项价格指数填写，该指数应首先采用工程造价管理机构发布的价格指数，没有时，可采用发布的价格代替。

参 考 文 献

[1] 中华人民共和国住房与城乡建设部. GB 50500—2013 建设工程工程量清单计价规范 [S]. 北京：中国计划出版社，2013.

[2] 中华人民共和国住房与建设部. GB 50854—2013 房屋建筑与装饰工程工程量计算规范 [S]. 北京：中国计划出版社，2013.

[3] 中华人民共和国住房与城乡建设部. GB/T 50353—2013 建筑工程建筑面积计算规范 [S]. 北京：中国计划出版社，2014.

[4] 中华人民共和国建设部. GJD—101—1995 全国统一建筑工程基础定额（土建工程）[S]. 北京：中国计划出版社，1995.

[5] 中华人民共和国建设部. GJD$_{GZ}$—101—1995 全国统一建筑工程预算工程量计算规则 [S]. 北京：中国计划出版社，1995.

[6] 中华人民共和国住房与城乡建设部. 建设工程计价计量规范辅导 [M]. 北京：中国计划出版社，2013.

[7] 王武齐. 建筑工程计量与计价 [M]. 北京：中国建筑工业出版社，2013.

[8] 姜海. 建筑工程造价员 [M]. 南京：江苏科学技术出版社，2013.

[9] 李玉芬. 建筑工程概预算 [M]. 北京：机械工业出版社，2010.